高等职业教育本科教材

环保设备安装与调试

王怀宇　韩亚南　主编

化学工业出版社
·北京·

内容简介

本书介绍了环保设备安装工程的施工特点和施工要求、环保设备安装调试工艺、环保设备安装典型问题，提供了环保设备安装典型案例。本书突出工程应用能力和职业能力培养，注重理论联系实际，突出对项目经理的专业素质和技能的培养，着重介绍了施工过程内部质量控制、保证施工质量和环保设备的安装与调试技术。

本书可作为高等职业教育本科、专科环境保护类专业的教材，也可供从事相关工作的工程技术人员参考。

图书在版编目（CIP）数据

环保设备安装与调试 / 王怀宇，韩亚南主编．
北京：化学工业出版社，2025.1.--（高等职业教育本科教材）.--ISBN 978-7-122-46753-9

Ⅰ. X505

中国国家版本馆 CIP 数据核字第 20249X4Y15 号

责任编辑：王文峡　　文字编辑：徐　秀　师明远
责任校对：宋　玮　　装帧设计：王晓宇

出版发行：化学工业出版社
（北京市东城区青年湖南街 13 号　邮政编码 100011）
印　　装：河北鑫兆源印刷有限公司
787mm×1092mm　1/16　印张 11¾　字数 289 千字
2025 年 2 月北京第 1 版第 1 次印刷

购书咨询：010-64518888　　售后服务：010-64518899
网　　址：http://www.cip.com.cn
凡购买本书，如有缺损质量问题，本社销售中心负责调换。

定　　价：42.00 元

前言

PREFACE

“环保设备安装与调试”是职业教育环境保护类专业的一门专业课程，是职业教育本科环境保护类专业培养的学生应该具有的一项职业技能，也是环境工程项目经理必修的一门实践课程。

本教材结合现场工程实际案例进行编写。教材注重理论联系实际，突出对项目经理的专业素质和技能的培养；着重介绍了施工过程内部质量控制、保证施工质量和环保设备的安装与调试技术。本书具体介绍了每种设备安装工程施工特点和施工要求、环保设备安装调试工艺、环保设备安装典型问题，提供了环保设备安装优秀案例。本教材具有突出工程应用能力和职业能力培养的特色。

全书由河北科技工程职业技术大学、河北石油职业技术大学、杨凌职业技术学院和邢台江清宇环保科技有限责任公司人员共同编写。全书分为五章，其中王怀宇（河北科技工程职业技术大学）编写第一章 1.1 节、第三章；韩亚南（河北科技工程职业技术大学）编写第二章和第四章；王滢（河北石油职业技术大学）编写第一章 1.2 节和 1.3 节；朱海波（杨凌职业技术学院）编写第一章 1.4 节；李江凯（邢台江清宇环保科技有限责任公司）编写第五章。

本书编写过程得到了很多环保公司的帮助，在此表示感谢。河北科技工程职业技术大学侯素霞教授对本书进行了审阅，并提出了很多宝贵的意见，在此深表谢意。

书中不妥之处请读者提出宝贵意见。

编　者

2024 年 8 月于邢台

目
CONTENTS
录

第一章 环保工程施工质量与安全控制

知识目标

1. 熟悉整套环保设备施工的流程及质量事故处理流程。
2. 熟悉环保工程质量考核的相关奖惩流程及措施。
3. 熟悉公司施工质量管理的相关文件及要求。
4. 熟悉安全施工标准化管理。

能力目标

1. 能编写环保工程施工组织方案。
2. 掌握工程管理奖惩条例，面对详细案例时能够对其进行分析并做出科学判断。
3. 熟练掌握公司建设管理部门及其相关部门管理体系及工作要点。
4. 能制订现场文明施工的方案、要点及流程。

素质目标

1. 通过学习相关环保法律法规，了解环境保护的法律要求和责任，依法履行环保义务。
2. 通过学习奖惩办法，增强责任意识，牢记工程质量红线绝不能触碰。
3. 通过学习管理细则，培养吃苦耐劳、诚实守信的精神。
4. 通过学习将安全意识牢记心中，加强对安全责任观的理解和认识。

1.1　环保设备施工质量管理办法

为加强对环保设施的施工运行和监督管理，保证环保设备的正常运行，防治污染，提高环境质量，根据《中华人民共和国环境保护法》《中华人民共和国行政许可法》等相关法律的规定，制定环保设备施工质量管理办法。环保设备是防止人类生产、生活过程产生的污染物污染环境的闸门，是保护生态环境、人体健康的最后一道防线，只有正确运用环保设备，才能真正有效地保护环境。

1.1.1　总则

为规范企业环境工程质量管理，建设优良工程的要求，结合企业实际情况特制定本办法。本办法以“重视管理策划，完善管理标准、强化过程控制，坚持持续改进”为指导思想，以提高质量管理要求为核心，力求在有效控制工程投资成本的前提下，使环境工程施工质量得到切实保证和不断提高。

1.1.2 工程质量职责

各分管建设领导、建设部门负责人及建设项目经理对工程质量全面负责。

项目公司的项目经理和驻地工程师直接负责质量管理日常工作，主要抓好质量管理工作的把关、验收，对工程质量负直接责任。工程质量职责见表1-1。

表1-1 工程质量职责

部门	工程质量职责
建设部门	(1)贯彻执行国家和上级颁发的规范、规程、工艺标准、质量检查评定标准和各项管理制度 (2)起草公司的建设工程技术和质量管理规定、施工控制重点阶段及控制措施文件 (3)参加建设项目部组织的图纸会审、设计交底和施工组织交底 (4)参加单位工程的竣工检查并签认 (5)参加重点工程样板工序的鉴定 (6)负责对项目部编制的施工组织设计和专项施工方案的审核，并报建设管理中心审批(主要审查安全、技术措施的针对性和可操作性)，督查各项措施在现场的落实情况 (7)负责制定公司建设部门工程质量目标的制定及检查、验收工作 (8)参加重大质量事故的调查分析，并从技术质量的角度提出防范措施 (9)负责对在建工程的技术资料进行检查、监督、指导，负责工程竣工档案的检查、验收与保管 (10)负责公司建设管理团队技术质量素质提高的培训、组织观摩学习、经验交流等活动 (11)贯彻实施质量方针和质量目标，监督各项目按施工程序合理组织施工 (12)监管施工生产中人员、物资、设备的调配控制工作，合理组织生产，保证工程质量 (13)负责总承包单位招投标工作，优先选择完成过优质工程的素质高的总包单位 (14)负责工程质量事故的调查和处理组织工作 (15)负责设备和材料质量管理
建设项目部	(1)贯彻执行国家和上级颁发的规范、规程、工艺标准、质量检查评定标准和各项管理制度 (2)组织图纸会审、设计交底和施工组织交底 (3)参加单位工程竣工检查并签认 (4)组织重点工程样板工序鉴定 (5)组织项目单位之间有交接时的质量交接检验 (6)负责对项目编制的施工组织方案和专项施工方案的审核，并报公司经理审批(主要审查安全、技术措施的针对性和可操作性)。检查各项措施在现场的落实情况 (7)负责制定工程质量目标及组织检查、验收工作 (8)参加质量事故的调查分析，并从技术质量的角度提出防范措施 (9)负责对在建工程的技术资料进行检查、监督、指导，负责工程竣工档案的检查、验收与保管 (10)负责职工质量素质提高的培训，组织观摩学习、经验交流等活动 (11)贯彻实施质量方针和质量目标，监督各项目按施工程序合理组织施工 (12)协调施工生产中人员、物资、设备的调配控制工作，合理组织生产，保证工程质量 (13)负责总承包单位招投标工作，优先选择完成过优质工程的素质高的总包单位 (14)负责工程质量事故的处理组织工作 (15)负责工程报竣验收、工程回访工作，对用户意见进行分析并提出改进措施 (16)执行造价方面的管理规定，执行建设管理中心要求的质量职责 (17)设备和材料质量管理

1.1.3　公司内部工程质量管理

1.1.3.1　目标管理

公司的质量目标：工程质量达到设计及国家质量验收规范标准，全面建设公司优良工程。工程质量目标见表1-2。

表1-2　工程质量目标

序号	项目	目标值
1	检验批主控项目抽样检测或全数检查一次验收合格率	100%
2	检验批工程一般项目抽样检测合格率	≥80%
3	单位工程质量竣工验收合格率	100%

1.1.3.2　工程质量监督检查

建设部门严格按照《公司建设管理制度》中的《建设项目巡查考核制度》及有关手册中的要求进行质量监督检查。建设管理部门将重点检查项目重点控制节点部位的做法和措施是否符合规范。

各级项目管理机构及人员，对所属的单位工程施工质量实施监督检查，重点抓好工程实体质量的实施，及时反馈质量信息，对存在的质量问题认真进行分析，采取有效的纠正和预防措施，使整个工程质量始终处于受控状态。

1.1.3.3　质量交底会

建设项目部在工程正式开工前应召开质量交底会，并要求监理单位参加。根据工程情况明确工程质量管控目标、质量责任人、项目质量管理制度和流程，对工程容易发生质量通病的部位进行重点管理，坚持优化施工方案、优选建筑材料，确保实现工程质量目标，并形成会议纪要。质量交底会议重要事项见表1-3。

表1-3　质量交底会议重要事项

序号	会议重要事项	会议成果
1	确定工程质量管控目标	会议纪要
2	明确质量责任人	
3	明确项目质量管理制度和流程	
4	明确要求质量通病的部位进行重点管理	
5	讨论优化施工方案及建筑材料	

1.1.3.4　质量月报

建设管理部门对在建项目信息实施动态管理。项目部在每月25日前将本项目的建设月报统一填报至建设管理部门。

其填报内容严格按月报格式填写，保证填报的真实性和准确性。

1.1.3.5　质量分析会议

建设管理部门和建设项目部要定期召开质量分析会并形成会议纪要，每月召开质量分析会议不少于1次，分析质量状况，听取建设项目部的工作意见和建议，安排下一步工作要点。质量分析会议重要事项及成果见表1-4。

表 1-4 质量分析会议重要事项及成果

序号	质量分析会议	会议重要事项	会议成果
1	公司质量分析会议	汇总在建项目本月的质量情况	会议纪要
2		分析已出现的质量问题并给出解决方案，落实责任部门、责任人、整改期限、整改后要检查的内容并切实落实	
3		听取建设项目部的工作意见和建议	
4		给出各个项目的质量管理指导意见	
5		归纳总结本大区的质量共性问题及突出问题，汇报建设管理中心，给出需要协调事项	
6	建设项目部质量分析会议	汇总本项目本月的质量情况	
7		分析已出现的质量问题	
8		听取施工和监理单位上的工作汇报和建议	
9		给施工和监理单位提指导意见	

1.1.3.6 样板引路

① 目的为避免项目部发生常识性错误做法和不符合规范要求的质量风险问题，而且现场大面积实施，防止整改时同时带来工期损失和经济损失。

通过“样板引路”工作强化工程质量的预控管理，并对样板进行分级管控，明确各阶段各职能的管理职责，规避系统性质量风险。避免大面积发生常识性错误做法，增加项目部对质量风险的控制手段，提高在建工程的整体质量。

② 过程检查建设管理中心进行项目巡检，将样板点评纪要列为巡检项目并参与考评。

③ 各个项目部按照附件“样板带路”指引实行具体操作，操作方法见表 1-5。

表 1-5 操作方法

内容	具体操作方法	输出成果
确定项目实施样板方案与标准	项目开工第一次监理例会阶段，确定本项目实施的样板方案与标准	样板清单
样板实施	各工序开始实施时，在结构实体上做工序样板(如第一次清槽完成、第一次钢筋绑扎完成、第一次混凝土成形效果等每个工序，完成样板点评后继续施工，不需要留存样板)，样板实施过程中项目工程师和监理工程师加强过程检查，随时纠偏，并重视过程中正确照片的收集，直至样板实施完成	样板施工日记
样板点评	样板完成后，项目工程师组织监理单位和施工单位现场对标准、效果、工艺等进行初步点评，不合格或需要调整的地方及时返工	样板点评记录
样板总结及方案修正	样板点评完成后(重点工序报给领导公司审核)，项目部对实施方案进行回顾和修正，形成最终的实施方案及检验标准，作为大面积工程实施的依据，向监理和施工单位进行交底	
优秀做法案例上传集团案例库	优秀做法案例上传公司案例库，由建设管理部门收集、整理、分析点评后分享给各项目	优秀样板点评记录案例上传

④ 操作流程图。样本点评流程操作图见图 1-1。

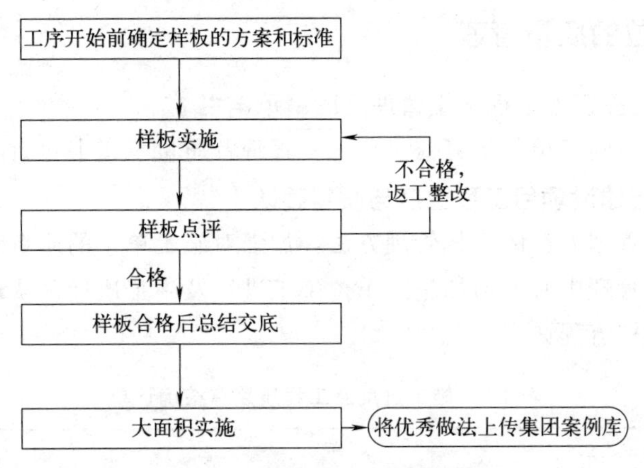

图 1-1　样本点评操作流程图

1.1.3.7　关键材料管理

公司已有健全的设备合格供应商库并实行动态管控，为保障关键材料的采购质量及采购效率，降低采购成本，对于关键材料（如关键管材、止水带等）参照设备管理模式实行合格供应商管理制度，关键材料指定品牌、定点采购，从源头上解决关键材料质量问题。

关键材料公司及建设项目部选择供货商要从合格供应商名录中选择。

1.1.3.8　工程质量资料管理

建立工程质量终身负责制档案。项目工程质量的主要责任人，在工程合理使用寿命期内，对其经手的工程质量负终身责任。项目内业资料、文件包括但不限于的内容如表 1-6 所示。

表 1-6　质量方面内业资料清单

序号	分类	重要资料	备注
1	制度类资料	建立项目具体的质量管理制度，质量责任制等质量保证体系	
2	施工依据的资料	施工正式蓝图等	纸质版
3	施工现场质量管理资料	施工图审查资料，施工组织设计、施工方案及审批资料，工程质量报检报验审批资料，满水试验记录，设备开箱检查和设备单机调试资料，设备联动试车记录、移交记录，竣工验收记录等	线上审批可留存电子版资料
4	质量分析资料	样板点评记录、工程案例等	
5	施工日志	质量方面记录	施工日志必须有质量评价，由专职工程师填写，填写以每个工程的每次检查为一个记录项 主要记录内容有工程部位名称、检查日期、天气情况、质量情况、发现质量问题、问题整改情况、复查结果等有关内容
6	会议纪要资料	质量例会、质量交底会等各类会议纪要	
7	影像资料	节点部位的照片等	可留存电子版

注：建议建立云盘将所有资料扫描上传避免丢失。

1.1.4 对施工单位的质量管理

1.1.4.1 与施工单位签订《工程施工管理及质量承诺书》

确定施工单位时与施工单位签订《工程施工管理及质量承诺书》，详见本书附录 2。

1.1.4.2 付款前进行建设项目工程进度与质量确认

为增加现场工程管理人员的质量管理方法，加强对施工单位的质量管理力度，对原有进度款审批流程至建设管理中心前增加施工单位施工进度及施工质量确认环节。

审核确认单及审核流程如表 1-7。

表 1-7 施工进度及工程质量审核确认单

项目名称	
上期工程进度审核起止日期	___年___月___日 至___年___月___日
本期工程进度审核起止日期	___年___月___日 至___年___月___日
上期施工进度	
本期施工进度	
本项目累计完成进度	
本(期)月度工程质量检查验收情况	
上期和本期现场检查发现质量问题整改情况	
附件	1. 监理工程师对月度申报进度支付工程进度及质量审核确认文件 2. 反映现场进度的整体、单体照片及说明文件 3. 反映月度现场施工质量的照片及说明文件
项目专业工程师确认意见	___年___月___日
建设项目经理审核意见	___年___月___日
部项目管理部负责人审核意见	___年___月___日
专业人员审核意见	___年___月___日
工程管理部经理审批意见	___年___月___日
知会	___年___月___日

填表说明：

① 本审核确认单是项目进度款支付的前置审批，与项目进度款支付流程并行执行。

② 项目公司是质量审核的责任主体，对项目质量负总责，应对出现的质量问题提出处罚（扣款）意见。公司建设管理中心对项目建设质量审定结果承担审核和管理责任并根据巡检结果进行严格复核和考核。

③ 项目公司在上报本质量审核流程前，应组织监理和项目部工程管理与造价人员充分沟通，监理和造价人员有责任对质量问题的处罚提出建议。

④ 项目公司在上报本质量审核流程前，应检查确认工程技术资料的完整、合格且资料与施工进度同步。

⑤ 本（期）月度施工进度，须对已完成的工程量填报具体描述（如生化池完成主体混凝土工程量 50%浇筑），以保证进度款审批的工程量可以进行确认。

⑥ 本月度工程质量检查验收情况要注明所验收的工程质量是否合格，发现质量问题要进行具体描述，并明确需要整改的内容（工程量）、整改费用、责任界定和处罚意见。

⑦ 表中附件栏应填报或上传以下内容：(a) 监理工程师对月度申报进度支付工程进度及质量确认意见（确认意见应客观、真实、公正）；(b) 反映现场进度的整体、单体照片和说明文件；(c) 反映月度施工质量的照片和说明文件。

⑧ 项目公司和监理单位要切实担负起工程质量的审核确认责任，公司审计发现项目公司审核造假、故意隐瞒不报的情形，将严肃追究项目单位和个人的责任，造成重大经济损失和安全责任事故并触犯法律将依法追究责任。

1.1.5　对监理单位的质量管理

参照对施工单位的质量管理。

1.1.6　质量事故处理办法

1.1.6.1　总则

① 为进一步加强公司在建项目工程质量管理，落实质量责任制，确保工程质量受控，按照从严抓质量的原则，并结合公司实际情况，特制定本办法。

② 工程质量事故的等级划分及报告程序严格按人员伤亡情况、直接经济损失的大小和对工程正常使用的影响，将质量事故分为一般质量事故、较大质量事故、重大质量事故、特大质量事故。具体规定如表 1-8。

表 1-8　事故等级划分表

序号	事故等级	定义
1	特大质量事故	对工程造成直接经济损失大于 50 万元，对工程造成特大经济损失或长时间延误工期，经处理后仍对正常使用和工程寿命造成较大影响的事故
2	重大质量事故	对工程造成直接经济损失大于 5 万元且小于等于 50 万元，对工程造成重大经济损失或较长时间延误工期，经处理后不影响正常使用但对工程寿命有较大影响的事故
3	较大质量事故	对工程造成直接经济损失大于 1 万元且小于等于 5 万元，经处理后不影响正常使用但对工程寿命有一定影响的事故
4	一般质量事故	对工程造成直接经济损失小于等于 1 万元，大于等于 0.5 万元，经处理后不影响正常使用和使用寿命的事故

注：小于一般质量事故的质量问题是质量缺陷，由项目公司及建设项目部自行调查、维修处理，消除缺陷。

③ 公司及各单位行政正职是本单位质量管理的第一责任人，对本单位的质量工作负全面领导责任。领导班子其他成员对分管工作范围内的质量工作负直接领导责任。

1.1.6.2 质量事故报告制度

① 项目发生质量事故后，应立即报告上一级建设管理部门，并及时将质量事故发生经过做好记录，为事故调查、处理提供依据。

② 质量事故发生后，应按表 1-9 规定报告事故的简要情况。

表 1-9 事故报告

序号	事故等级	报告对象	报告时限
		建设管理中心主管领导	
1	特大质量事故	√	2 小时内
2	重大质量事故	√	4 小时内
3	较大质量事故	√	24 小时内
4	一般质量事故	√	24 小时内

注：1. 一般质量事故备案建管建设管理中心，发送至指定邮箱。
2. 发生质量事故时，首先以电话形式逐级上报，并随后以书面形式上报。书面材料应真实、准确地反映实际情况。

1.1.6.3 质量事故处理

① 当质量事故危及施工安全或不采取措施会造成事态进一步扩大甚至危及工程安全时，应立即停止施工，采取临时或紧急措施，重大工程质量事故发生后，应采取有效措施防止事态扩大化。

② 工程质量事故发生后，所在项目部要及时采集第一手资料，妥善保存现场物证，对事故经过做好记录，并根据需要对事故现场进行摄像，为事故调查、处理提供依据。

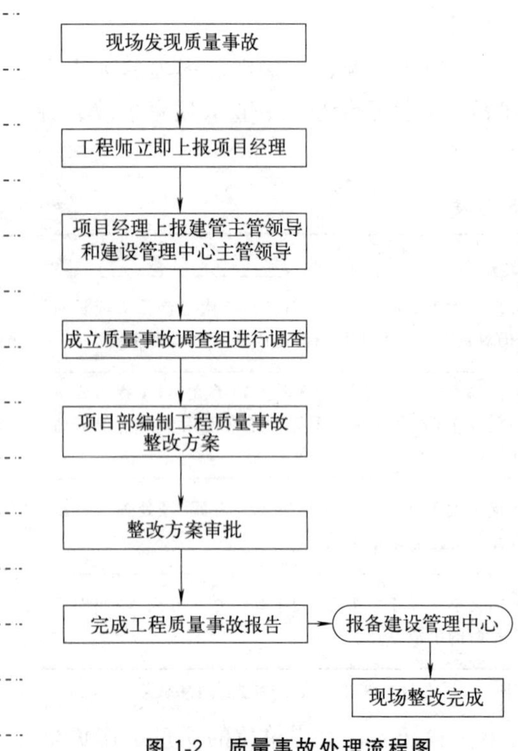

图 1-2 质量事故处理流程图

③ 发生工程质量事故后故意隐瞒不报、谎报或者拖延报告期限的，对所属单位及项目责任人要予以责任追究。

④ 质量事故的处理：发生质量事故时，公司建设管理部门应组成事故调查组，工程、技术、质量、安全、造价、财务等有关部门参加的工作小组进行调查处理。

⑤ 造成质量事故的责任单位要积极配合上级单位提出的事故处理方案，尽快组织恢复生产，避免事故加剧，负面影响扩大。

⑥ 项目部根据现场质量事故实际情况组织编制环境工程质量事故整改方案，发生质量事故时，由上级建设管理中心进行审核与审批。

⑦ 事故处理完毕后，项目部完成环境工程质量事故报告，上报给公司建设管理部门，报备建设管理中心。

⑧ 质量事故处理流程。

质量事故处理流程如图 1-2。工程质量事故报告见表 1-10。

表 1-10　工程质量事故报告表

<table>
<tr><th>内容</th><th colspan="3">工程质量事故报告表</th></tr>
<tr><td>项目名称</td><td colspan="3"></td></tr>
<tr><td>发生时间</td><td>年__月__日__时</td><td>经办人</td><td></td></tr>
<tr><td>项目公司名称</td><td></td><td>项目经理</td><td></td></tr>
<tr><td>项目地点</td><td colspan="3"></td></tr>
<tr><td>施工单位名称</td><td colspan="3"></td></tr>
<tr><td>监理单位名称</td><td colspan="3"></td></tr>
<tr><td>事故的简要经过</td><td colspan="3"></td></tr>
<tr><td>损失初步估计</td><td colspan="3">人员伤亡情况、直接经济损失、社会影响程度等有关方面的初步估计</td></tr>
<tr><td>项目专业工程师发起</td><td colspan="3">年__月__日</td></tr>
<tr><td>建设项目经理确认</td><td colspan="3">年__月__日</td></tr>
<tr><td>建设管理中心
工程管理部负责人</td><td colspan="3">年__月__日</td></tr>
<tr><td>建设管理中心备案</td><td colspan="3"></td></tr>
<tr><td>重大和特大事故
知会</td><td colspan="3">建设管理中心相关部门和领导</td></tr>
</table>

1.1.6.4　质量事故处罚

① 对违反建设管理中心建设管理制度的有关规定，或不按照规范规章制度要求施工，在施工、验收工作中，对工程项目不进行严格的质量监督、管理和检查，造成质量事故的直接责任人按有关规定给予处罚。

② 根据造成质量事故的大小和责任轻重给予责任单位和责任者经济处罚，同时可给予责任者行政处分。造成危害社会公共利益和安全并构成犯罪的，由司法机关依法追究刑事责任。

③ 根据质量事故及时报告原则，发生质量事故要及时报告处理，对因报告不及时或处理不及时造成事态扩大、影响程度增加的，按事故造成的影响和损失进行责任事故认定并加大处罚力度。

④ 根据具体事故情况和情节严重程度，对质量事故相关责任人、责任单位进行处罚。

⑤ 质量事故处罚的事故责任人的罚金，在处罚决定下达后 15 日内上缴公司财务部门，事故责任单位处罚在年底考核时从部门奖金总额中扣除。

对事故责任人和事故单位的处罚分别见表 1-11 和表 1-12。

表 1-11　事故责任人处罚

处分等级	处分方式	经济处罚
a	通报批评	××元
b	警告处分	××元
c	调岗处分	××元
d	降职处分	××元
e	撤职处分	××元

表 1-12 事故责任单位处罚

处分等级	事故等级	经济处罚
a	一般质量事故	××万元
b	较大质量事故	××万元
c	重大质量事故	××万元
d	特大质量事故	××万元

1.2 环保工程质量管理考核与奖惩办法

根据国家法律及环保部门的有关规定，结合公司实际，制定本环保工程质量管理考核与奖惩办法，保障环保工程正常、有效运行，确保污染物达标排放，实现环保目标。

1.2.1 总则

为进一步加强建设工程质量管理，确保工程质量和质量目标的实现，提高企业的社会信誉和经济效益，做到奖优罚劣，特制定本办法。

1.2.2 适用范围

适用于公司投资建设的所有建设项目质量管理的检查考核与奖惩。

1.2.3 工程质量考核

执行公司建设管理制度中建设项目巡查考核制度中相关条款。

1.2.4 质量管理的奖罚

1.2.4.1 通报奖励、通报批评

每年 6 月份、12 月份根据半年度巡检结果，进行通报表扬与批评。

1.2.4.2 质量管理奖惩

(1) 处罚原则

① 对建设项目部进行处罚，追究公司建设部门的管理责任。

② 处罚总额度不超过《目标责任书》中质量条款对应的奖金额度。

(2) 建设项目部的管理奖惩

年终或工程阶段竣工，公司对项目部竣工工程进行考核，依据目标责任书对完成或超额完成任务的单位给予奖励，对未完成指标进行处罚。

(3) 建设项目部管理行为的及时奖罚

项目部的管理行为奖励见表 1-13，项目部的管理行为处罚见表 1-14。

表 1-13 项目部的管理行为奖励

序号	事项	项目经理	专业工程师	行政奖励
1	敢于坚持原则，工程(产品)质量高标准、严要求，质量管理工作措施得力，并及时发现质量隐患，消除或避免发生质量事故的	××元	××元	通报表扬

表 1-14　项目部的管理行为处罚

序号	事项	经济处罚		行政处罚
		项目经理	专业工程师	
1	无健全有效的质量保证体系	××		
2	未发现施工单位偷工减料、偷工减序、不按规范、工艺标准施工	××元	××元	公司通报批评，并处以行政处罚
3	要求不严、管理不善，尤其对于不能放行的工序，不经处理就下令进行下道工序，或材料不复试、不做样板就把不合格的材料用到工程上，造成质量低劣或严重质量隐患的			
4	在建工程经监督单位检查有不合格分项、检验批的	××元		

1.2.5　质量问题的及时处罚

在工程巡检过程中，若发现违反操作规程，不按设计及规范、标准施工，发生质量问题，有下列情况之一的，按情节轻重、数量多少，对项目部和责任人直接进行处罚，分为三级质量问题处罚。及时处罚仅针对质量问题进行处罚，若发生质量事故的，按表 1-15 处罚。

表 1-15　质量问题及时处罚原则

序号	质量问题分类	项目经理	责任人
1	一级质量问题	××元	××元
2	二级质量问题	××元	××元
3	三级质量问题	××元	××元

对下述质量问题及未列入的质量问题，凡有严重影响安全、使用功能及宏观质量，且受到批评、影响企业形象的单位将视情节轻重给予警告、责令限期改正和停工整顿处理，并对单位负责人进行处罚。处罚等级见表 1-16。

表 1-16　处罚等级表

序号	分部工程	具体工序	处罚等级
1	地基与基础工程	地基处理不符合要求，不按规定分层碾压夯实	一级
2		桩基础施工出现短桩、断桩、断面尺寸不够及三类桩占总数量的 30%以上，影响结构承载力	一级
3		护坡桩(墙)有严重设计和施工质量问题及危及地上、地下建筑，构筑物、管线安全的	二级
4		基础存有积水泡槽，带水作业，影响工程基础质量	一级
5		回填土违章操作，夯实不认真造成地面开裂下沉的	二级
6	主体结构工程	混凝土工程质量问题：不按工艺要求浇筑施工，现浇构件有裂缝、气泡集中，多处发生漏振、过振、孔洞、漏浆、蜂窝、麻面、烂根、夹渣以及露筋现象严重并超过允许范围	一级
7		池体结构漏水超过 5 处或渗点超过 10 处	一级
8		现浇走道板收光出现以下质量问题：板碾压不及时有大量开裂；收光效果不好，大面积起砂掉皮的；覆盖养护蹬踩有大量脚窝的	三级
9		钢筋出现以下质量问题：大量钢筋位移严重；钢筋保护层过薄或过厚；梁、柱核心区箍筋不按规定加密，严重影响抗震结构要求	一级

续表

序号	分部工程	具体工序	处罚等级
10	主体结构工程	钢筋出现以下质量问题：钢筋型号、数量不符合设计要求，漏绑、松绑较多；钢筋锚固、搭接及弯钩、弯折不符合要求；钢筋加工、焊接及绑扎接头不符合规定	二级
11		墙体砌筑出现以下质量问题：多处砌体墙位移、倾斜、错台；大量灰缝不饱满（局部透亮）；平整度、垂直度严重超差；组砌方法错误；多处应放而未放拉结筋；后插筋弄虚作假；拉结筋留置不准、焊接不牢；摆放不规矩，端头出墙	二级
12		模板施工出现以下质量问题：无模板施工方案；模板支设不牢；无交底或不按设计、交底施工，造成大面积跑模；严重影响结构尺寸和宏观质量；防水设计的墙体未使用止水螺栓	二级
13	主体结构工程	大部分止水螺栓端部，钢筋未切断至结构表面内3～5mm，钢筋头未刷防锈漆，螺栓孔未使用防水砂浆补平	二级
14		现浇混凝土结构和砖砌体施工不按规定浇水养护，造成混凝土强度质量问题	一级
15		设备基础、预埋件、预留洞口未进行隐蔽验收，预留偏差超出规范允许范围	三级
16	主体结构工程	未做好各单体构筑物在不同施工工况的沉降观测，没有沉降观测记录	三级
17		池体主体结构完工后未及时进行满水试验，试验记录不真实、不完善。池体满水试验未合格就进入下一步工序，如回填土、设备安装、外墙装饰	一级
18	装饰装修工程	栏杆（栏杆高度、间距，休息平台临空面挡台）不符合强制性条文，上下不对应，焊接质量差影响安全	三级
19		抹灰大面积空鼓、开裂，阴阳角线不顺直、方正；滴水线（槽）做法不统一、粗糙及流水坡向不正确	三级
20		饰面板、砖、石镶贴不注意预排（有刀把、阴阳帮）、组排乱，破活多，色差大；拼缝差，不平整，空鼓多	二级
21	屋面工程	屋面工程完成后大面积漏水，影响使用功能	二级
22		屋面细部做法不符合要求或粗糙影响宏观质量；变形缝未彻底分开（部分有连接、有夹渣）或封盖不严不牢，造成大面积开裂	三级
23	电气工程	钢管连接对焊，套管开膛焊；薄壁管不用通丝管箍连接，不做跨接地线；铁制箱盒用电气焊开孔，不按一管一孔操作；跨度及保护接地线严重违规者	三级
24		多股铜线连接不规范，铜导线伤芯严重，不刷锡。导线零火错接，相线不分色；穿假线、套假管者	二级
25		成套电气设备不经认真验收就安装使用，造成重大隐患的	一级
26	设备安装工程	设备安装、安全保护装置及试运行等，不按规范标准施工，有严重违规、影响使用的	二级
27		出水堰标高未按设计要求进行；平整度未达到规范和设计要求	三级
28	管线安装工程	碳钢管除锈防腐不达标	二级
29		管线基础未按设计要求的	三级
30		管道完成后不按要求验收和试验，完工后出现滴、漏、跑、冒、堵现象	二级
31	工程材料	材料未经复试检验、检验不合格或不按规范复试检验就已使用	二级
32	检验检测	未经相关检测或检验不合格即开展下步工序	二级

1.3　施工质量管理配套管理

制定相关施工质量管理制度的目的是确保项目完成设定的环保管理目标，建设符合规范、标准的环保设备。施工质量事关人民群众生命财产的安危，必须坚持质量第一、安全至上的宗旨。

1.3.1 公司建设管理体系及工作要求

1.3.1.1 建设管理基本能力要求

① 具备制定、发布公司建设管理制度、流程的能力。

② 具备与公司投资、技术、运营部门的有效协同能力和接口管理能力。

③ 具备设计质量前端把控能力。

④ 具备对公司建设项目工程总包商的把控能力和对总包方项目经理及其管理团队的约束能力，包括要求撤换团队中不称职主要管理者的能力。

⑤ 具备对公司建设项目所需设备材料质量和供货商的把控能力。对监理方履职效果的把控能力，包括要求更换现场总监和主要监理人员的能力，确保对监理授权和管理到位，使监理发挥应该发挥的作用。

⑥ 具备工程现场管理、质量把控、工程验收、交接组织协调的能力。

⑦ 具备招投标管理能力。

⑧ 具备审核建设工程预算、结算、决算工作的能力。

⑨ 具备审核建设工程进度款和资金支付的能力。

⑩ 具备审核建设项目重大方案工作的能力。

⑪ 具备审核建设工程施工总承包合同和设备合同工作的能力。

⑫ 具备建设工程检查、巡查、考核工作的能力。

⑬ 具备建立公司项目经理及专业工程师库、施工总包单位项目经理库、监理单位库、监理工程师库并动态管理的能力。

⑭ 具备建设管理团队培训能力，组织建设管理经验内部交流的能力。

1.3.1.2 公司建设管理必备人力资源保障

公司建设管理团队关键岗位：公司建设管理负责人、公司工程管理负责人、公司建设管理工艺负责人（可兼职）、公司建设管理设备负责人（可兼职）、公司造价负责人、公司土建工程负责人。其余人员由公司根据建设项目实际情况配备相应的人力资源。

1.3.1.3 公司建设部门的资源管理要求

（1）公司建立项目经理及专业工程师库并进行分级管理

公司建立项目经理及专业工程师库，实行分级管理和动态评估。建设管理中心对项目经理及专业工程师的能力评价进行检查。

建设管理中心建立集团项目经理及专业工程师人才库，对建设管理人员进行评估，实行分级动态管理。

（2）公司建立合格承包商优秀项目经理库

公司建立合格承包商优秀项目经理库，报备建设管理中心。

对项目经理的资格、能力、经验、以往合作过的工程业绩进行打分，得分高的项目经理优先选用。

（3）公司对工程施工承包商建立考评机制

公司对本公司施工总承包商进行星级评价及动态管控，及时淘汰不合格的施工单位并吸纳优秀的施工单位，杜绝不合格施工企业进入公司进行建设项目施工。考核优秀的施工企业优先合作，“优质优价”，充分调动施工企业积极性。

（4）公司建立合格监理单位库、优秀监理工程师库

寻求区域范围内监理公司合作伙伴，从监理单位的资质、人员、以往合作工程态度和效果进行打分，项目优先选择分数高的监理单位。

选定优秀监理工程师并动态评估，可根据优秀监理工程师选定监理单位。

（5）公司对本区域监理单位及监理工程师建立考评机制

① 建立监理单位能力考评标准，由公司对项目监理单位进行考评，建设管理进行复核，对监理单位进行动态评估，根据监理成果考核，考核优秀的监理单位实行优质优价。

② 要充分利用监理公司的专业化管理能力，补充各区专业管理能力的不足，防范产业或业务调整带来的人力资源解聘风险。

（6）公司设备材料供货商管理

① 根据公司对供应商管理的相关规定和要求，结合项目建设全过程中供应商的综合表现，把供应商出现的问题及时向公司设备材料管理部门反馈，以便公司能及时对供应商进行评价调整。

② 对于有不良行为的供应商，公司可拒绝其参与项目的招投标活动。

1.3.1.4 公司建设管理与其他部门的协同要求

（1）公司建设部门与投资、技术、运营部门有效协同

公司建设部门需要协调公司运营、技术等人力资源支持建设项目，节省人力成本并保障项目顺利完成验收与移交。

（2）建设项目与技术部门的衔接

正式开工前必须取得技术研发中心出具的《施工图确认书》方可施工。施工过程中重大变更应由技术研发中心审批后方可实施。

1.3.2 建设项目参建单位管理

1.3.2.1 定义

工程建设参建单位指某一具体工程建设项目的建设单位、施工单位（工程总承包单位）、监理单位等。

1.3.2.2 项目部的搭建

项目须选择优秀的项目经理、组建专业的管理班子，经公司负责人批准后报备建设管理中心。

（1）能力要求

项目部除具备建设项目质量、进度、造价、安全管理等基本管理能力外，还需具备以下管理能力：

① 具备建设项目的设计质量前端把控能力和组织图纸会审、审核工程洽商的能力。

② 具备建设项目工程总包商施工质量的把控能力和对总包方项目经理及其管理团队的约束能力，包括要求撤换团队中不称职主要管理者的能力。

③ 具备对建设项目所需设备材料质量和供货商的把控能力。

④ 具备项目现场对监理方履职效果的把控能力，包括要求更换现场总监和主要监理人员的能力，确保对监理授权和管理到位，使监理发挥应该发挥的作用。

⑤ 具备项目现场管理、质量把控、工程验收、交接组织协调的能力。

（2）必备人力资源保障

建设项目部核心管理团队：项目经理、现场工程师（以土建工程为主，懂工艺基本原理及工艺常识、熟悉本项目工艺流程）、专业造价工程师为主的三人基本队伍。

建设项目部协同管理团队：工艺工程师、电气/自控工程师、资料和行政管理、财务等（建议从运营、财务部门抽调或就地招聘，项目建成后一般会留下进入运营团队）。建设项目现场管理团队组成见表1-17。

表1-17 建设项目现场管理团队组成

项目部核心团队	项目部协同团队
项目经理	工艺工程师
现场工程师	电气自控工程师
专业造价工程师	行政管理、财务等

1.3.2.3 施工队伍的选择

（1）常规项目施工队伍选择

① 常规项目施工单位的选择原则上是施工单位必须从公司合格施工总承包商库内选择，经公司负责人批准后报建设管理中心备案。

若选择的施工单位非公司合格施工总承包商，须经公司审核后报建设管理中心审批。

② 常规项目施工单位管理人员的选择原则上是施工单位的项目经理须从公司施工单位优秀项目经理库内选择，经公司负责人批准后报建设管理中心备案。

项目启动阶段，公司需要对施工单位以项目经理为主的项目管理团队从资格、能力、经验、以往合作过的工程业绩等方面进行面试遴选，面试不通过则更换人员，人员一经确定不允许施工单位私自更换。

项目实施阶段，公司及项目部应对施工单位以项目经理为主的管理团队进行跟踪考核，发现项目经理不合格或不能满足项目需求可要求施工单位更换项目经理及管理人员。

（2）小规模项目施工队伍选择

① 小规模项目指土建、安装总投资在××万元以下的建设项目。

② 施工队伍选择

a. 对小规模建设项目、公司建设项目，公司可根据工程建设实际需要，推荐公司《工程施工合格承包商名录》外的资质满足项目建设要求的施工总承包企业。

b. 项目经理推荐的施工总承包单位不在公司《工程施工合格承包商名录》中的，须参照公司工程施工合格承包商管理制度，由公司建设部门对该施工单位进行考察，并提交考察报告，经公司建设部门负责人同意后上报公司建设管理中心批准。

c. 公司建设部门除对施工企业的财务状况、施工资质、企业信誉、合同履约能力等进行考察评审外，还应对派驻至建设项目的项目经理、施工技术负责人等主要建设项目管理人员进行考察评审，公司对考察评审结果负责。

（3）居间人承接的传统建设项目施工队伍选择

① 居间人指帮助投资部门获得建设项目的单位或个人。

② 施工队伍选择

a. 居间人承接的传统建设项目，未经公司主管领导和建设管理中心审批同意，不得由居间人承接项目的施工总承包建设工作。优先从公司《工程施工合格承包商名录》选择施工总承包单位。

b. 居间人推荐的施工总承包单位不在公司《工程施工合格承包商名录》中的，须参照集团工程施工合格承包商管理制度，由公司建设部门对该施工单位进行考察，并提交考察报告，经公司建设部门负责人同意后上报公司建设管理中心批准。

c. 公司建设部门除对施工企业的财务状况、施工资质、企业信誉、合同履约能力等进行考察评审外，还应对派驻至建设项目的项目经理、施工技术负责人等主要建设项目管理人员进行考察评审，公司对考察评审结果进行负责。

1.3.2.4 监理队伍的选择

（1）监理单位的选择

原则上监理单位必须从公司合格监理单位库内选择，经公司负责人批准后报建设管理中心备案。

（2）监理单位管理人员的选择

监理单位的监理工程师须从公司监理单位的监理工程师库内选择，公司负责人批准后报建设管理中心备案。

项目启动阶段，公司须对监理单位以监理总监为主的项目管理团队从资格、能力、经验、以往合作过的工程业绩等方面进行面试遴选，面试不通过则更换人员，人员一经确定不允许监理单位私自更换。

项目实施阶段，公司项目部应对监理单位以监理总监为主的管理团队进行跟踪考核，发现监理总监及监理工程师不合格或不能满足项目需求可要求监理单位更换监理总监及监理工程师。

1.4 安全与文明施工

国家、地方各级政府及相关部门对施工现场安全文明施工的要求日趋严格，为规范项目公司在施工现场能够安全文明施工，须制定安全文明施工管理规范。

1.4.1 施工现场准备条件

1.4.1.1 办公室

在建设项目现场，项目公司有独立的办公室。

1.4.1.2 现场标识

建设项目现场一般有企业标识。

1.4.1.3 项目公司企业标识

企业标识示例见图 1-3。

图 1-3 企业标识

1.4.1.4 公司门头、围挡标识

尺寸：根据实际测量；工艺：刷漆、宝丽布喷绘，不锈钢腐蚀填烤漆、亚克力喷印见图 1-4。

1.4.1.5 项目宣传标语

尺寸：根据实际测量；工艺：喷绘，条幅布项目宣传标语见图 1-5。

1.4.1.6 公司科室标牌

尺寸：0.3m×0.1m；工艺：亚克力喷印。公司科室牌见图 1-6。

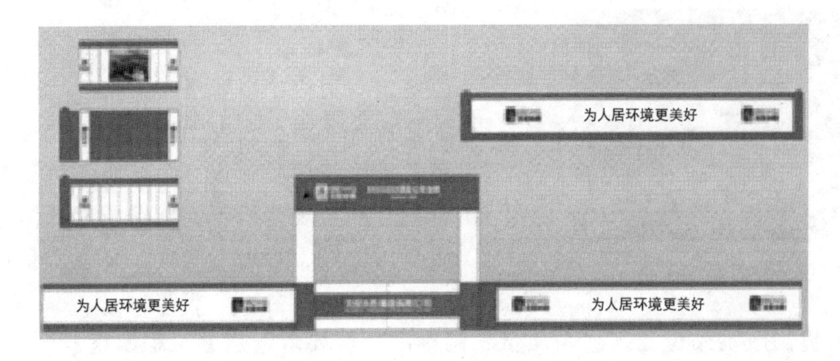

图 1-4　门头、围挡品牌标识

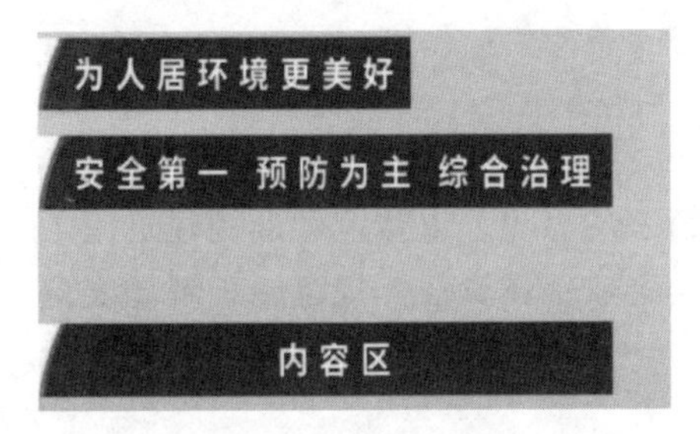

图 1-5　项目宣传标语

图 1-6　公司科室牌

1.4.1.7　安全帽

尺寸：根据实际尺寸调整。项目部建设管理人员建议按规范使用红色安全帽，施工人员使用黄色安全帽。见图 1-7。

图 1-7　安全帽图

1.4.1.8　项目品牌墙

尺寸：根据实际测量；工艺：PNV 喷绘，项目简介铭牌见图 1-8。

1.4.1.9　公司员工卡

尺寸：内页尺寸与身份证尺寸相同；工艺：外壳亚克力，内页彩印，见图 1-9。

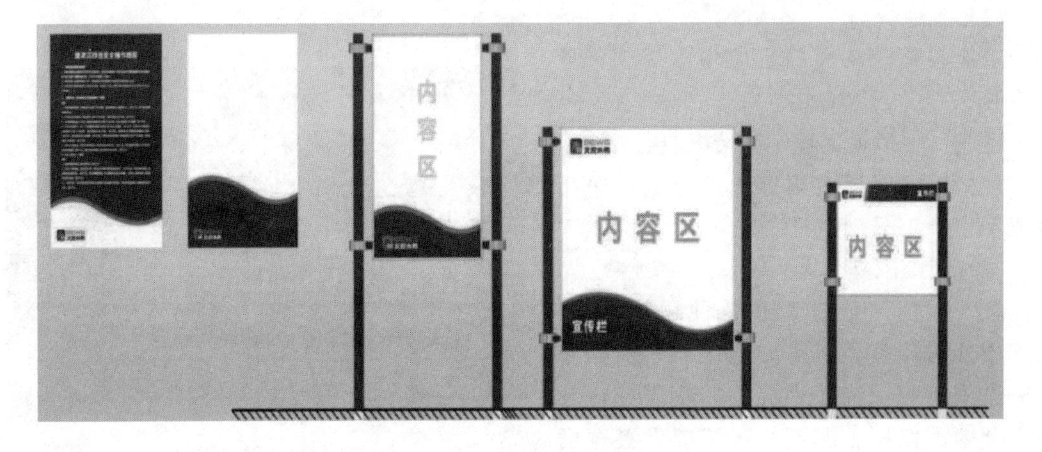

图 1-8　项目简介铭牌

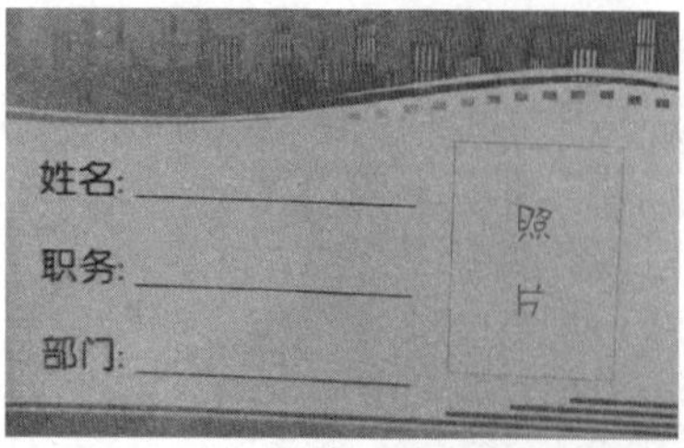

图 1-9 公司员工卡

1.4.1.10 宣传标语内容

（1）质量宣传标语

① 以建筑写历史、以智慧看未来；

② 创新提升质量、名牌促进发展；

③ 精益求精筑优质工程、团结协作树品牌形象；

④ 重视合同、规范运行、确保质量、信守承诺；

⑤ 质量保证好、管理不能少、要想质量高、管理要更好；

⑥ 努力提高政治站位，把“高质量、高标准、严要求”贯穿工程始终。

（2）安全宣传标语

① 安全第一、预防为主、综合治理；

② 人民利益高于一切、安全责任重于泰山；

③ 推行安全生产标准化、强化职业健康安全管理；

④ 严格劳动纪律、遵守操作规程。

牢固树立安全发展理念，大力弘扬生命至上、安全第一的思想，以防范和遏制建筑施工重特大事故为重点，进一步加强安全监管执法力度，压实企业主体责任，规范施工现场安全管理，坚决维护人民群众生命财产安全和社会稳定。

（3）文明施工宣传标语

① 保护水环境、节约水资源；

② 保护蓝天碧水、建设绿色家园、倡导生态文明；

③ 建设文明工地、落实扬尘治理、美化工地环境；

④ 让人居环境更美好。

建筑工地是建筑业的主阵地，也是展示城市创建成果的重要“窗口”。为进一步促进现场规范施工，创建文明工地，各地主管部门、相关企业多措并举，全力推进建筑工程安全文明施工，让城市变得更加美好。

1.4.2 临建工程

1.4.2.1 文明施工

（1）工地大门

工地必须配备大门且应庄重美观，见图 1-10。

楹联：可根据工程实际情况自行拟定。

规格：可根据实幅等比例缩放，净高净宽不小于 4m。

（2）施工围挡

施工围挡一般设置在各种物料堆场、加工场外围及其他有需要的区域。围挡基础应涂刷夜间反光漆，提醒车辆限速，起到安全警示作用。围挡的区域应设置宽度 2～4m 的开口作为人员或车辆出入通道。

图 1-10 工地彩门

需要实行封闭式管理的施工现场，沿四周设置连续围挡，围挡材料要求坚固、稳定、整洁、美观，见图 1-11。

图 1-11　城市便道、地铁围挡

地势低洼、汇水面积较大和临接道路地段，围挡下设置砖砌或砼预制挡水线：砖砌 120mm 单砖砌筑，（砌筑高度不低于 30cm）砂浆强度 M5.0，表面抹 15mm 厚砂浆或采用预制砼条安砌，表面涂刷宽度为 30cm、与地面成 60°的黄黑相间油漆。施工围挡影响城市排水系统正常工作的，在围挡底部设置排水孔，排水间距应不大于 6m，截面应不小于 150mm×150mm。

围挡上可根据需要张贴企业宣传图片，力求与工程周边城区的环境相协调。当围挡宣传图片由业主与经理部共同联合署名、内容由项目经理部负责组织时，须对内容进行把关，确保无误，见图 1-12。

图 1-12　围挡示意图

围挡要连续设置，围挡材质、样式及外露面还要结合属地管理部门具体要求设置。市政工程必须有工程工期公示牌和温馨提示标语，市区工程围挡压顶上方安装照明设备，夜间亮灯警示，下部砖墙外侧要有安全警示带，保障行人和车辆通行安全。处于交通路段的围挡顶部安装警示灯或在醒目处张贴反光警示标志，警示灯或警示标志间距应不大于 20m，见图 1-13。在城市市区内的建设工程，应当对现场实行封闭围挡，围挡高度：市区 2.5m、郊区 1.8m。

图 1-13　交通路段围挡示意图

① 砖墙

a. 围墙采用水泥多孔砖砌筑，墙宽 240mm，见图 1-14。

b. 砖墙使用商品预拌砂浆抹平粉刷。围墙砌筑时，砖垛的间距必须按照规范要求设置，一般 3～3.6m 设一个砖垛。砌筑好的围墙一侧严禁堆土、堆放砂石料或其他建筑材料。

c. 由于临时围墙长度较长，考虑到围墙的质量及安全，设置围墙伸缩缝（宽 10mm，间距为每 20m 设置一处）。

d. 围墙下部，砖墙外侧须有黄黑安全警示带，保障行人和车辆通行安全。

围挡规格参照表 1-18、表 1-20，项目部位置与围墙高度关系参照表 1-19、表 1-21。

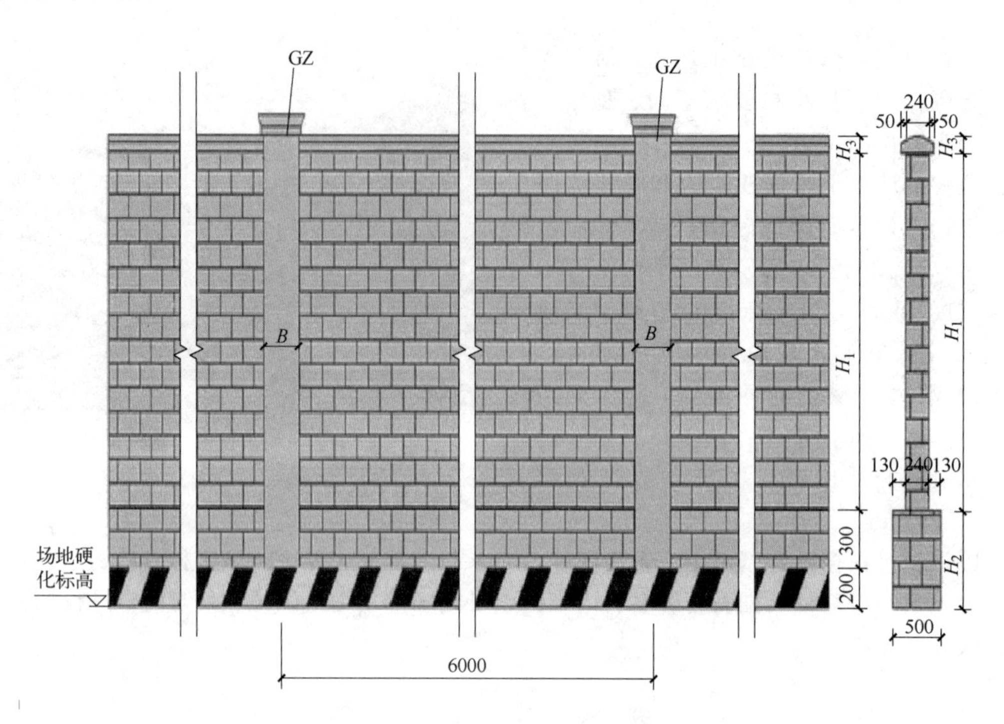

图 1-14 砖墙立面图

表 1-18 围挡规格表（1）

编号	名称	规格
GZ	构造柱	370mm×370mm

表 1-19 项目部位置与围墙高度关系表 单位：mm

项目部位置	H_1	H_2	H_3	B
市区	2000	500	90	370
郊区	1300	500	90	370

② 夹芯板

a. 框架及立柱要进行打磨除锈，然后涂一道底漆，两道灰色防锈面漆。

b. 围挡为 50mm 厚夹芯板，与框架铆合。

c. 彩钢板围挡选用具有 PE 涂层的彩钢板或镀锌钢板，颜色选用 1212（2.5PB 4.5/9.6），《建筑颜色的表示方法》（GB/T 18922），彩钢夹芯板的芯材体积密度不应小于 12kg/m^3，采用硬质聚氨酯夹芯板。彩钢板结构部位尺寸见表 1-22。

d. 单张围挡尺寸长 2.02m。两端采用立柱固定见图 1-15。

e. 围挡底座为砖砌基础，水泥砂浆抹面，基座高度 200mm。

表 1-20 围挡规格表（2）

编号	名称	规格	材质	备注
YD	压顶型材	C80×40×15×2.5	Q235	
LD	落地型材	C80×40×15×2.5	Q235	
GZ	钢立柱	2C80×40×15×2.5	Q235	

续表

编号	名称	规格	材质	备注
GB	撑杆	0.6 厚钢平板	Q235	
J×G	彩钢夹芯板	J×B-Qy-1000	Q235 硬质聚氨酯夹芯板	50mm
B1	连接板	L50×4	Q235	
B2	连接板	L50×4	Q235	
B3	连接板	−5×40×80	Q235	
B4	连接板	−5×40×80	Q235	

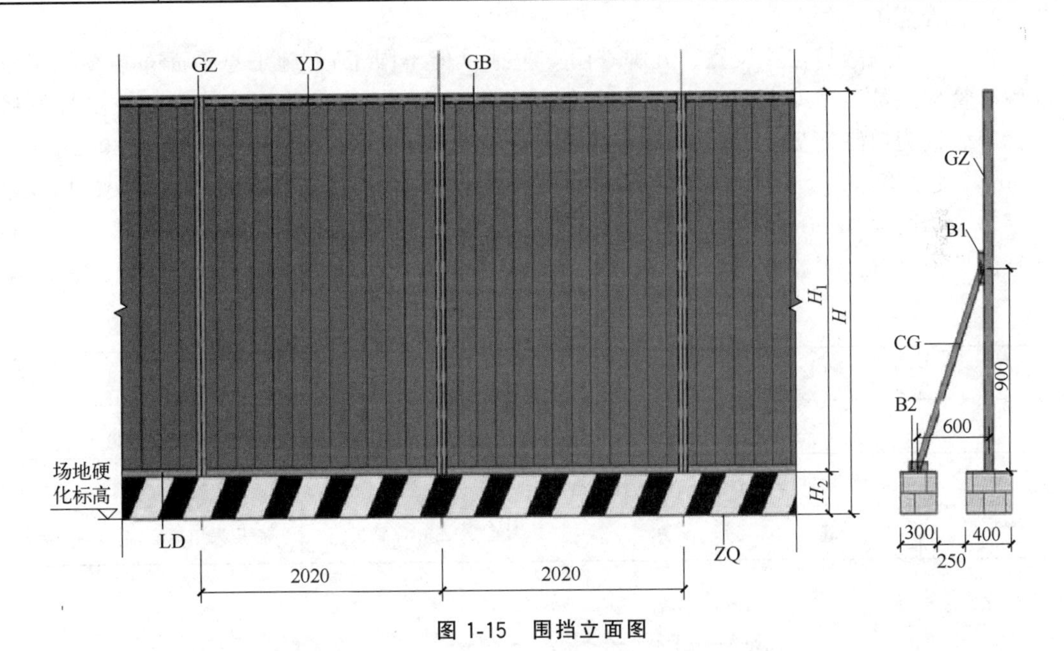

图 1-15　围挡立面图

表 1-21　项目部位置与围挡高度关系表　　单位：mm

项目部位置	H	H_1	H_2
市区	2500	2300	200
郊区	1800	1600	200

表 1-22　彩钢板结构部位尺寸表

编号	名称	规格	材质
HG	钢横杆	L40×3	Q235
GZ	钢立柱	80×60×4	Q235
CG	撑杆	L40×3	Q235
GB	彩钢板	0.6 厚 YX-15-225-900	Q235
B1	连接板	$t=8$	Q235
B2	连接板	$t=8$	Q235
B3	连 接板	$t=5$	Q235
HNT	混凝土	400×400×500	C25
MS	锚栓	M12 普通锚栓	

③ 彩钢板：

a. 框架及立柱要进行打磨除锈，然后涂一道底漆，两道防锈面漆。

b. 围挡板为 0.6mm 彩钢板，与框架铆合。

c. 彩钢板围挡选用具有 PE 涂层的彩钢板或镀锌钢板，颜色选用 1212（2.5PB　4.5/9.6），《建筑颜色的表示方法》（GB/T 18922）。

d. 单张围挡尺寸长 1.5m。两端采用立柱固定。

e. 围挡底座为砖砌基础，水泥砂浆抹面，基座高度 200mm；立柱基础为 C25 混凝土制作，尺寸见表 1-22，预埋 Φ12 圆钢及锚栓。

（3）五牌一图

项目施工现场醒目位置设置"五牌一图"包括（但不限于）：施工总平面布置图、工程概况牌、管理人员名单及监督电话牌、安全生产制度牌、重大危险源告知牌、质量控制牌等。标牌面板为白底钢板，标牌四周角钢固定，钢管架设。单块牌子宽×高＝3000mm×3000mm，支架宽×高＝3000mm×4000mm。字体为方正大黑或汉仪大黑简体中文，标题字用红字，字体高度 45mm，内容字用白底黑字。标牌底距地面高度 1.0m。"五牌一图"布置示意图见图 1-16，规格参照表 1-23。

表 1-23　规格表

编号	名称	规格	材质	备注
GZ	钢柱	L63×4	Q235	镀锌量≥120g/m^2
CG	撑杆	L40×3	Q235	
	牌子		1mm 厚钢板	面层采用喷绘，需背衬龙骨

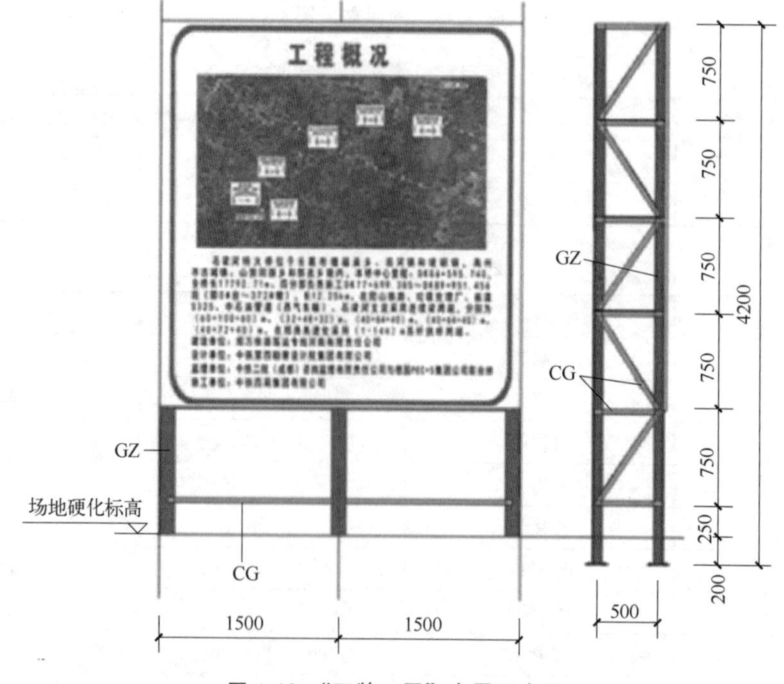

图 1-16　"五牌一图"布置示意图

（4）环保、水保管理

重视环保、水保管理工作，做好文明施工，尤其是严格按照《土保水保专项方案》落实各项管理措施，坚决做到施工场地不扬尘，施工便道无泥泞，施工废水不乱排。

① 车辆冲洗台。凡有装运建筑垃圾或土方的工地，宜在施工现场出入口处设置自动车辆冲洗设备（具体按属地安监标准），确保建筑垃圾或土方装运车辆干净驶出工地。所有车辆进出工地宜建立登记制度以便于核查。冲洗平台示例见图 1-17。

沿出车方向，自动冲洗设备周边应设置排水沟和沉淀池，排水沟与沉淀池相连，并按规定处置泥浆和废水排放，沉淀池须定期清理并与市政排水管网相接。冲洗平台原则上长度不小于 5m，宽度不小于 3.5m。挡水坎采用实心砖砌筑，采用 M10 水泥砂浆抹面，并刷黄黑相间漆。雨水篦可采用钢筋焊接制作。

施工现场受场地等条件因素影响，不能安装车辆自动冲洗设备的，经批准后可使用高压水枪等其他冲洗装置。冲洗区域应设置在施工现场大门内侧，并按要求设置排水沟和沉淀池，确保场区无积水，污水不得外溢污染路面。

图 1-17　冲洗平台

② 施工现场裸露土地必须覆盖或绿化，覆盖要整齐、严密，绿化要及时养护，见图 1-18。

③ 垃圾存放清运生活区和办公生产区、施工现场各设置一个大型垃圾堆积池，将各种垃圾集中存放、处理、清运。

建筑垃圾、渣土应及时清运，无法在 48 小时内清运完毕的建筑垃圾应放在工地设置的临时密闭垃圾堆场存放，建筑渣土则要集中堆放，密闭覆盖。建筑垃圾站示例见图 1-19。

图 1-18　临时堆土覆盖围挡处理

图 1-19　垃圾站

生活垃圾应采用密闭式容器装存，日产日清。

1.4.2.2 施工便道

（1）一般规定

施工便道应根据各单位工程布置、线路走向合理规划，纵向（贯通）便道原则上设置在红线用地范围内，尽量利用地方既有道路，并结合地方村、镇等政府部门的规划，优先采取永临结合的方式以减少施工成本投入，厂区内道路如图纸没有设计管线或管线在路外，建议采取永临结合方式对道路进行混凝土硬化处理。

施工便道分为主干线和引入线，主干线尽可能靠近合同段各主要工点，引入线以直达施工现场为原则，并考虑与相邻合同段施工便道的衔接。路堤段便道内边线为路堤侧沟外边线，桥梁段便道内边线离承台边线 3m，会车道在桥孔范围内。取弃土场修建横向便道与主线贯通。

便道填料应根据当地地材情况和地基承载力情况综合考虑，一般情况下填料应采用建筑垃圾、宕渣、隧道废渣、泥结石和混凝土等。当基础承载力较差时，应根据车辆荷载情况对基底进行适当处理。

路面结构层施工前应对基底进行整平压实，承载力应满足设计要求。施工便道顶面形式根据现场实际地形设置：若两侧均为山体，设置 2% 的人字坡形式两侧设置排水沟；若一侧山体填筑，设置 4% 的一面坡形式，填筑侧设置超高且设置防撞措施，靠山体侧设置排水沟；若便道两侧均填筑而成，设置 2% 的人字坡形式，两侧填方坡脚设置排水沟，且便道两侧均须设置防撞措施。在便道使用期间，严禁长期泡水。

便道路面应高出自然地面 20～30cm，并保持道路顺直、干净、美观、平整。道路两侧坡脚处应顺直，坡脚附近严禁积水。

平时应加强施工便道的养护工作，做到晴天不扬尘雨天不泥泞，确保城市道路的安全畅通。

山区挖方便道，临山侧开挖面需要加固处理，特别是处于雨季期间，要加强坡面稳定的监测。施工便道示意图见图 1-20。

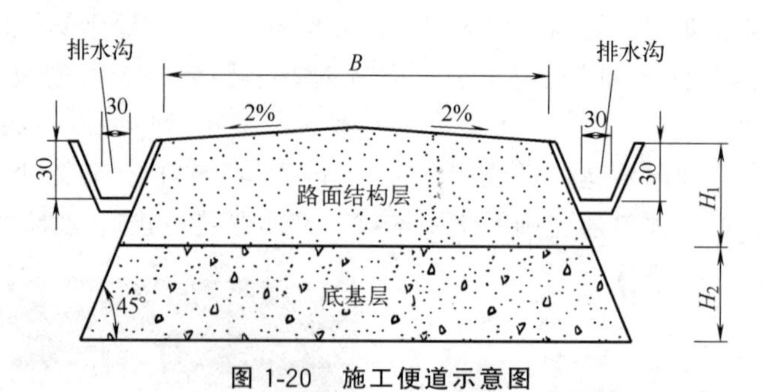

图 1-20 施工便道示意图

（2）建设标准

① 平原地段：便道干线宽度宜≥5m；引入线宽度宜≥3.5m；每 200～300m 宜设 1 处会车道，会车道宽度为 6m，长度 30m。会车道实景图见图 1-22。

② 山区地段：便道干线宽度不大于 5.5m；引入线宽度不大于 3.5m，每 300m 设会车道 1 处，视线不良地段不大于 200m 设 1 处，会车道宽度为 6.5m，长度为 15m。曲线半径一般不小于 20m，极困难条件下为 15m。大坡度：一般情况下不大于 8%，极困难条件下不

大于10%。

③ 施工便道结构：底基层宜为片石（或三七灰土）、宕渣、建筑垃圾、挖方废渣，面层原则上采用泥结碎石、砂石等结构，当有特殊要求时可采用混凝土，且需公司批准。在软土或水田地带，基底抛填片石或用三七灰土换填处理并做必要的防护，见图1-21。

图1-21　施工便道

图1-22　会车道实景图

陡坡及急弯道等处便道两侧间隔150cm设置防撞墩，尺寸为50cm×150cm×100cm，埋深40cm，外露60cm，每隔20cm漆成黑黄相间斜杠条纹。防撞墩示意图见图1-23，防撞墩现场图见图1-24。

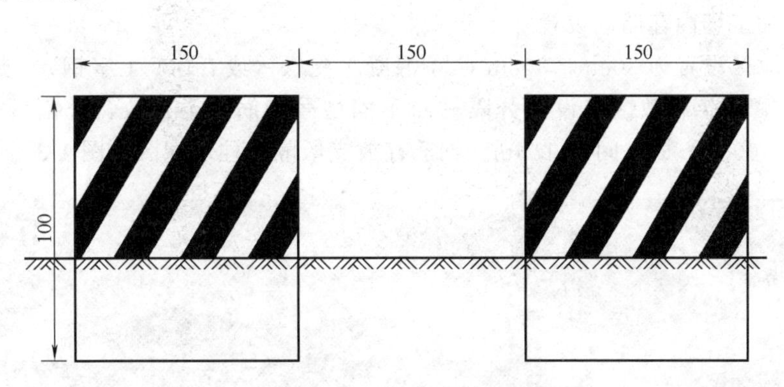

图1-23　防撞墩示意图

④ 道路排水：单车道设单侧排水沟，双车道设双侧排水沟，沟底宽和深度一般为30cm。

图1-24　防撞墩现场图

1.4.2.3　钢筋加工厂

（1）钢筋加工厂总体规划布置

钢筋加工厂场地规模及功能应符合投标文件所承诺的有关要求，满足施工需要，采用钢结构厂房形式，一般宽度8～15m，长度在15～30m之间，净空不低于4.5m。按照使用功能设置原材料存放区、原材料下料区、加工制作区、成品半成品存放区。原材料存放区分为螺纹钢存放区、圆钢盘条存放区，预制梁场的钢筋加工场内还需设置钢绞线存放区；原材料下料区可分为盘条调直区、下料切断区；加工制作区分为车丝区、弯曲加工区、成品半成品加工区；成品半成品存放区以存放运输方便为原则，半成品存放区靠近加工区，成品存放区靠近钢筋加工场的运输通道。钢筋加工厂实景图见图 1-25。

（2）厂房标准

加工厂采用钢结构厂房，主干道采用厚 20cmC20 混凝土硬化；其他区域采用厚 10cm C20 混凝土硬化，每隔 10m 切割一道深 7cm 深假缝，场地内各类电气设备电缆线均采用硬质阻燃 PVC 管暗敷。阻燃 PVC 管暗敷实景图见图 1-26。

图 1-25　钢筋加工厂实景图

图 1-26　阻燃 PVC 管暗敷实景图

（3）钢筋加工场内存储区设置

原材料存放区设置为 30cm×30cm C20 混凝土支墩（或者I45 工字钢），支墩高出硬化地面 30cm，在螺纹钢存放区域设置分隔柱对不同型号钢筋分类存放，分割桩采用 14 号槽钢，外露高度 100cm，横向间距 1.5m。钢筋存放支墩隔离柱示意图见图 1-27。

图 1-27　钢筋存放支墩隔离柱示意图

1.4.3　临时用电与消防设施

1.4.3.1　临时用电

建筑施工现场临时用电工程，采用专用的电源中性点直接接地的 220/380V 三相五线制低压电力系统，应符合以下规定：

① 采用三级配电系统；

② 采用 TN-S 接零保护系统；

③ 采用二级漏电保护系统；

④ 临时用电采用三相五线制；

⑤ 配电房（室）、变压器等固定电力设备均设安全防护屏障或网栅围栏，并有专人管理；

⑥ 配电箱内多路配电应有标记，有门、有锁、有防雨措施；

⑦“一机一闸、一箱一防”。

（1）变压器

如变压器容量小于 100kVA，可采用杆式变电台，在变电台下安装配备综合配电箱对各用电负荷进行供电。如场地狭窄，采用简易式箱式变电站，为各用电负荷进行供电。

① 杆式变压器底部距离地面不少于 2.5m，变压器下方安装配电柜。变压器旁边设置禁止警示牌，如“禁止攀爬”“有电危险”等，变压器底部采用栅栏围护或者砖砌围墙围护，见图 1-28。

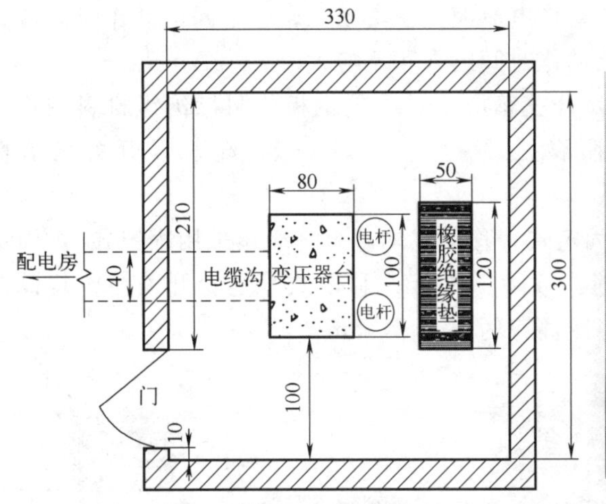

图 1-28　台式变压器、杆式变压器

② 台式变压器台座长宽按变压器容量的外形尺寸定，高一般为 80cm；四周砌筑厚 24cm 围墙，围墙高 150cm，上方安装铁丝滚刺或玻璃碴；变压器与围墙安全距离为 100cm，电杆下方垫绝缘胶垫。杆式变压器防护见图 1-29。

③ 箱式变压器根据箱变尺寸修砌高 30cm 的台座，台座下方按箱变图纸预留电缆沟。箱变四周用安全防护屏障或防护栅栏围护，栅栏主立柱喷醒目的黑黄油漆，栅栏高度不小于 150cm，上方悬挂“禁止入内”“有电危险”等警示标志，栅栏内配备灭火器，禁止堆放杂物；箱变及栅栏门需上锁，由专职电工保管。箱式变压器及防护图见图 1-30。

图 1-29　杆式变压器防护

图 1-30　箱式变压器及防护

（2）配电箱

配电系统应设置总配电箱、分配电箱、开关箱，实行三级配电。

总配电箱应设置在靠近电源的区域。总配电箱的电气应具有电源隔离，正常接通与分断电路，以及短路、过载、漏电保护功能。总配电箱应装设电压表、总电流表、电度表及其他需要的仪表。各开关、仪表的规格应通过计算负荷后选配。

分配电箱应设置在用电设备或负荷相对集中区域。分配电箱应装设总隔离开关、分路隔离开关以及总断路器、分路断路器或总熔断器、分路熔断器。各开关的规格应通过计算负荷后选配。开关箱必须装设隔离开关、断路器或熔断器，以及漏电保护器。当漏电保护器是同时具有短路、过载、漏电保护功能的漏电断路器时，可不装设断路器或熔断器。

开关箱中漏电保护器的额定漏电动作电流不应大于 30mA，额定漏电动作时间不应大于 0.1s。总配电箱中漏电保护器的额定漏电动作电流应大于 30mA，额定漏电动作时间应大于 0.1s，但其额定漏电动作电流与额定漏电动作时间的乘积不应大于 30mA·s。

① 材料要求：一、二、三级配电箱及开关箱应采用冷轧钢板或阻燃绝缘材料制作。钢板厚度不小于 1.2mm，箱体表面应做防腐处理。一、二、三级配电箱及开关箱示意图见图 1-31。

② 尺寸规格：配电箱、开关箱采用固定式、移动式均可（一级箱采用固定式）。固定式配电箱、开关箱中心点与地面垂直距离应为 1.4～1.6m。移动式配电箱开关箱应装设在坚固、稳定的支架上，其中心点与地面垂直距离应为 0.8～1.6m。

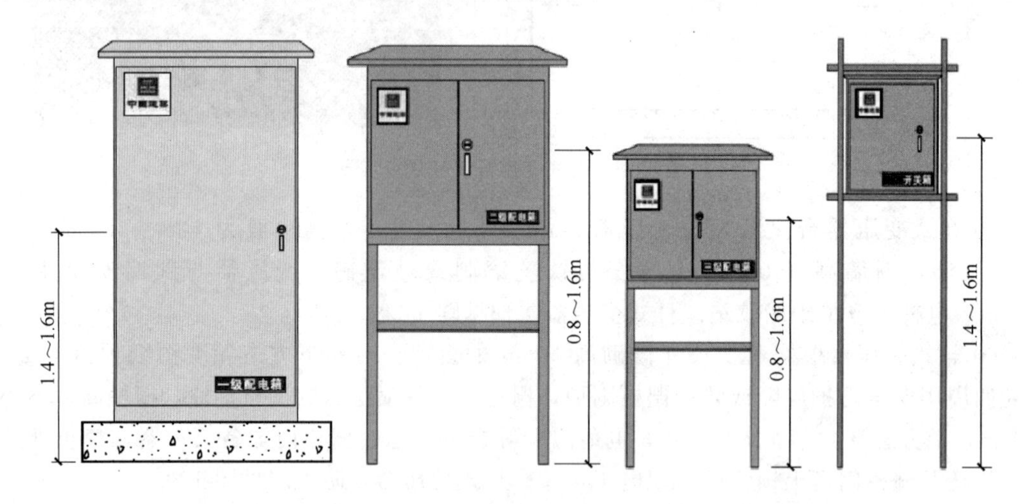

图 1-31　一、二、三级配电箱及开关箱示意图

③ 二级、三级配电箱安全用电：

a. 二级配电箱要求。二级配电箱设置在用电负荷 50m 范围内，电箱中电气型号由用电负荷决定。

场内固定二级配电箱需用铁栅栏围护，防护栅栏颜色为红白相间，铁栏门上锁；配电箱上张贴标志牌及安全操作规程，旁边配置灭火器，由专职电工管理维护。一、二级配电箱防护图见图 1-32。

b. 三级配电箱要求。三级配电箱以及开关箱，设置在用电设备附近，每台设备须配置一台开关箱，场内可集中布置。电焊机设专用配电箱。三级配电箱设置见图 1-33。

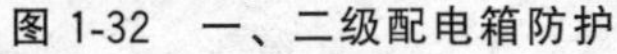

图 1-32 一、二级配电箱防护

图 1-33 三级配电箱设置

(3) 电缆敷设

电缆线路应采用埋地或架空敷设，严禁沿地面明设，并应避免机械损伤和介质腐蚀。埋地电缆路径应设置方位标识。电缆敷设须采用三相五线制，TN-S接零保护系统。

① 埋地敷设线路。埋地敷设必须采用带绝缘和外保护层的电缆，尽量采用带金属铠装保护的电缆，用PV管保护，电缆的绝缘必须完好，过便道时用钢管保护，保护管内径应为电缆线直径的3倍，沿途布置警示牌，需开挖作业时必须先断电，由专人指挥，埋地电缆沿用电负荷“一”字敷设时，每隔50m设一个二级配电箱。主电缆沟为700mm深，电缆敷设后先用沙土覆盖，再夯实回填土；电缆过路时，增加盖板和碎石层保护。多条电缆可在同一条电缆沟内敷设。不得采用普通绝缘导线穿管埋地。电缆埋设示意图见图1-34，电缆过路埋设示意图、电缆埋设示意图见图1-35。

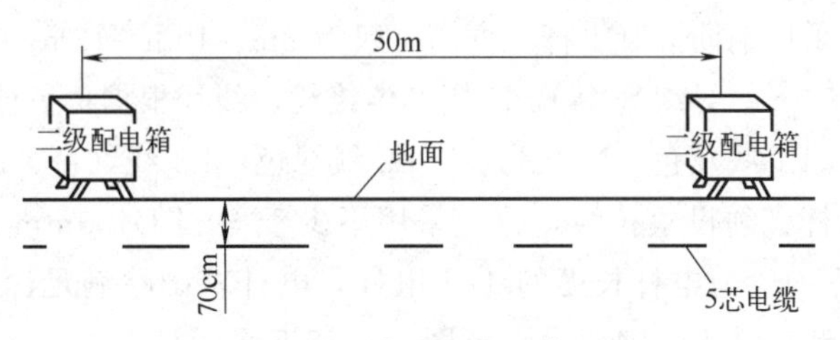

图 1-34 电缆埋设示意图

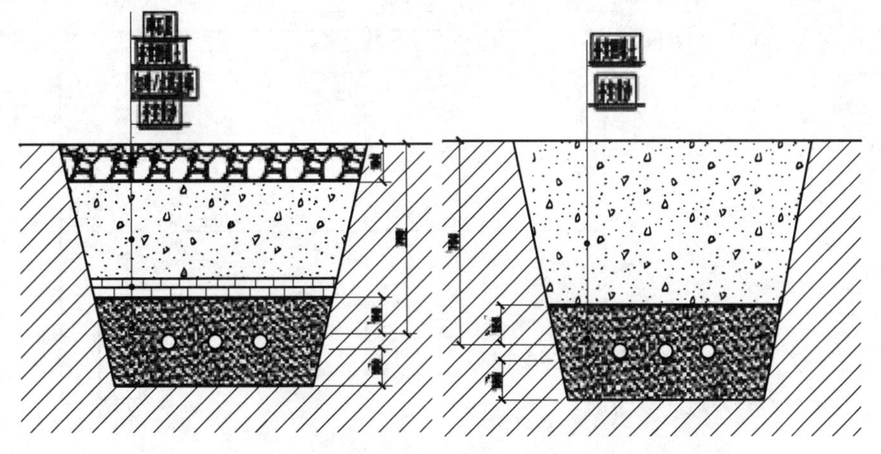

图 1-35 电缆过路埋设示意图、电缆埋设示意图

② 非埋地明敷：

a. 室内非埋地明敷主干线距地面高度不得小于 2.5m，尽量沿墙面挂墙敷设。

b. 场内线路

• 场内线路采用电缆线沿厂房四周布置，采用不少于电缆线直径 3 倍硬质阻燃 PVC 管防护，PVC 管用专用绝缘卡固定。场内线路布置图、用电设备接线图见图 1-36。

• 三级箱到设备的接线须布设在地面的专属切槽内，穿小 PVC 管防护，并使用小槽钢覆盖找平。

图 1-36　场内线路布置图、用电设备接线图

③ 架空线路：

a. 必须设置在施工便道的对侧。

b. 架空线路电杆采用钢筋混凝土杆，杆高一般为 8m、10m、12m，五线镀锌铁横担架设，档距根据线径为 30～50 m；导线采用 BLV 铝芯绝缘线，线径根据负荷计算而定，从左起到右的顺序和颜色依次为：L1 线黄色、N 线褐色、L2 线绿色、L3 线红色、PE 线黄绿色或黑色。

c. 终端杆和转角杆必须设置拉线，拉线采用不少于 3 根 D4.0mm 的镀锌钢丝，拉线角度应为 45°。电杆埋深一般为电杆长度的 1/6 电杆，电杆基础除满足深度要求外，应根据实际情况加装底盘和卡盘。低压线路架设示意图、三相五线图见图 1-37。

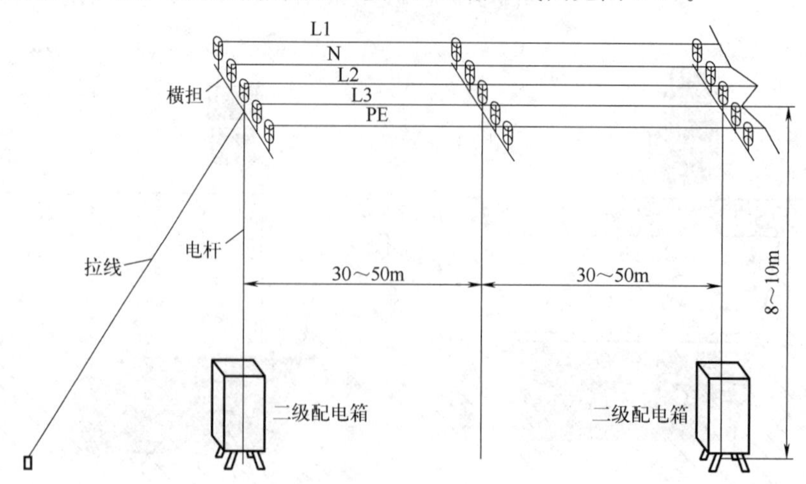

图 1-37　低压线路架设示意图、三相五线图

④ 栈桥线路。施工用电线路沿栈桥布设时，线路采用 5 芯绝缘电缆线沿栈桥内侧栏杆敷设，电缆用挂钩固定，挂钩间距 15m，挂钩向栏杆外侧，挂钩上套绝缘胶套，电缆线用 $2.5mm^2$ 铝心线捆扎。沿电缆线方向引线接二级配电箱，间距 30m。栈桥线路布置示意图见图 1-38。

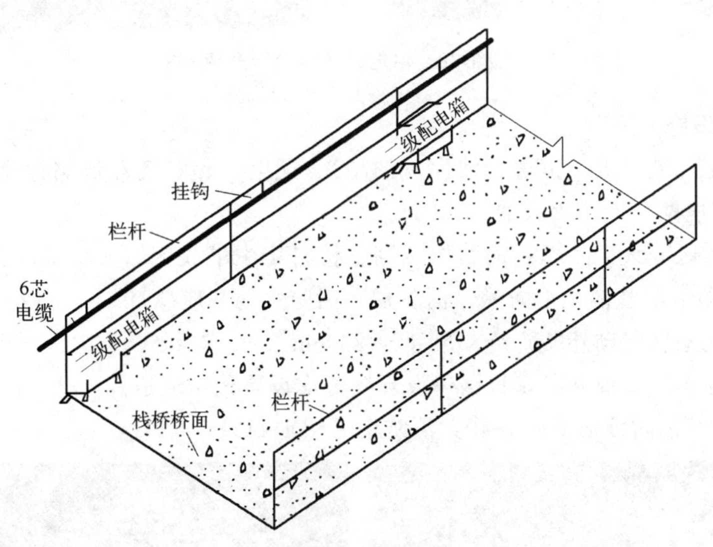

图 1-38　栈桥线路布置示意图

（4）接地与防雷

① TN-S 接零保护系统。在施工现场专用变压器供电的 TN-S 接零保护系统中，电气设备的金属外壳必须与保护零线连接。保护零线应由工作接地线、配电室（总配电箱）电源侧零线或总漏电保护器电源侧零线处引出。

② 线路及电箱接地：

a. 施工现场在配电室、总配电箱必须做重复接地的同时，还必须在配电系统的中间处和末端处做重复接地。一级配电箱和二级配电箱必须做重复接地。

b. 保护零线每一处重复接地装置的接地电阻值不得大于 10Ω。

c. 每一接地装置的接地线应当采用 2 根及以上导体，在不同点与接地体做电气连接。

③ 设备接地与防雷。当施工现场与外电线路共用同一供电系统时，电气设备的接地及接零保护应与原系统保持一致。防雷接地机械上的电气设备，要将电气设备与大地作金属性连接，进行保护接地，用以保护人体接触设备漏电时的安全，并将用电设备金属外壳与配电箱 PE 端连接，组成重复接地，进行二级保护。在设备比较集中的钢筋作业区、搅拌机及龙门吊处做一组重复接地，阻值不大于 10Ω。用电设备接地示意图见图 1-39。

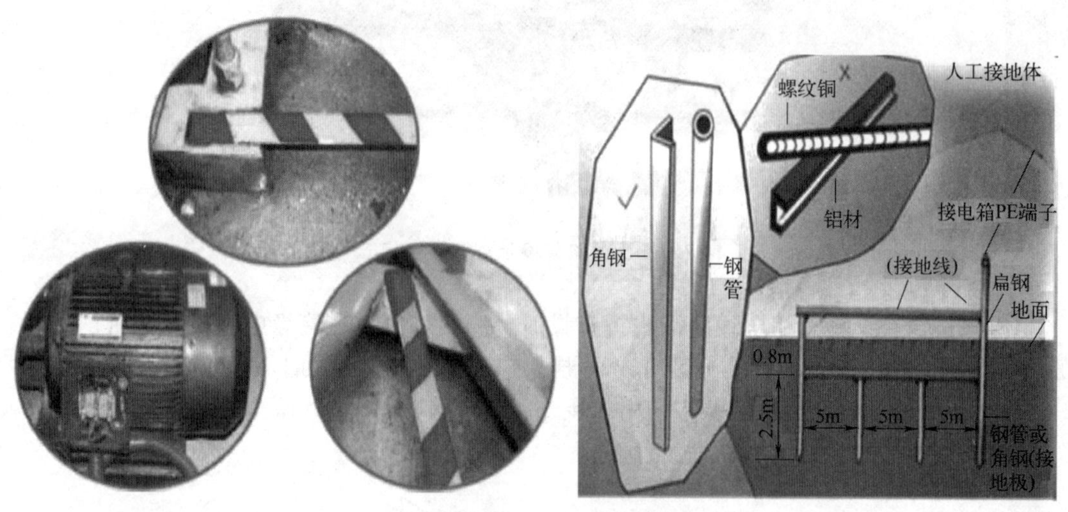

图 1-39 用电设备接地示意图

1.4.3.2 消防设施

① 在办公室区域、员工宿舍、油库（油罐）、配电室、氧气乙炔储存点、钢筋加工棚、作业现场等区域应配备干粉灭火器。

② 驻地生活区、火工品库、钢筋加工棚、材料集中堆放区、大型临时设施总面积超过 1200m^2 还应配备消防沙池、消防锹、消防桶、消防水池和应急灯。

③ 消防沙池采用浆砌外贴瓷砖，尺寸为 200cm（长）×70cm（高）×150cm（宽）。

④ 项目驻地选址及规划时，根据建设规模考虑设置消防通道。

干粉灭火器及消防沙池见图 1-40，消防柜见图 1-41。

图 1-40 干粉灭火器及消防沙池

图 1-41　消防柜

1.4.4　安全防护

1.4.4.1　危险源标识

项目开工前应对相关作业项目的安全风险进行识别和评估，找出较大危险源，并在施工现场明显位置设置危险源告知牌，将施工作业各环节、作业部位涉及的危险源及其危害程度和控制措施告知现场作业人员。危险源告知牌尺寸为 200cm×150cm。危险源告知牌实景图见图 1-42。

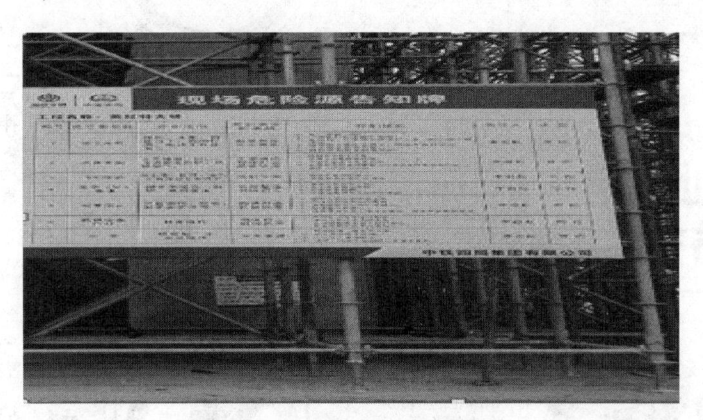

图 1-42　危险源告知牌实景图

1.4.4.2　安全标识

（1）安全标识——禁止标识

安全禁止标识、材质见图 1-43。

设置范围和部位：易造成事故或对人员有伤害的场所，如高压设备室、配电

设置范围和部位：应急通道、安全通道及施工操作平台等处

图 1-43

设置范围和部位：具有明火设备或高温的作业场所，如各种焊接、切割等

设置范围和部位：不允许攀爬的危险地点，如有危险的建筑物、构筑物

设置范围和部位：用电设备或线路检修时，相应开关处

禁止抛物

设置范围和部位：抛物易伤人的地点，如高处作业现场、深沟(坑)等

禁止暴晒

设置范围和部位：使用氧气、乙炔等易燃易爆物处所

设置范围和部位：场内道路及隧道洞口设置5公里限

禁止翻越防护栏

设置范围和部位：邻近即有线的防护栏

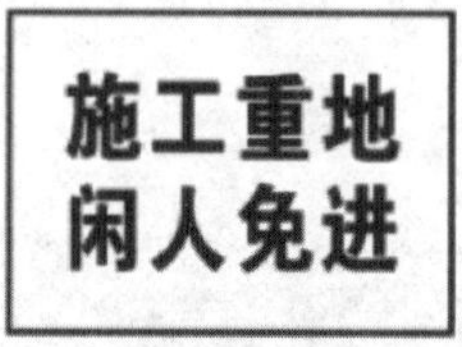

施工重地
闲人免进

设置范围和部位：拌和站、加工场、预制场等现场的出入口、重点部位

设置范围和部位：有危险的作业区，如起重、爆破现场，道路施工现场等处

设置范围和部位：对人员具有直接危险的场所，如危险路口、吊装作业区、预制梁架

设置范围和部位：物料提升机吊笼、外操作载货电梯框架，物料提升机等地

设置范围和部位：有乙类火灾危险物质的场所，如氧气、乙炔存放区，油罐存放处及其他易燃品

图 1-43　安全禁止标识、材质

（2）安全标识——警告标识

安全警告标识见图 1-44。

当心吊物

设置范围和部位：有吊装设备作业的场所

当心触电

设置范围和部位：有可能发生触电危险的电气设备和线路，如：配电箱(柜)、开关箱、变压器、用电设备处

当心坠落

设置范围和部位：易发生坠落事故的作业地点

当心坑洞

设置范围和部位：具有坑洞易造成伤害的作业地点，如预留孔洞及各种深坑的上方等处

当心弧光

设置范围和部位：由于弧光造成眼部伤害的各种焊接作业场所

当心机械伤人

设置范围和部位：易发生机械卷入、轧压、碾压、剪切等机械伤害的作业场所

当心扎脚

设置范围和部位：易造成脚部伤害的作业地点

当心有害气体中毒

设置范围和部位：易产生有毒有害气体的场所，如隧道内焊轨作业、轨排场硫磺锚固作业

注意安全

设置范围和部位：易造成人员伤害的场所及设备等处

当心火灾

设置范围和部位：易发生火灾的危险场所，如可燃性物质的储运、使用等场所

图 1-44

设置范围和部位：易发生落物危险的地点，如高处作业、立体交叉作业等的下方

当心塌方

设置范围和部位：易发生塌方危险的地段，如边坡及土方作业的深坑、深槽等场所

当心碰头

设置范围和部位：施工现场狭小低矮通道处

高压危险

设置范围和部位：施工场所变压器、高压电力设备处

前方施工
减速慢行

设置范围和部位：跨越(邻近)道路施工处

进入施工现场
请减速慢行

设置范围和部位：场站出入口及工点路口处

图 1-44　安全警告标识

(3) 安全标识——指令标识

安全指令标识、材质、尺寸见图 1-45。

设置范围和部位：易伤害脚部的作业场所，如具有腐蚀、灼热、触电、砸(刺)伤等危险的作业地点

设置范围和部位：对眼睛有伤害的作业场所

设置范围和部位：易伤害头部的作业场所，如具有腐蚀、灼热、触电、砸(刺)伤等危险的作业地点

设置范围和部位：易发生坠落危险的作业场所

必须戴防护面罩

设置范围和部位：易造成人体紫外线辐射的作业场所，如电焊作业场所

设置范围和部位：空气不流通，易发生窒息、中毒等作业场所

必须戴防护手套

设置范围和部位：易伤害手部的作业场所，如具有腐蚀、污染、灼热、冰冻及触电危险等作业场所

设置范围和部位：施工现场的出入口等醒目位置

基坑危险
请勿靠近

设置范围和部位：基坑靠便道侧防护栏

设置范围和部位：高处作业、临边作业、悬空作业

图 1-45 安全指令标识、材质、尺寸

(4) 安全标识——指示、提示标识

安全提示标识见图 1-46。

灭火器指示标识

设置范围和部位：须指示灭火器的处所

灭火设备指示标识

设置范围和部位：须指示灭火设备的处所

图 1-46 安全提示标识

1.4.4.3 有限空间安全作业

有限空间指封闭或者部分封闭，与外界相对隔离，出入口较为狭窄，作业人员不能长时间在内工作，自然通风不良，易造成有毒有害、易燃易爆物质积聚或者氧含量不足的空间。有限空间包括：密闭设备、地下有限空间、地上有限空间。安全警告标识见图 1-47。

(1) 有限空间安全作业五条规定

① 必须严格实行作业审批制度，严禁擅自进入有限空间作业。

图 1-47 安全警告标识

② 必须做到“先通风、再检测、后作业”，严禁通风检测不合格作业。

a. “先通风”：实施有限空间作业前和作业过程中，采取强制性持续通风措施降低危险，保持空气流通。严禁用纯氧进行通风换气。

b. “再检测”：通风后，根据作业现场和周边环境情况，检测有限空间可能存在的危害气体的含量是否存在、超标。实施检测时，检测人员应处于安全环境。检测时要做好检测记录，包括检测时间、地点、气体种类和检测浓度等。

【特别注意】

• 检测人员的自身安全要有保障。有限空间作业要求有专门有限空间作业持证人员现场监督管理，填票作业。

• 应在危险环境以外进行检测，可通过采样泵和导气管将危险气体样品引到检测仪器。

• 当初次进入危险环境进行检测时，须配备隔离式呼吸防护设备。

• 监护员可在危险环境以外区域实施连续或定时监测，既不影响作业活动又可有效实施监护。

c. “后作业”：空间检测确认安全后，才开始作业。

③ 必须配备个人防中毒、窒息等防护装备，设置安全警示标识，严禁无防护监护措施作业。

④ 必须对作业人员进行安全培训，严禁安全培训教育不合格上岗作业。

⑤ 必须制订应急措施，现场配备应急装备，严禁盲目施救。

(2) 安全技术规程

① 危险、有害因素的识别。针对有限空间应进行危险、有害因素识别，确认为无许可有限空间或许可性有限空间。有限空间危险、有害因素包括以下几方面。

a. 设备设施与设备设施之间、设备设施内外之间相互隔断，导致作业空间通风不畅，照明不良，通信不畅；

b. 活动空间较小，工作场地狭窄，易导致作业人员出入困难，相互联系不便，不利于工作监护和施救；

c. 湿度和热度较高，作业人员能量消耗大，易于疲劳；

d. 存在酸、碱、毒、尘、烟等具有一定危险性的介质，易引发窒息、中毒、火灾和爆炸事故；

e. 存在缺氧或富氧、易燃气体和蒸汽、有毒气体和蒸汽、冒顶、高处坠落、物体打击、各种机械伤害等危险有害因素。

② 安全技术要求。

a. 作业安全与卫生：有限空间的作业场所空气中的氧含量应为 19.5%～23%，若空气中的氧含量低于 19.5%，应有报警信号。凡进行作业时，均应采取机械通风。

b. 通风换气：作业时，操作人员所需的适宜新风量应为 30～50m^3/h。进入自然通风换气效果不佳的有限空间应采用机械通风，换气次数不少于 3～5 次/h。通风换气应满足稀释有毒有害物质的需要。机械通风可设置岗位局部排风，辅以全面排风。当操作岗位不固定时，则可采取移动式局部排风或全面排风。有限空间的吸风口应设置在下部。

c. 电气设备与照明安全：存在可燃性气体的作业场所，所有的电气设备设施及照明应符合有关规定。实现整体电气防爆和防静电措施。存在可燃性气体的有限空间场所内不允许使用明火照明和非防爆设备。

固定照明灯具安装高度距地面 2.4m 及以下时，宜使用安全电压。在潮湿地面等场所使用移动式照明灯具，其安装高度距地面 2.4m 及以下时，额定电压不应超过 36V。

d. 机械设备安全：机械设备的运动、活动部件都应采用封闭式屏蔽，各种传动装置应设置防护装置。机械设备上的局部照明，均应使用安全电压。机械设备上的金属构件，均应有牢固可靠的 PE 线。设备上附的梯子、检修平台等，应符合相关标准要求。

e. 区域警戒与消防：有限空间的坑、井、洼或人孔、通道出入门口应设置防护栏杆、防护盖和警告标志，夜间应设警示红灯。井口安全防护见图 1-48。为防止无关人员进入有限空间作业场所，提醒作业人员引起重视，在有限空间外侧面醒目处设置警戒区、警戒线、警戒标识。

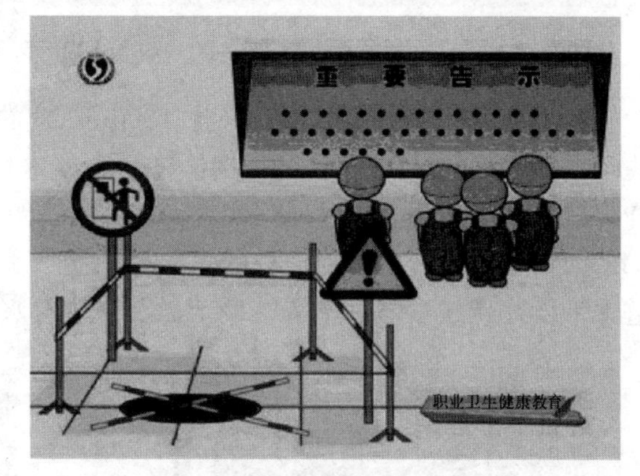

图 1-48 井口安全防护

1.4.4.4 临边防护

(1) 洞口防护

① 边长在 25～200mm（含 200mm）的水平洞口防护：采用洞口楔紧 2 根木枋（立放），上部盖 18mm 厚木胶合板用铁钉钉牢，面层刷红白相间的警示油漆，间距 20cm、角度 45°。见图 1-49。

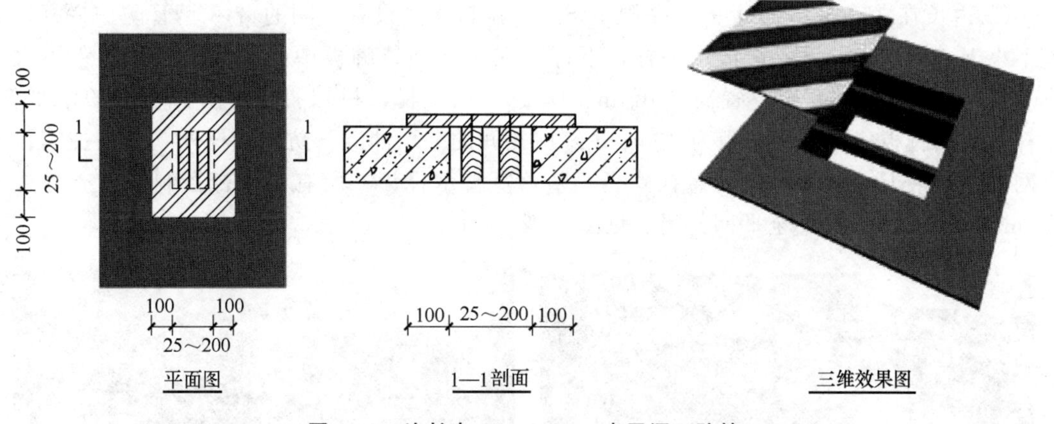

图 1-49 边长在 25～200mm 水平洞口防护

② 边长在 200～500mm（含 500mm）的水平洞口防护：采用洞口上部盖 18mm 厚木胶合板用 $\phi 8$ 膨胀螺栓固定，面层刷红白相间的警示油漆，间距 20cm、角度 45°。洞口盖板应能承受不小于 1kN 的集中荷载和不小于 $2kN/m^2$ 的均布荷载，有特殊要求的盖板应另行设计。见图 1-50。

图 1-50　边长 200～500mm 水平洞口防护

③ 边长在 500～1500mm（含 1500mm）的水平洞口防护：采用洞口上部铺木枋（立放）上部盖 18mm 厚木胶合板用铁钉钉牢，木枋侧面与地面之间的缝隙也用厚 18mm 木胶合板封严，面层刷红白相间的警示油漆，间距 20cm、角度 45°。或洞口周边设置交圈的 ϕ48 钢管防护栏杆，防护栏杆的水平杆、立杆刷间距为 400mm 红白相间油漆，并在最上一道水平杠处悬挂“当心坠落”警示标识。所有水平杆控制伸出立杆外侧 100mm。见图 1-51。

图 1-51　水平洞口 500～1500mm 防护

④ 边长在 1500mm 以上的水平洞口防护：洞口周边设置交圈的 ϕ48 钢管防护栏杆，高度不小于 1200mm，设置二道水平杆，下杆应在上杆和挡脚板中间设置，立杆间距不大于 1800mm，防护栏杆下部设置高 200mm、厚 18mm 木胶合板挡脚板，防护栏杆的水平杆、立杆以及挡脚板，必须刷间距为 400mm 红白相间的警示油漆，防护栏杆外立面满挂密目安全网，并在最上一道水平杠处悬挂“当心坠落”警示标识。所有水平杆控制伸出立杆外侧 100mm。洞口应采用安全平网封闭。见图 1-52。

图 1-52　水平洞口 1500mm 以上防护

（2）基坑临边防护

基坑开挖深度超过 2000mm 时，必须搭设基坑临边防护栏杆。基坑临边防护栏杆采用钢管搭设，高度不小于 1500mm，设置三道水平杆，水平杆间距不大于 600mm，立杆间距不大于 1800mm，立杆打入地面以下深度≥700mm（若基坑顶面有混凝土压顶梁则预埋 1ϕ18 钢筋，深度≥500mm、外露 150mm，与立杆焊接），防护栏杆下部设置高 200mm、厚 18mm 木胶合板挡脚板，防护栏杆的水平杆、立杆以及挡脚板，必须刷间距为 400mm 的红白相间的警示油漆。所有水平杆控制伸出立杆外侧 100mm；防护栏杆靠基坑侧满挂密目安全网，在醒目处悬挂“当心坠落”安全警示标识，并设置夜间警示灯；基坑排水沟设置在防护栏杆外侧，采取有组织排水。

基坑排水沟及防护设施见图 1-53。

(a) 三维效果图

(b) 现场图

图 1-53 基坑排水沟及防护设施

（3）楼梯临边防护

① 楼梯及休息平台临边采用 ϕ48 钢管搭设防护栏杆，高度不小于 1200mm，水平杆设置二道（需要挂设安全网的位置为三道水平杆）。

② 防护栏杆的水平杆、立杆必须刷间距为 400mm 红白相间的警示油漆，所有水平杆控制伸出立杆外侧 100mm。

③ 防护栏杆立杆固定方式：采用冲击钻钻孔，打入 1ϕ18 钢筋，深度≥200mm、外露 150mm，与立杆焊接。

④ 建筑物有裙楼的，裙楼部分的楼梯防护栏杆必须挂设安全网。建筑物无裙楼的在 1～4 层标准层楼梯防护栏杆必须挂设安全网。其他楼层根据各单位实际情况或地方要求确定是否挂设安全网。

⑤ 楼梯间必须设置照明，采用 36V 低压供电，并设置灯罩。

楼梯临边防护见图 1-54。

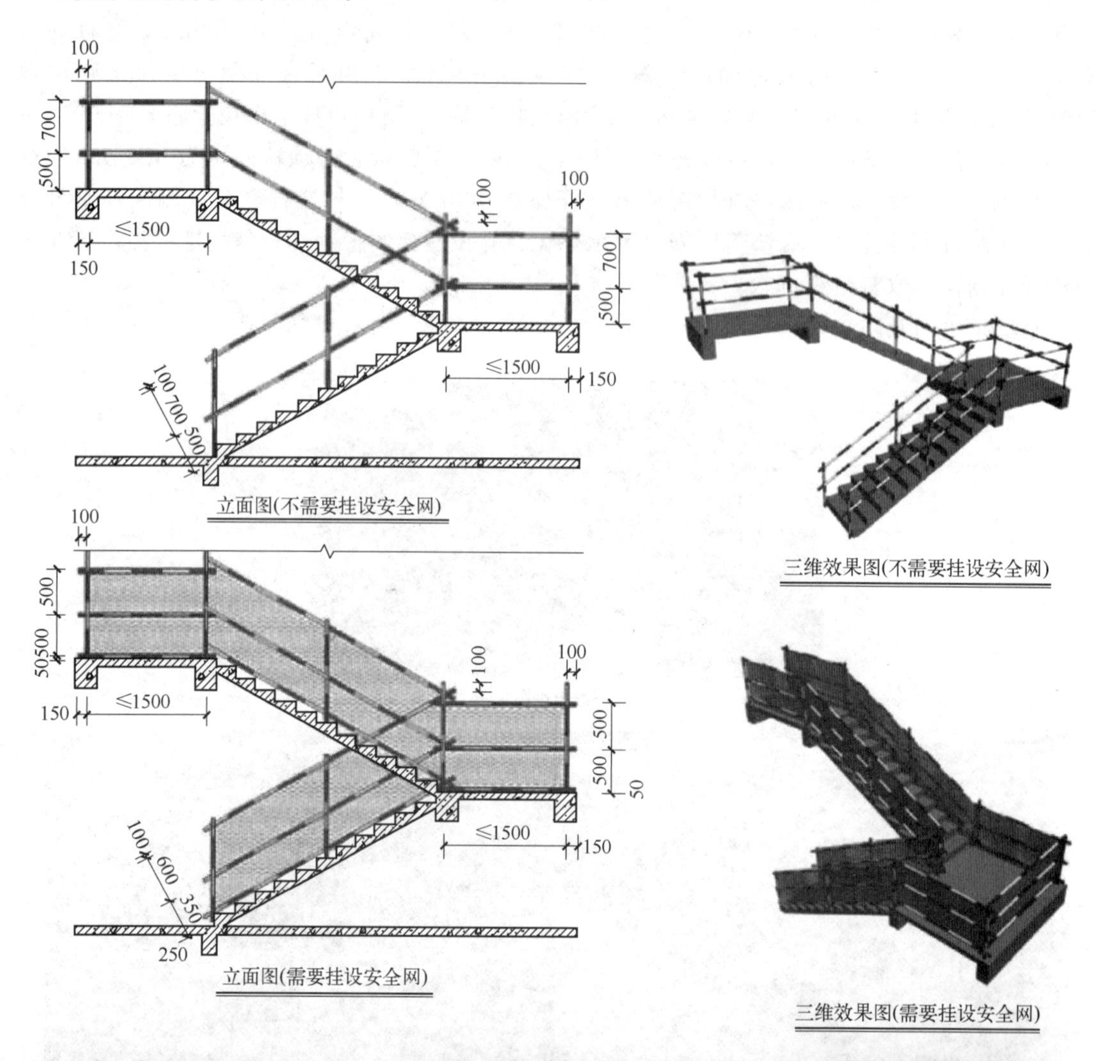

图 1-54　楼梯临边防护

(4) 楼面、屋面临边防护

① 当临边窗台或屋面墙高度≤800mm，外侧高差大于 2000mm 时，需要搭设临边防护。

② 楼层临边防护栏杆采用 ϕ48 钢管搭设，高度不小于 1200mm，水平杆设置三道，立杆间距不大于 1800mm，防护栏杆下部设置高 200mm、厚 18mm 木胶合板挡脚板。

③ 立杆与建筑物必须有牢固的连接。有结构柱处采用钢管抱箍方式拉结，其余部位采用冲击钻钻孔，打入 1ϕ18 钢筋，深度≥200mm、外露 150mm，与立杆焊接，并每隔 2 根立杆设置一斜拉杆，底部打入 1ϕ18 钢筋与拉杆焊接，深度≥80mm、外露 150mm。也可利用原有外架连墙杆预埋的短钢管与立杆用旋转扣件连接。

④ 防护栏杆的水平杆、立杆以及挡脚板，必须刷间距为 400mm 红白相间的警示油漆。所有水平杆控制伸出立杆外侧 100mm。

⑤ 作业层的防护栏杆高度不低于 1200mm；屋面层防护栏杆不低于 1500mm，第一道离地 200mm，第二道离地 850mm。楼面、屋面临边防护见图 1-55。

图 1-55　楼面、屋面临边防护

1.4.5　现场物资管理

项目工地应设有必要的物资存储设施、场地和安全设施。建筑材料、构配件及其他料具等必须按施工现场总平面布置，分类堆放整齐，设置标识牌。

到场设备须有专用场地存放，施工单位有义务做好进场设备的成品保护，防止设备出现损坏、磕碰、掉漆、雨淋、锈蚀、落灰等现象。

(1) 物资装卸、搬运

① 应配备相应的运输车辆、吊装设备、夹具、工具、容器及防护用品等；

② 易燃、易爆、超长、超重物资、精密仪器设备、易损、怕潮物资的搬运应会同工程技术、安全质量、机械设备、保卫部门制定搬运方案。

(2) 物资储存和保管

① 存放于料场的钢材及金属构配件应下垫上盖，防止地面潮气、雨、雪、露水的侵蚀和阳光直射。

② 木材应选择干燥、平坦、坚实的场所存放，并按规定垫高。选择堆放点尽可能远离危险品及有明火的地方，并有严禁烟火的标识和消防设施。

③ 水泥、掺合料应在地势较高、排水良好、屋顶不漏雨、地面硬化的库房储存。水泥、掺和料在运输和储存过程时应遵循防水防潮、分类堆放、及时使用、先进先用的原则。

④ 砂石料应按不同品种或规格分仓存放，不得混放和交叉堆放，分料仓应砌筑墙体隔

开，并进行地面硬化，仓内地面设坡度，不得积水，有条件的应加盖顶棚。

⑤ 储存油罐应按设计规定装油，不得混装；油罐内壁涂防锈漆，定期清洗。

（3）物资标识

① 物资标识内容应包括物资名称、规格、产地、进货时间、进货数量、检验状态、检验人和日期等，各项内容应规范填写。甲方有规定的应首先遵循其规定。

② 各类进场物资的标识应根据性能、状态，按类别统一设计和规定。未经标识的物资不得发放和投入使用。

③ 对环境和职业健康安全有影响的物资还应有警示标识。

④ 物资应根据检验和试验状态相应设置“待检”“待确定”“合格”“不合格”标识。

1.4.5.1 原材料堆放、标识

（1）材料标识

① 原材料标识牌采用铝塑板材质，尺寸为小 50cm×70cm 白底蓝框黑字。

② 标识内容为材料原产地、规格、数量、报告编号、进场日期检验状态等信息。

③ 保持牌面干净、每日更新。材料标识牌示例见图 1-56。

（2）钢材堆码

① 钢材类堆码采用 12m 长工字钢台架，台架底部采用I22 工字钢或使用实心砖砌筑，每 3m 设置一道竖向长 80cm 的Ⅰ10 工字钢立柱区分材料规格。

② 钢材的储存。

③ 下垫高度不小于 20cm，不同等级、牌号、规格及生产厂家应分批、分别堆放，不得混杂，并标识清楚，以便识别。原材料存放图见图 1-57。

材料标识牌

材料名称		生产厂家	
规格型号		炉(批)号	
进场日期		进场数量	
检验日期		检验状态	

图 1-56 材料标识牌

图 1-57 原材料存放

图 1-58 二三项料库房堆码实景图

（3）二三项料库房堆码

① 二三项料存放在白色铁质货架（高 2m、长 2m、宽 60cm 三层）上，每个货架只放同类材料，材料规格、种类以料库标签注明区分。

② 库房料签采用带三个数字轮的蓝色塑料卡，卡里可以插入白色卡片。尺寸为 5.5cm×7.5cm。填写物资名称、规格型号、材料编号等。二三项料库房堆码实景图见图 1-58。

1.4.5.2　半成品堆放、标识

(1) 半成品标识

半成品标识牌尺寸 300mm×500mm，单根支撑高 800mm，上半部分为蓝底白字，下半部分为白底黑字，分别对材料名称、编号、规格型号、图号、状态及使用部位等进行标注，见图 1-59。

（半）成品材料标识牌

品名		产地	
规格型号		检验状态	
使用部位		报告编号	

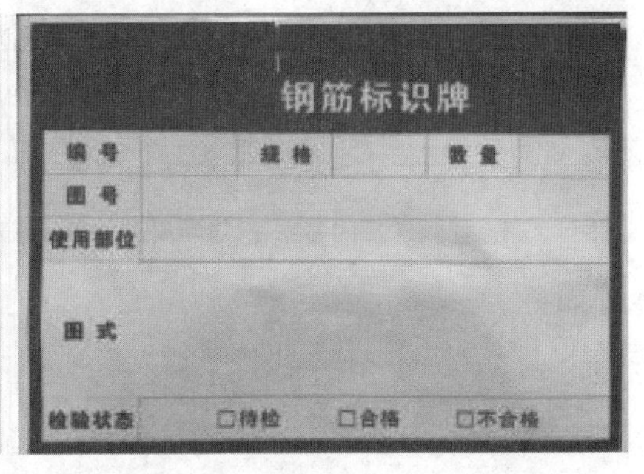
钢筋标识牌

编号		规格		数量	
图号					
使用部位					
图式					
检验状态	□待检		□合格		□不合格

图 1-59　半成品材料标识牌、钢筋半成品标识牌

(2) 钢筋加工棚内半成品堆码

① 半成品根据各规格定做专用台架，台架底部采用工字钢，每 2m 设置一根，长度为 1m 长。

② 工字钢立柱区分规格。台架每 1.5m 设置一列，采用打包机对同种规格、数量进行捆扎打包，整体装卸、运输。

③ 钢筋笼采用移动式台架堆码，底部采用工字钢作为纵向支撑，上部采用 10mm 圆弧形钢板，每 2m 一排，设置 10 排，采用骑缝式堆码避免滑落，堆码高度不大于 3m。

钢筋半成品打包实景图、半成品堆码实景图见图 1-60，钢筋半成品台架实景图、钢筋棚钢筋笼堆码实景图见图 1-61。

图 1-60　钢筋半成品打包实景图、半成品堆码实景图

(3) 工地半成品堆码

① 工地半成品采用移动式 H 型台架堆码，支撑采用工字钢，长 100cm，总高 80cm，

图 1-61 钢筋半成品台架实景图、钢筋棚钢筋笼堆码实景图

垫高 30cm。

图 1-62 工地半成品堆码实景图

② 工地钢筋笼采用移动台架堆码，底部采用I16 工字钢作为纵向支撑，上部采用圆弧形型钢，每 4m 一排，采用骑缝式堆码避免滑落，堆码高度不大于 3m。

工地半成品堆码实景图见图 1-62。

1.4.5.3 常用周转料堆码、标识

(1) 型钢类堆码、标识

周转材料可在库房、料棚或露天存放，垛基垫木应一端略高，以利排水，间隔由高向低过渡，不使钢材堆放产生弯曲变形。

工字钢堆码实景图、槽钢堆码实景图见图 1-63，H 型钢现场堆码实景图见图 1-64。

图 1-63 工字钢堆码实景图、槽钢堆码实景图

(2) 模板类堆码、标识

① 圆柱墩模板存放时应垂直存放，不得平放或倒扣放置，防止变形影响使用效果。

② 平面模板堆放应在其下部垫 100mm 的木方，钢模板堆放高度不超过 5 块，且应靠近使用部位堆放。

③ 模板存放时应涂刷脱模剂，在堆放场地应平整坚实、不积水。模板在堆码过程中，

应在两列模板间留出便于清理和隔离剂涂刷等操作的通道。

圆柱模板实景图见图 1-65，塑料模板堆码实景图、平面模板堆码实景图见图 1-66。

图 1-64 H 型钢现场堆码实景图

图 1-65 圆柱模板实景图

图 1-66 塑料模板堆码实景图、平面模板堆码实景图

（3）方木、竹胶板堆码

① 存放场地应选择地势高、干燥通风、便于排水、远离明火且备有充足水源及可靠的电源位置。

② 底部纵向支垫方木不少于 3 根，支垫高度不得小于 10cm，相邻两垛之间应留不少于 30cm 以上通风道，上下两垛中间应用垫条隔开，堆码高度不得超过 3m，表面采用篷布覆盖。方木、竹胶板堆码实景图见图 1-67。

图 1-67 方木、竹胶板堆码实景图

1.4.5.4 特殊库房建设

施工现场必须设置氧气瓶、乙炔瓶危险品专用仓库，采用可移动式房屋，并在外表做明显标识。屋棚采用阻燃板搭设，其结构尺寸为长 150cm×宽 120cm×高 200cm，屋檐宽 30cm，屋墙上部散热孔高 40cm。使用过程中应注意：

① 氧气乙炔瓶分开立放，其安全距离 5m，距离明火 10m。

② 氧气、乙炔使用过程采取运输小车。

氧气、乙炔瓶专用移动式房屋见图 1-68，气瓶及运输小车见图 1-69。

图 1-68 氧气、乙炔瓶专用移动式房屋

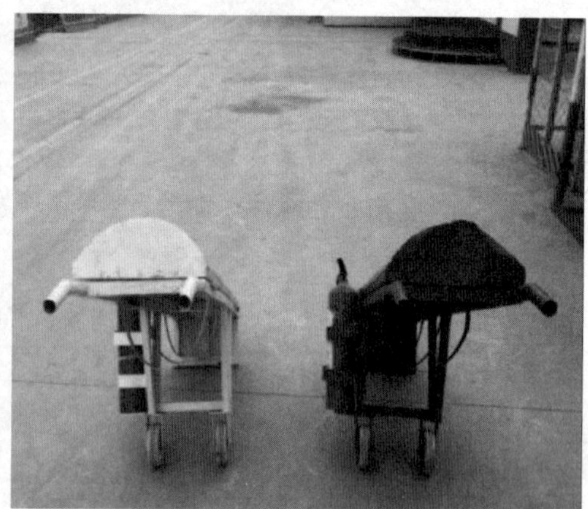

图 1-69 气瓶及运输小车

第二章 环保设备安装工程施工

知识目标

1. 了解详细的施工计划，做好施工前期准备。
2. 熟悉环保设备安装施工所有必要的材料和设备。
3. 熟悉环保设备安装工程施工、验收、调试等环节的规范及标准。

能力目标

1. 熟练掌握设备施工前的安装标准和规范。
2. 熟练掌握环保设备安装相关规定。

素质目标

1. 通过教学内容认识环境保护的重要性，培养环境意识，激发保护环境的积极性。
2. 通过学习，培养科学严谨、精益求精的工匠精神以及团结协作、顾全大局的精神。

2.1 环保设备施工准备

2.1.1 环保设备施工条件

（1）环保设备安装工程施工前，应具备下列工程设计图样和技术文件：

① 环保设备的工艺平面位置图、标高图、设备基础图、安装施工图及施工说明和注释技术文件；

② 环保设备使用说明书及与环保设备安装有关的技术文件；

③ 与环保设备安装有关的建筑结构、管线和道路等图样。

（2）环保设备开箱时，应有建设单位人员参加，并应按下列项目进行检查和记录：

① 箱号、箱数以及包装情况；

② 环保设备名称、型号和规格；

③ 随机技术文件及专用工具；

④ 环保设备有无缺损件，表面有无损坏和锈蚀；

⑤ 其他需要记录的事项。

（3）环保设备安装前，其基础、地坪和相关建筑结构，应符合下列要求：

① 环保设备基础的质量应符合现行国家标准《混凝土结构工程施工质最验收规范》GB 50204 的有关规定，并应有验收资料和记录；环保设备基础的位置和尺寸应按表 2-1 的规定进行复检。

表 2-1 环保设备基础位置和尺寸的允许偏差

项目		允许偏差/mm
坐标位置		20
不同平面的标高		0，−20
平面外形尺寸		±20
凸台上平面外形尺寸		0，−20
凹穴尺寸		+20
平面的水平度	每米	5
	全长	10
垂直度	每米	5
	全高	10
预埋地脚螺栓	标高	+20，0
	中心距	±20
预埋地脚螺栓孔	中心线位置	10
	深度	+20，0
	孔壁垂直度	10
预埋活动地脚螺栓锚板	标高	+20，0
	中心线位置	5
	带槽锚板的水平度	5
	带螺纹孔锚板的水平度	2

注：1. 检查坐标、中心线位置时，应沿纵、横两个方向测量，并取其中的最大值；
2. 预埋地脚螺栓的标高，应在其顶部测量；
3. 预埋地脚螺栓的中心距，应在根部和顶部测量。

② 基础或地坪有防震隔离要求时，应按工程设计要求施工完毕；

③ 基础有预压和沉降观测要求时，应经预压合格，并应有预压和沉降观测的记录；

④ 安装工程施工中拟利用建筑结构作为起吊、搬运设备的承力点时，应对建筑结构的承载能力进行核算，并应经设计单位或建设单位同意方可利用。

（4）安装工程施工现场，应符合下列要求：

① 临时建筑、运输道路、水源、电源、蒸汽、压缩空气和照明等，应能满足环保设备安装工程的需要；

② 安装过程中，宜避免与建筑或其他作业交叉进行；

③ 厂房内的恒温、恒湿应达到设计要求后，再安装有恒温、恒湿要求的环保设备；

④ 应有防尘、防雨和排污的措施；

⑤ 应设置消防设施；

⑥ 应符合卫生和环境保护的要求。

（5）对大型、复杂的环保设备安装工程，施工前应编制安装工程的施工组织设计或施工方案。

2.1.2 放线、就位、找正和调平

① 环保设备就位前，应按施工图和相关建筑物的轴线、边缘线、标高线，划定安装的

基准线。

② 相互有连接、衔接或排列关系的机械设备，应划定共同的安装基准线，并应按设备的具体要求埋设中心标板或基准点。中心标板或基准点的埋设应正确和牢固，其材料宜选用铜材或不锈钢材。

③ 平面位置安装基准线与基础实际轴线或与厂房墙、柱的实际轴线、边缘线的距离，其允许偏差为±20mm。

④ 环保设备定位基准的面、线或点与安装基准线的平面位置和标高的允许偏差，应符合表2-2的规定。

表2-2　环保设备定位基准的面、线或点与安装基准线的平面位置和标高的允许偏差

项目	允许偏差/mm	
	平面位置	标高
与其他设备无机械联系的	±10	+20 −10
与其他设备有机械联系的	±2	±1

⑤ 环保设备找正、调平的测量位置，当随机技术文件无规定时，宜在下列部位中选择：

a. 环保设备的主要工作面。

b. 支承滑动部件的导向面。

2.1.3　地脚螺栓安装

(1) 安装预留孔中的地脚螺栓（图2-1）应符合下列要求：

① 地脚螺栓在安放前应将预留孔中的杂物清理干净。

② 地脚螺栓在预留孔中应垂直。

③ 地脚螺栓任一部分与孔壁的间距不宜小于15mm；地脚螺栓底端不应碰孔底。

④ 地脚螺栓上的油污和氧化皮等应清除干净，螺纹部分应涂上油脂。

⑤ 螺母与垫圈、垫圈与设备底座间的接触均应紧密。

⑥ 拧紧螺母后，螺栓应露出螺母，其露出的长度宜为2～3个螺距。

⑦ 应在预留孔中的混凝土达到设计强度的75%以上后拧紧地脚螺栓，各螺栓的拧紧力应均匀。

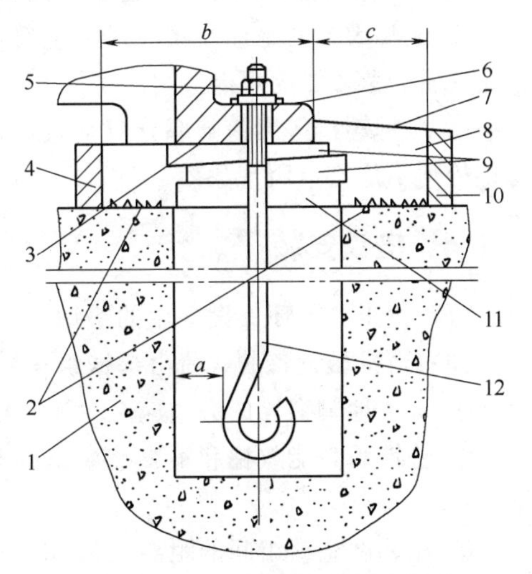

图2-1　安设预留孔中的地脚螺栓

a—地脚螺栓任一部分与孔壁的间距；b—内模板至设备底座外缘的间距；c—外模板至设备底座外缘的间距；1—基础；2—地坪麻面；3—设备底座底面；4—内膜板；5—螺母；6—垫圈；7—灌浆层斜面；8—灌浆层；9—成对斜垫铁；10—外模版；11—平垫铁；12—地脚螺栓

(2) 安装T形头地脚螺栓（图2-2），应符合下列要求：

① T形头地脚螺栓应与T形头地脚螺栓用锚板配套使用。

② T形头地脚螺栓相关的尺寸，宜符合相关

的规定。

③ 埋设T形头地脚螺栓用锚板应牢固、平正；螺栓安装前，应加设临时盖板保护，并应防止油、水、杂物掉入孔内；护管与锚板应进行密封焊接。

④ 地脚螺栓光杆部分和锚板应涂防锈漆。

⑤ 预留孔或护管内的密封填充物应符合设计规定。

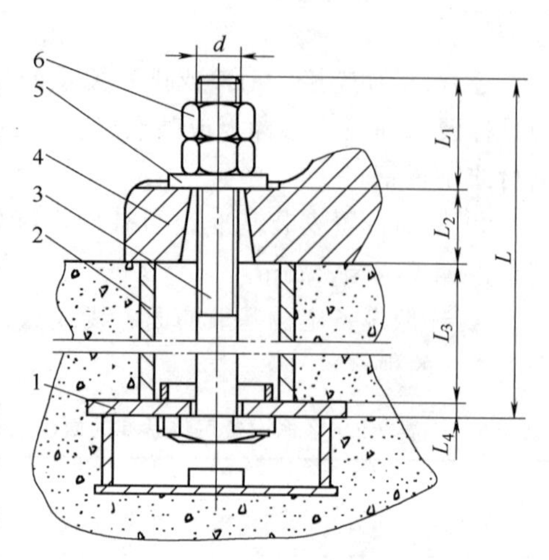

图 2-2 安装“T”形头地脚螺栓

d—螺栓公称直径；L_1—螺栓漏出设备底座上表面的长度；L_2—设备底座穿螺栓处的厚度；L_3—护管高度；L_4—锚板厚度；L—T形头地脚螺栓长度；1—锚板；2—护管；3—T形头地脚螺栓；4—设备底座；5—垫片；6—螺母

(3) 安装胀锚螺栓应符合下列要求：

① 胀锚螺栓的中心线至基础或构件边缘的距离不应小于胀锚螺栓公称直径的7倍；胀锚螺栓的底端至基础底面的距离不应小于胀锚螺栓公称直径的3倍，且不应小于30mm；相邻两胀锚螺栓的中心距不应小于胀锚螺栓公称直径的10倍。

② 胀锚螺栓的钻孔直径和深度应符合选用的胀锚螺栓的要求，且应防止与基础或构件中的钢筋、预埋管和电缆等埋设物相碰。

③ 胀锚螺栓不应采用预留孔。

④ 安装胀锚螺栓的基础混凝土的抗压强度不应小于10MPa。

⑤ 混凝土或钢筋混凝土结构有裂缝的部位和容易产生裂缝的部位不应使用胀锚螺栓。

(4) 环保设备基础浇灌预埋的地脚螺栓，应符合下列要求：

① 地脚螺栓的坐标及相互尺寸应符合施工图的要求，机械设备基础位置、尺寸的允许偏差应符合表2-2的规定。

② 地脚螺栓露出基础部分应垂直，机械设备底座套处地脚螺栓应有调整余量，每个地脚螺栓均不应有卡阻现象。

2.1.4 垫铁安装

(1) 找正调平环保设备用的垫铁，应符合随机技术文件的规定；

(2) 当机械设备的载荷由垫铁组承受时，垫铁组的安放应符合下列要求：

① 每个地脚螺栓的旁边应至少有一组垫铁。

② 垫铁组在能放稳和不影响灌浆的条件下，应放在靠近地脚螺栓和底座主要受力部位下方。

③ 相邻两垫铁组间的距离宜为500～1000mm。

④ 设备底座有接缝处的两侧应各安放一组垫铁。

⑤ 每一垫铁组的面积应符合下式的要求

$$A \geqslant C\frac{100(Q_1+Q_2)}{nR}$$

式中 A——每组垫铁面积，mm^2；

Q_1——设备等加在垫铁组上的载荷，N；

Q_2——地脚螺栓拧紧时在垫铁组上产生的载荷，N；

R——基础或地坪混凝土的抗压强度，MPa，可取混凝土设计强度；

n——垫铁组的组数；

C——安全系数，宜取 1.5～3。

⑥ 地脚螺栓拧紧时，在垫铁组上产生的载荷可按下式计算：

$$Q_2=0.785d^2[\sigma]n_1$$

式中　d——地脚螺栓直径，mm；

n_1——地脚螺栓数量；

$[\sigma]$——地脚螺栓材料的许用应力，MPa。

(3) 垫铁组的使用，应符合下列要求：

① 承受载荷的垫铁组，应使用成对斜垫铁；

② 承受重负荷或有连续振动的设备，宜使用平垫铁；

③ 每一垫铁组的块数不宜超过 5 块；

④ 放置平垫铁时，厚的宜放在下面，薄的宜放在中间；

⑤ 垫铁的厚度不宜小于 2mm；

⑥ 除铸铁垫铁外，各垫铁相互间应用定位焊焊牢。

(4) 每一垫铁组应放置整齐平稳，并接触良好。环保设备调平后，每组垫铁均应压紧，并应用手锤逐组轻击听音检查。对高速运转环保设备的垫铁组，当采用 0.05 mm 塞尺检查垫铁之间和垫铁与设备底座面之间的间隙时，在垫铁同一断面两侧塞入的长度之和不应大于垫铁长度或宽度的 1/3。

(5) 环保设备调平后，垫铁端面应露出设备底面外缘；平垫铁宜露出 10～30mm；斜垫铁宜露出 10～50mm。垫铁组伸入设备底座底面的长度应超过设备地脚螺栓的中心。

(6) 安装在金属结构上的设备调平后，其垫铁均应与金属结构用定位焊焊牢。

(7) 环保设备用螺栓调整垫铁（图 2-3）调平时，应符合下列要求：

① 螺纹部分和调整块滑动面上应涂耐水性较好的润滑脂。

② 调平应采用升高升降块的方法，当需要降低升降块时，应在降低后重新再做升高调整；调平后，调整块应留有调整的余量。

③ 垫铁垫座应用混凝土灌牢，但混凝土不得灌入其活动部分。

(8) 环保设备采用调整螺钉（图 2-4）调平时，应符合下列要求：

① 不作永久性支撑的调整螺钉在设备调平后，设备底座下应用垫铁垫实，再将调整螺钉松开；

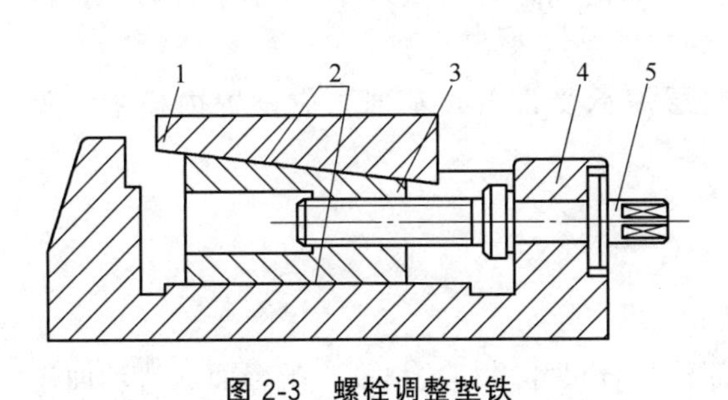

图 2-3　螺栓调整垫铁

1—升降块；2—调整块滑动面；3—调整块；4—垫座；5—调整螺栓

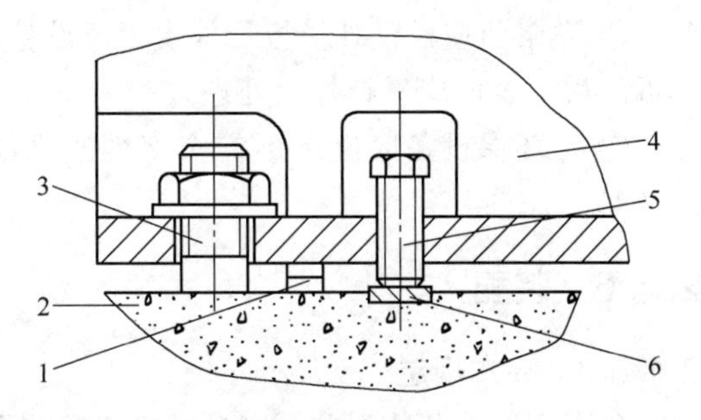

图 2-4　调整螺钉

1—垫铁；2—基础或地坪；3—地脚螺栓；4—设备底座；5—调整螺钉；6—调整螺钉的支撑板

② 调整螺钉支撑板的厚度宜大于调整螺钉的直径；

③ 调整螺钉的支撑板应水平、稳固地放置在基础面上，其上表面水平度偏差不应大于1/1000；

④ 作永久性支撑的调整螺钉伸出环保设备底座底面的长度，应小于调整螺钉直径。

(9) 环保设备采用无垫铁安装施工时，应符合下列要求：

① 应根据环保设备的质量和底座的结构，确定临时支撑件或调整螺钉的位置和数量；

② 当环保设备底座上设有安装用的调整螺钉时，其调整螺钉支撑板的安放应符合相应的规定；

③ 灌浆层宜采用补偿收缩混凝土，应将灌浆层捣实，应在灌浆层达到设计强度的75%以上时，取出临时支撑件或松掉调整螺钉，并应复测环保设备的安装水平，且将临时支撑件的空隙用砂浆填实。

(10) 当采用坐浆法放置垫铁时，坐浆混凝土配制及垫铁的放置，宜符合相关的规定。

(11) 当采用压浆法放置垫铁时，垫铁的放置宜符合相关的规定。

(12) 环保设备采用减震垫铁调平时，应符合下列要求：

① 基础或地坪应符合随机技术文件规定；基础或地坪的高低差，不得大于减震垫铁调整量的30%～50%；放置减震垫铁的部位应平整。

② 减震垫铁可按环保设备要求采用无地脚螺栓或胀锚地脚螺栓固定。

③ 环保设备调平时，各减震垫铁的受力应均匀，在其调整范围内应留有余量，调平后应将螺母锁紧。

④ 采用橡胶垫型减震垫铁时，环保设备调平并经过7～14d后，应再次调平。

2.1.5 灌浆

① 预留地脚螺栓孔或环保设备底座与基础之间的灌浆，其配制、性能和养护应符合国家现行标准《混凝土外加剂应用技术规范》(GB 50119—2013) 和《普通混凝土配合比设计规程》(JGJ 55—2011) 的有关规定。

② 预留地脚螺栓孔灌浆前，灌浆处应清洗洁净；灌浆宜采用细碎石混凝土，其强度应比基础或地坪的混凝土强度高一级；灌浆时应捣实，不应使地脚螺栓歪斜和影响环保设备的安装精度。

③ 灌浆层厚度不应小于25mm。但用于固定垫铁或防止油、水进入的灌浆层，其厚度可小于25mm。

④ 灌浆前应敷设外模板。外模板至设备底座外缘的间距见图2-1，不宜小于60mm；模板拆除后，表面应进行抹面处理。

⑤ 当环保设备底座下不需全部灌浆且灌浆层需承受设备负荷时，应设置内模板，见图2-1。

2.1.6 装配

2.1.6.1 基本规定

(1) 环保设备装配前，应对需要装配的零部件配合尺寸、相关精度、配合面、滑动面进行复查和清洗洁净，并应按照标记及装配顺序进行装配。

(2) 环保设备清洗的零、部件应按装配或拆卸的程序进行摆放，并妥善地保护；清理出的油污、杂物及废清洗剂不得随地乱倒，应按环保有关规定妥善处理。

(3) 当环保设备及零、部件表面有锈蚀时，应进行除锈处理；其除锈方法宜按本规范确定。环保设备本体、管道等钢材表面的锈蚀等级和除锈等级应符合现行国家标准《涂装涂料前钢材表面处理》(GB/T 8923) 的有关规定。

(4) 装配件表面锈蚀、污垢和油脂的清洗，宜符合国标《涂装前钢材表面处理》GB/T 8923 的有关规定。

(5) 清洗环保设备及装配件表面的防锈油脂时，其清洗方式可按下列规定确定：

① 环保设备及大、中型部件的局部清洗，宜采用擦洗和刷洗。

② 中、小型形状较复杂的装配件，宜采用多步清洗或浸、刷结合清洗；浸洗时间宜在 2～20min；采用加热浸洗时，应控制清洗液温度，被清洗件不得接触容器壁。

③ 形状复杂、污垢黏附严重的装配件，宜采用清洗液和蒸汽、热空气进行喷洗；精密零件、滚动轴承不得使用喷洗。

④ 对形状复杂、油垢黏附严重、清洗要求高的装配件，宜采用浸、喷联合清洗。

⑤ 对装配件进行最后清洗时，宜采用清洗液进行超声波清洗。

(6) 环保设备加工装配表面上的防锈漆，应采用相应的稀释剂或脱漆剂等溶剂进行清洗。

(7) 在禁油条件下工作的零、部件及管路应进行脱脂，脱脂后应将残留的脱脂剂清除干净。

(8) 环保设备零、部件经清洗后，应立即进行干燥处理，并应采取防锈措施。

(9) 环保设备和零、部件清洗后，其清洁度应符合下列要求：

① 采用目测法时，在室内白天或在 15～20W 日光灯下，肉眼观察表面应无任何残留污物；

② 采用擦拭法时，应用清洁的白布或黑布擦拭清洗的检验部位，布的表面应无异物污染；

③ 采用溶剂法时，应用新溶液洗涤，观察或分析洗涤溶剂中应无污物、悬浮或沉淀物；

④ 采用蒸馏水局部润湿清洗后的金属表面，应用 pH 试纸测定残留酸碱度，并应符合其环保设备技术要求。

(10) 环保设备较精密的螺纹连接或温度高于 200℃条件下，工作的连接件及配合件等装配时，应在其配合表面涂防咬合剂。

(11) 带有内腔的环保设备或部件在封闭前，应仔细检查和清理，其内部不得有任何异物。

(12) 对安装后不易拆卸、检查、修理的油箱或水箱，装配前应做渗漏检查。

2.1.6.2　连接与紧固

(1) 螺栓或螺钉连接紧固时，应符合下列要求：

① 螺栓紧固时，宜采用呆扳手，不得使用打击法和超过螺栓的许用应力。

② 多只螺栓或螺钉连接同一装配件紧固时，各螺栓或螺钉应交叉、对称和均匀地拧紧。当有定位销时应从靠近该销的螺栓或螺钉开始均匀拧紧。

③ 螺栓头、螺母与被连接件的接触应紧密；对接触面积和接触间隙有特殊要求时，尚应按规定的要求进行检验。

④ 螺栓与螺母拧紧后，螺栓应露出螺母 2～3 个螺距，其支撑面应与被紧固零件贴合；沉头螺钉紧固后，沉头应埋入机件内，不得外露。

⑤ 有锁紧要求的螺栓，拧紧后应按其规定进行锁紧；用双螺母锁紧时，应先装薄螺母后装厚螺母；每个螺母下面不得用两个相同的垫圈。

(2) 精制螺栓和高强度螺栓装配前，应按设计要求检验螺孔直径的尺寸和加工精度。

(3) 不锈钢、铜、铝等材质的螺栓装配时，应在螺纹部分涂抹防咬合剂。

(4) 螺栓紧固时有预紧力要求时，可采用下列方法控制：

① 可利用专用力矩扳手；

② 可控制螺栓紧固后的长度（图 2-5），螺栓紧固后的长度可按下式计算：

$$L_m=L_S+\frac{P_o}{C_L}$$

式中 L_m——螺栓紧固后的长度，mm；

L_s——螺栓与被连接件间隙为零时的原始长度，mm；

P_o——预紧力，N；

C_L——螺栓刚度，N/mm，可按规范计算。

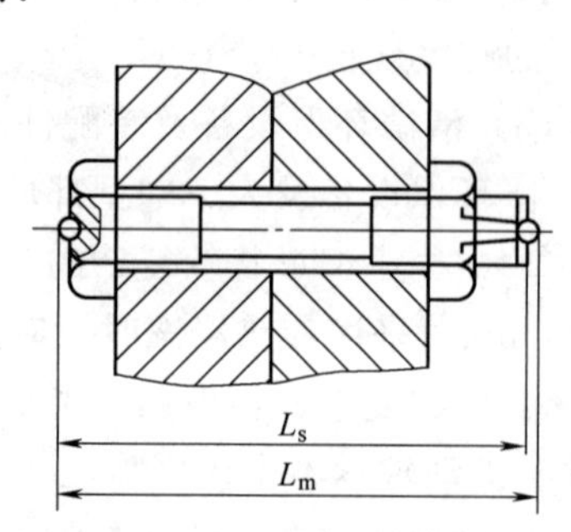

图 2-5 紧固后的螺栓

L_m—螺栓紧固后的长度；L_s—螺栓与被连接件间隙为零时的原始长度

③ 大直径的螺栓可采用液压拉伸法进行紧固，螺栓紧固后的长度值可按下式计算：

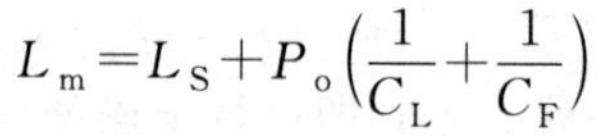

$$L_m=L_S+P_o\left(\frac{1}{C_L}+\frac{1}{C_F}\right)$$

式中 C_F——被连接件刚度，N/mm，可按本规范计算。

④ 大直径的螺栓亦可采用加热伸长法控制螺栓紧固，螺栓紧固后的长度可按规范计算，钢制螺栓加热温度不得超过 400℃。

⑤ 采用螺母转角法（图 2-6）紧固时，其螺母转角法的角度可按下式计算：

$$\theta=\frac{360}{t}\times\frac{P_o}{C_L}$$

式中 θ——螺母转角法的角度值，(°)；

t——螺距，mm。

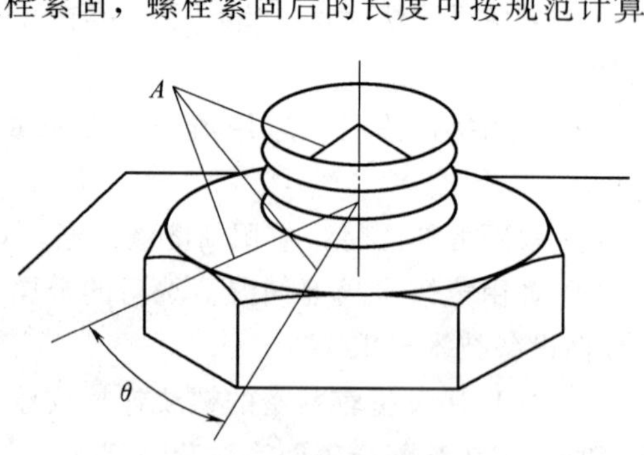

图 2-6 螺母转角法

θ—螺母转角法的角度值；A—转角标记

(5) 高强度螺栓的装配，应符合下列要求：

① 高强度螺栓在装配前，应按设计要求检查和处理被连接件的接合面；装配时，接合面应保持干燥，严禁在雨中进行装配。

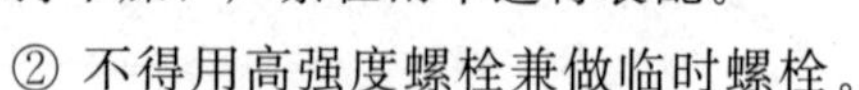

② 不得用高强度螺栓兼做临时螺栓。

③ 安装高强度螺栓时，不得强行穿入螺栓孔；当不能自由穿入时，该孔应用铰刀修整，铰孔前应将四周螺栓全部拧紧，修整后孔的最大直径应小于螺栓直径的 1.2 倍。

④ 组装螺栓连接副时，垫圈有倒角的一侧应朝向螺母支撑面。

⑤ 高强度螺栓的初拧、复拧和终拧应在同一天内完成。

(6) 大六角头高强度螺栓装配除应符合上述要求外，还应符合下列要求：

① 大六角头高强度螺栓的终拧扭矩值，宜按下式计算：

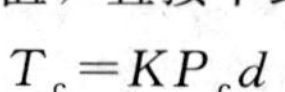

$$T_c=KP_cd$$

式中　T_c——终拧扭矩值，N·m；

P_c——施工预紧力，kN，按表 2-3 选取；

K——扭矩系数，取 0.11～0.15；

d——螺栓公称直径，mm。

表 2-3　施工预紧力选取

螺栓性能等级	螺栓公称直径/mm						
	M12	M16	M20	M(22)	M24	M(27)	M30
	施工预紧力 P_c/kN						
8.8S	45	75	120	150	170	225	275
10.9S	60	110	170	210	250	320	390

② 施工所用的扭矩扳手，每次使用前必须校正，其扭矩偏差不得大于±5%，并应在合格后使用；校正用的扭矩扳手，其扭矩允许偏差为±3%。

③ 大六角头高强度螺栓的拧紧应分为初拧和终拧；对于大型节点应分为初拧、复拧和终拧；初拧扭矩应为终拧扭矩值的 50%，复拧扭矩应等于初拧扭矩，初拧或复拧后的高强度螺栓应在螺母上涂上标记，然后按终拧扭矩值进行终拧，终拧后的螺栓应用另一种颜色在螺母上涂上标记。

④ 螺栓拧紧时，应只准在螺母上施加扭矩。

(7) 扭剪型高强度螺栓装配，应符合相关规范的要求；终拧时，应拧掉螺栓尾部的梅花头。对于个别不能用专用扳手终拧的螺栓，其终拧扭矩值计算时，扭矩系数宜取 0.13。

(8) 键的装配应符合下列要求：

① 现场配置的各种类型的键，应符合现行国家标准《键技术条件》（GB/T 1568）的有关规定。

② 键的表面不应有裂纹、浮锈、氧化皮和条痕、凹痕及毛刺，键和键槽的表面粗糙度、平面度和尺寸在装配前均应检验且符合规定。

③ 平键装配时，键的两端不得翘起。平键与固定键的键槽两侧面应紧密接触，其配合面不得有间隙。

④ 导向键和半圆键，两个侧面与键槽应紧密接触，与轮毂键槽底面应有间隙。

⑤ 楔键和钩头楔键的上、下面，与轴和轮毂的键槽底面的接触面积不应小于 70%，且不接触部分不得集中于一段；外露部分的长度应为斜面长度的 10%～15%。

⑥ 切向键的两斜面间以及键的侧面与轴和轮毂键槽的工作面间，均应紧密接触，装配后相互位置应采用销固定。

⑦ 花键装配时，同时接触的齿数不应少于 2/3，接触率在键齿的长度和高度方向不应低于 50%。

⑧ 间隙配合的平键或花键装配后，相配件应移动自如，不应有松紧不均现象。

⑨ 装配时，轴键槽及轮毂键槽轴心线的对称度，应按现行国家标准《形状和位置公差未注公差值》（GB/T 1184）的对称度公差等级 H、K、L 选取。

(9) 定位销的装配应符合下列要求：

① 定位销的型号、规格，应符合随机技术文件的规定。

② 有关连接机件及其几何精度应经调整符合要求后装销。

③ 销与销孔装配前，应涂抹润滑油脂或防咬合剂。

④ 装配定位销时不宜使销承受载荷，宜根据销的性质选择相应的方法装入；销孔的位置应正确。

⑤ 圆锥定位销装配时，应与孔进行涂色检查；其接触率不应小于配合长度的 60%，并应分布均匀。

⑥ 螺尾圆锥销装入相关零件后，其大端应沉入孔内。

⑦ 装配中发现销和销孔不符合要求时，应铰孔，并应另配新销；对配置定位精度要求高的新销，应在机械设备的几何精度符合要求或空负荷试运转合格后进行。

(10) 具有过盈的配合件装配，应符合下列要求：

① 装配前应测量孔和轴的配合部位尺寸及进入端的倒角角度与尺寸，并应符合随机技术文件的规定。

② 在常温下装配时，应将配合面清洗洁净，并涂一薄层不含二硫化钼添加剂的润滑油；装入时用力应均匀，不得直接打击装配件。

③ 纵向过盈连接的装配，宜采用压装法，压入力宜按《机械设备安装工程施工及验收通用规范》附录 G 第 G0.1 条的规定计算；压装设备的压力，宜为压入力的 3.25～3.75 倍；压入或压出速度不宜大于 5mm/s。压入后 24h 内，不得使装配件承受载荷。

④ 用液压充油法装、卸配合件时，配合面的表面粗糙度应按随机技术文件的要求检查；无表面粗糙度规定时，配合面的表面粗糙度按 1.6～0.8μm 检查；压力油应清洁，不得含有杂质和污物；对油沟、棱边应刮修倒圆；安装完后应用螺塞将油孔堵死；表面粗糙度数值为轮廓算术平均偏差。

⑤ 横向过盈连接的装配宜采用温差法；加热包容件时，加热应均匀，不得产生局部过热；未经热处理的装配件，加热温度应小于 400℃；经过热处理的装配件，加热温度应小于回火温度。

⑥ 温差法装配时，应按随机技术文件规定，检查装配件的相互位置及相关尺寸；加热或冷却均不得使其温度变化过快，并应采取防止发生火灾及人员被烧伤或冻伤的措施。

(11) 胀紧连接套（图 2-7）装配，应符合下列要求：

① 被连接件尺寸的检验，应符合现行国家标准《光滑极限量规　技术条件》（GB/T 1957）和《产品几何技术规范（GPS）光滑工件尺寸的检验》（GB/T 3177）的有关规定；其表面应无污物、锈蚀和损伤；在清洗干净的胀紧连接套表面和被连接件的结合表面上，应均匀涂一层不含二硫化钼等添加剂的薄润滑油。

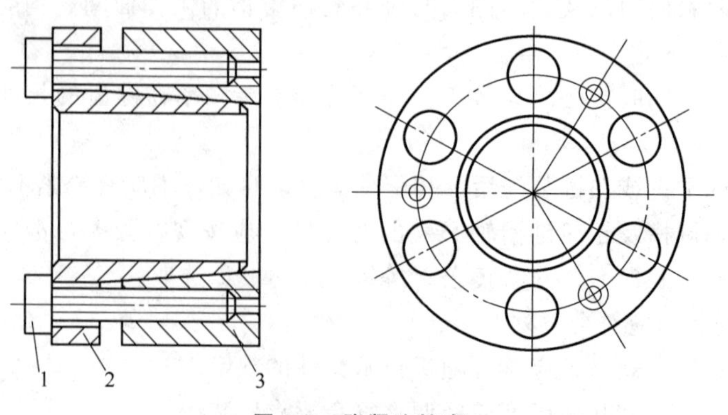

图 2-7　胀紧连接套

1—螺钉；2—内套；3—外套

② 胀紧连接套应平滑地装入连接孔内，且应防止倾斜，胀紧连接套螺钉应用力矩扳手对称、交叉、均匀地拧紧；拧紧时应先以拧紧力矩值的 1/3 拧紧，再以拧紧力矩值的 1/2 拧紧，最后以拧紧力矩值拧紧，并应以拧紧力矩值检查全部螺钉；拧紧力矩应符合设计的规定，无规定时，可按国家现行标准的有关规定确定。

③ 安装完毕后，应在胀紧连接套外露端面及螺钉头部涂上一层防锈油脂；在腐蚀介质中工作的胀紧连接套，应采用专门的防护装置。

2.1.6.3 传动带、链条和齿轮装配

（1）装配时所使用的传动带，其材质、性能、类型和规格尺寸必须与设计规定的技术要求相符合，严禁随意改变和替换。

（2）传动带的连接，应符合随机技术文件的规定；无规定时，应符合下列要求：

① 皮革带的两端应削成斜面见图 2-8（a）；橡胶布带的两端应按帘子布层剖割成阶梯形状见图 2-8（b），接头长度宜为带宽度的 1～2 倍。

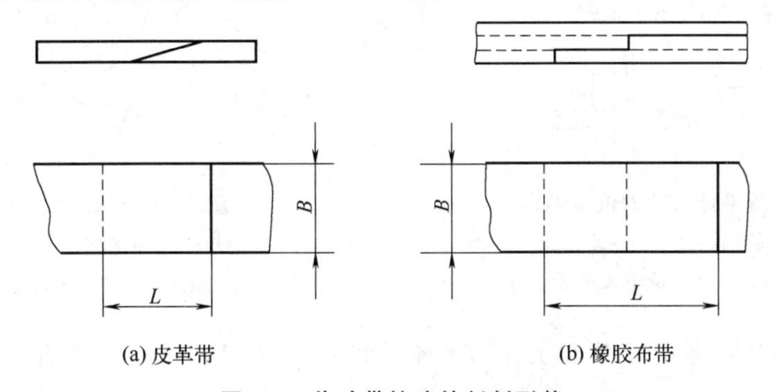

(a) 皮革带　　(b) 橡胶布带

图 2-8　传动带接头的剖割形状

L—接头长度；B—带宽度

② 胶黏剂的材质与传动带的材质，应具有相同的弹性和胶黏性能。

③ 接头应牢固；接头处增加的厚度不应超过传动带厚度的 5%；并应使接头两边的同侧带边成为一条直线。

④ 胶黏剂固化的温度、压力、时间等，应符合胶黏剂的技术要求。

⑤ 传动带接头时，应顺着传动带运转方向相搭接，见图 2-9。

⑥ 金属连接扣连接时，应使连接扣销轴与带边垂直。

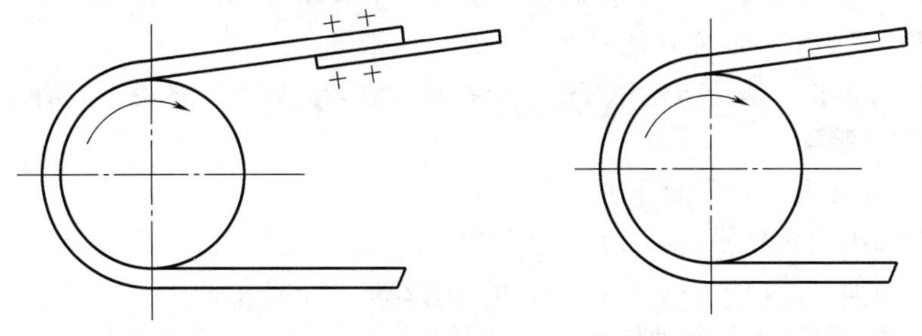

图 2-9　平带搭接方向与带轮转向

（3）平行传动轴带轮的装配见图 2-10，应符合下列要求：

① 带轮两轮轮宽的中央平面应在同一平面上，其偏移值不应大于 0.5mm；

② 两轴平行度的偏差 $\tan\theta$ 值，不应大于其中心距的 0.15‰；

③ 偏移和平行度的检查，宜以轮的边缘为基准。

(4) 传动带需要预拉时，预紧力宜为工作拉力的 1.5～2 倍，预紧持续时间宜为 24h。

(5) 链条与链轮的装配，应符合下列要求：

① 装配前应清洗洁净。

② 主动链轮与被动链轮的轮齿几何中心线应重合，其偏差不应大于两链轮中心距的 2‰。

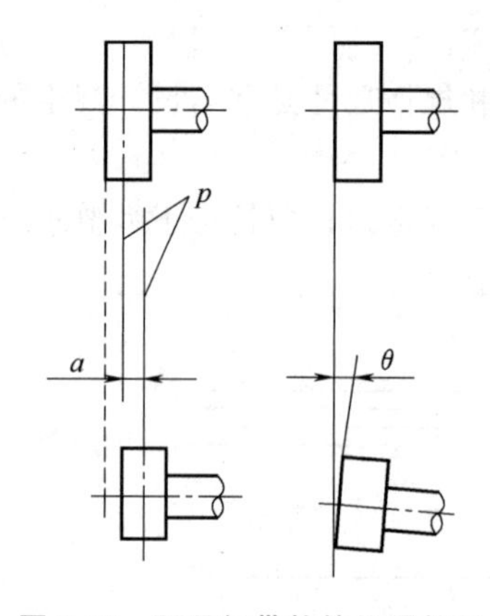

图 2-10　两平行带轮的位置偏差

a—两轮偏移值；θ—两轮不平行的夹角；p—轮宽的中央平面

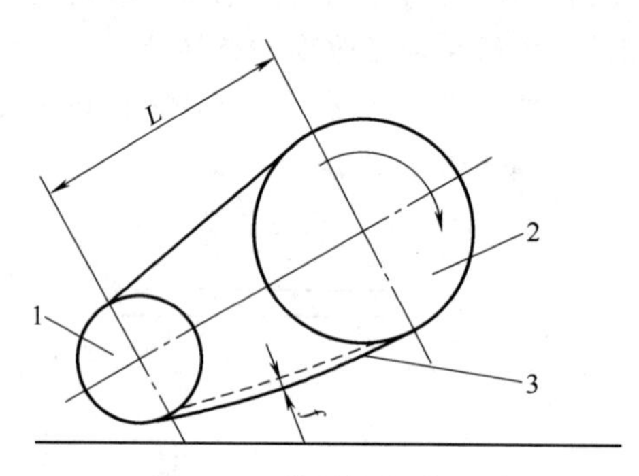

图 2-11　传动链条驰垂度

1—从动轮；2—主动轮；3—非工作边链条；f—驰垂度；L—两链轮中心距

③ 链条工作边拉紧时，其非工作边的驰垂度见图 2-11，应符合随机技术文件的规定。无规定时，宜按两链轮中心距的 1%～5%调整。

(6) 齿轮和蜗轮装配时，其基准面端面与轴肩或定位套端面应靠紧贴合，且用 0.05mm 塞尺检查不应塞入；基准端面与轴线的垂直度应符合传动要求。

(7) 相互啮合的圆柱齿轮副的轴向错位，应符合下列规定：

① 齿宽小于等于 100mm 时，轴向错位应小于等于齿宽的 5%；

② 齿宽大于 100mm 时，轴向错位应小于等于 5mm。

(8) 装配轴中心线平行且位置为可调结构的渐开线圆柱齿轮副时，其中心距的极限偏差应符合随机技术文件的规定。

(9) 用压铅法检查齿轮啮合间隙时，铅条直径不宜超过间隙的 3 倍，铅条的长度不应小于 5 个齿距，沿齿宽方向应均匀放置不少于 2 根铅条。

(10) 齿轮与齿轮、蜗杆与蜗轮装配后应盘动检查，其转动应平稳、灵活、无异常声响。

2.1.6.4　密封件装配

(1) 密封胶的使用，应符合下列要求：

① 密封胶的类型和品种，应符合设计规定；

② 应将密封面上的油污、水分、灰尘或锈蚀去除，并清洗洁净；

③ 密封胶应均匀和无间断地涂抹在密封面上，涂层的厚度应按密封面的加工精度和间隙大小确定；当单独使用密封胶不能满足密封要求时，应与密封垫片混合使用；

④ 在密封胶干固期间，应对两密封面均匀地施加压力，且不得使密封面发生错动；

⑤ 密封处应无渗漏现象。

(2) 填料密封的装配，应符合下列要求：

① 填料密封的类型、品种、规格、结构和装填的位置及数量等，应符合设计规定。

② 碳化纤维、聚四氟乙烯和金属等混合物编织的密封填料，其编织花纹应均匀、平整，应无外露线头、跳线、缺花和勒边等缺陷，表面应清洁、无污染物和杂质。

③ 填料的压缩率和回弹率，应符合相关质量标准的规定。

④ 填料箱或腔、液封环、冷却管路和压盖等应清洗洁净。

⑤ 金属包壳的单层填料密封圈，表面应工整、光洁、无裂纹、锈蚀和径向贯通的划痕；多层有切口的填料密封圈，其切口应切成 45°的剖口，相邻两圈的切口应相互错开并大于 90°。

⑥ 填料浸渍的乳化液或其他润滑剂应均匀饱满，并应无脱漏现象。

⑦ 填料压圈或压盖的压紧力应均匀分布，应无过紧使温度升高及运动阻滞或过松使泄漏超过规定的现象。

（3）成形密封的装配，应符合下列要求：

① 成形密封圈的品种、规格和数量，应符合设计规定。

② 装设密封圈的沟槽、轴台和转角等应清洗洁净，并应无飞边、毛刺；密封圈应无损伤、径向沟槽和划痕；金属管架不得有剥离和脱落现象。

③ O 形密封圈的装配，密封圈不得有扭曲和损伤，并应正确选择预压量；当橡胶密封圈用于固定密封和法兰密封时，其预压量宜为橡胶圈直径的 20%～25%；当用于动密封时，其预压量宜为橡胶圈直径的 10%～15%。

④ V、U、Y 形密封圈的装配，应依次将支承圈、密封圈和锁紧圈正确装到位置上，凹槽或唇部应对着压力高的一侧。

⑤ 硬金属密封圈的装设，应按环的性质、开口、分瓣或唇形，分别在槽内检查其开口间隙、环的透光弧度和回弹状况，不符合规定的密封圈应进行更换。

（4）机械密封的装配，应符合下列要求：

① 机械密封零件不应有损坏、变形，密封面不得有裂纹、擦痕和气孔等缺陷；加工遗留的飞边、毛刺和尖棱应清除。

② 装配过程中，应保持机械密封零件的洁净，不得有锈蚀；主轴密封装置动、静环端面及密封圈表面等，应无杂质、污物或灰尘。

③ 密封零件的组装顺序、位置、距离和间隙等，应符合随机技术文件及图样的规定，不应随意改变或更换。

④ 石墨环、填充聚四氟乙烯环和静止环出厂未做水压试验时，应在组装前做水压试验，试验压力应为工作压力的 1.25 倍，持续 10min 不应有渗漏现象。

⑤ 弹簧尺寸的工作变形量，不应大于其极限变形量的 60%。

2.1.7 管道的安装

2.1.7.1 管子的准备

（1）液压、气动和润滑系统的管子及其附件均应进行检查，其材质、规格与数量应符合设计的要求。

（2）液压、气动和润滑系统的管子宜采用机械切割；切口表面应平整，并应无裂纹、重皮、毛刺、凹凸和氧化物等；切口平面与管子轴线的垂直度偏差，应小于管子外径的 1%，且不得大于 3mm；断面的平面度，应小于等于 1mm。

(3) 管端需要加工螺纹时，其螺纹应符合现行国家标准《普通螺纹　管路系列》GB/T 1414；《普通螺纹　基本牙型》GB/T 192、《普通螺纹　基本尺寸》GB/T 196 和《普通螺纹　公差》GB/T 197 的有关规定。管端接头的加工，应符合卡套式、扩口式、插入焊接式等管接头的加工尺寸与精度的要求。

(4) 液压、气动、润滑系统管路应采用无缝弯头或冲压焊接弯头，其弯管应符合下列要求：

① 液压、润滑系统管子应采用机械常温弯曲，气动系统管子宜采用机械常温弯曲；对大直径、厚壁管子采用热弯时，弯制后应保持管内的清洁度要求。

② 管子的弯曲半径除耐油橡胶编织软管、合成树脂高压软管外，管子外径小于等于 42mm 时，弯曲半径宜大于等于管子外径的 2.5 倍；管子外径大于 42mm 时，弯曲半径宜大于管子外径的 3 倍。

③ 管壁冷弯的壁厚减薄量不应大于壁厚的 15%，热弯的壁厚减薄量不应大于壁厚的 20%。

④ 弯制焊接钢管时，应使焊缝位于弯曲方向的侧面。

⑤ 管子外径小于 30mm 时，管子的短、长径比不应小于 90%，并不得出现波纹和扭曲；管子外径大于等于 30mm 时，管子短、长径比不应小于 80%，并不得有明显的凹痕及压扁现象。

2.1.7.2 管道的焊接

(1) 管子焊接的坡口和对口，应符合下列要求

① 坡口的形式和尺寸，应符合设计的规定，无规定时，宜符合现行国家标准《工业金属管道工程施工规范》(GB 50235) 的有关规定。

② Ⅰ、Ⅱ级焊缝和不锈钢的坡口，应采用机械方法加工。

③ 管子对接焊口应使内壁齐平；钢管内壁错边量不应超过壁厚的 10%，且不应大于 2mm；铜及铜合金、钛管内壁错边量不应超过壁厚的 10%，且不应大于 1mm。

④ 管子连接时，不得采用强力对口、加热管子和加偏心垫等方法消除接口端面的偏差。

(2) 管子采用法兰连接时，应符合下列要求

① 法兰密封面及密封垫片，不得有影响密封性能的划痕、斑点等缺陷；

② 法兰面应垂直于管子轴线，不得采用加偏垫或强力拧紧法兰一侧螺栓的方法；

③ 除设计图样要求外，法兰螺栓孔中心线不得与管子的铅垂线、水平中心线相重合，应按图 2-12 所示对称布置；

④ 两接管法兰连接应保持同轴，且应保证螺栓能自由穿入；

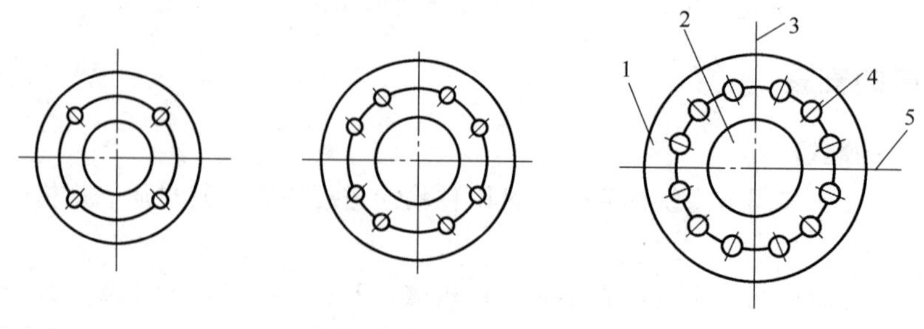

图 2-12　法兰螺栓孔布置

1—法兰；2—管子；3—管子铅垂线；4— 法兰螺栓孔中心线；5—管子水平中心线

⑤ 管子插入法兰的焊接（图 2-13），应符合下列要求：

a. 外侧焊脚高宜为管壁厚的 1.0～1.4 倍。

b. 内侧焊脚高宜为管壁厚的 0.75～1.0 倍。

c. 插入管端与法兰断面的距离，宜高出内侧焊脚高的 0～2mm。

⑥ 法兰连接应使用同一规格的螺栓，安装方向应一致，紧固螺栓时应对称、均匀地进行；紧固后螺纹外露长度，不应大于螺距的 2～3 倍。

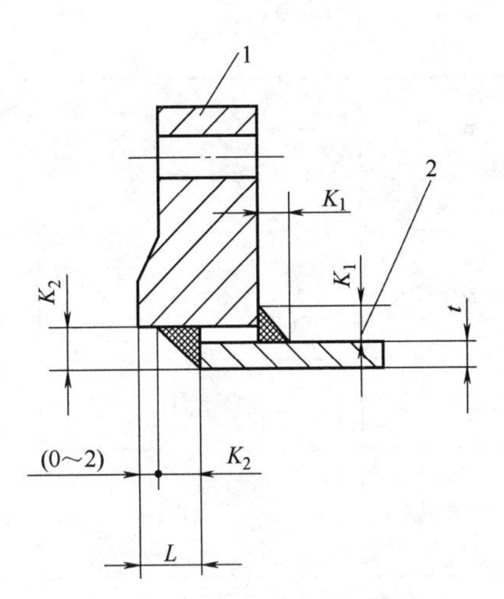

图 2-13 管子插入法兰的焊接

1—法兰；2—管子；t—管壁厚；K_1—外侧焊脚高；K_2—内侧焊脚高；L—插入管端与法兰端面的距离

(3) 管道对接焊缝的位置，应符合下列要求：

① 焊缝应设在管子的直管段上，且不得设在墙洞、基础内和隐蔽的地方。

② 焊缝的中心平面至弯曲管处起点的距离不应小于管外径，且不应小于 100mm，与支架的距离应大于 50mm。

③ 同一管段上两焊缝中心平面间的距离，当管子公称直径小于 150mm 时，不应小于管子外径；公称直径大于等于 150mm 时，不应小于 150mm。

(4) 管道焊接应符合下列要求：

① 焊接前应按母材的化学成分、力学性能、使用的工作压力、温度和介质等正确地选用焊条、焊丝和焊接工艺并制定焊接作业指导书。

② 液压、润滑钢管焊接时，必须用钨极氩弧焊或钨极氩弧焊打底，压力大于 21MPa 时，应同时在管内通入 5L/min 的氩气；其他管路焊接宜采用钨极氩弧焊或钨极氩弧焊打底。

③ 焊条、焊丝应按规定烘干，使用中应保持焊条、焊丝的干燥。

④ 焊前预热及焊后热处理温度，应符合设计或焊接作业指导书及焊前试验的规定。

⑤ 定位焊缝焊完后，应清除焊渣，对定位焊进行检查，并应在去除其缺陷后进行焊接。

⑥ 严禁用管路作为焊接地线。

(5) 焊缝外观质量，应符合下列规定：

① 设计规定焊接接头系数为 1 且进行 100％射线照相检验或超声波检验的焊缝，其外观质量不得低于表 2-4 中Ⅱ级的规定。

② 设计规定进行局部射线照相检验或超声波检验的焊缝，其外观质量不得低于表 2-4 中Ⅲ级的规定。

③ 不需要无损检测的焊缝，其外观质量不得低于表 2-4 中Ⅳ级的规定。

(6) 焊缝的无损检测，应符合下列规定：

① 焊缝外观质量，应符合表 2-4 中的规定。

② 无损检测的抽检数量和焊缝质量，应符合设计或随机技术文件的规定；无规定时，应符合表 2-5 的规定。

(7) 按规定抽检的无损检测不合格时，应加倍抽检该焊工的焊缝数量，当仍不合格时，应对其全部焊缝进行无损检测。

表 2-4 焊缝质量

缺陷名称	焊缝质量分级			
	Ⅰ	Ⅱ	Ⅲ	Ⅳ
裂纹	不允许			
表面气孔	不允许		每 50mm 焊缝长度内允许直径 $\leqslant 0.3\delta$，且 $\leqslant$ 2mm 的气孔 2 个，孔间距 $\geqslant$ 6 倍孔径	每 50mm 焊缝长度内允许直径 $\leqslant 0.4\delta$，且 $\leqslant$ 3mm 的气孔 2 个，孔间距 $\geqslant$ 6 倍孔径
表面夹渣	不允许		深 $\leqslant 0.1\delta$，长 $\leqslant 0.3\delta$，且 $\leqslant$ 10mm	深 $\leqslant 0.2\delta$，长 $\leqslant 0.5\delta$，且 $\leqslant$ 20mm
咬边	不允许		$\leqslant 0.05\delta$，且 $\leqslant$ 0.5mm 连续长度 $\leqslant$ 100mm，且焊缝两侧咬边总长 $\leqslant$ 10%，$\leqslant$ 10% 焊缝全长	$\leqslant 0.1\delta$，且 $\leqslant$ 1mm，长度不限
未焊透	不允许		不加热单面焊允许值 $\leqslant 0.15\delta$，且 $\leqslant$ 1.5mm 缺陷总长在 6δ 焊缝长度内不超过 δ	$\leqslant 0.2\delta$，且 $\leqslant$ 2mm，每 10mm 焊缝内缺陷总长 $\leqslant$ 25mm
根部收缩	不允许	$\leqslant 0.2+0.02\delta$，且 $\leqslant$ 0.5mm	$\leqslant 0.2+0.02\delta$，且 $\leqslant$ 1mm	$\leqslant 0.2+0.04\delta$，且 $\leqslant$ 2mm
		长度不限		
角焊缝厚度不足	不允许		$\leqslant 0.3+0.05\delta$，且 $\leqslant$ 1mm，每 100mm 焊缝长度内缺陷总长度 $\leqslant$ 25mm	$\leqslant 0.3+0.05\delta$，且 $\leqslant$ 2mm，每 100mm 焊缝长度内缺陷总长度 $\leqslant$ 25mm
角焊缝焊脚不对称	差值 $\leqslant 1+0.1\alpha$		$\leqslant 2+0.15\alpha$	$\leqslant 2+0.2\alpha$
余高	$\leqslant 1+0.1b$，且最大值为 3mm		$\leqslant 1+0.2b$，且最大值为 5mm	

注：α 为设计焊缝厚度，mm；b 为焊缝厚度，mm；δ 为母材厚度，mm。

表 2-5 无损检测的抽检数量和焊缝质量

工作压力/MPa	抽检数量/%	焊缝质量
≤6.3	5	Ⅲ级
>6.3～31.5	15	Ⅱ级
>31.5	100	Ⅰ级

注：表中的Ⅲ级、Ⅱ级、Ⅰ级为现行国家标准《焊缝无损检测 射线检测》(GB/T 3323) 规定的焊缝质量等级。

2.1.7.3 管道安装

(1) 管道敷设时，管子外壁与相邻管道的管件边缘距离不应小于 10mm；同排管道的法兰或活接头相互错开的距离应大于等于 100mm；穿墙管道应加套管，其接头位置与墙面的距离宜大于 800mm。

(2) 管道支架的制作宜采用机械方法进行下料切割和螺栓孔的加工。

(3) 管道直管段支架间距，宜符合表 2-6 的规定。弯曲段的管道，应在起弯点附近增设管道支架。

表 2-6 直管段支架间距 单位：mm

直管外径	≤10	>10～25	>25～50	>50～80	>80
支架间距	500～1000	1000～1500	1500～2000	2000～3000	3000～5000

（4）管子不应焊接在支架上。不锈钢管道与支架间应垫入不锈钢的垫片、不含氯离子的塑料或橡胶垫片；安装时，不应用铁质工具直接敲击不锈钢管道。

（5）管子与机械设备连接时，不应使机械设备承受附加外力，不应使异物进入设备或部件内。

（6）管道的坐标位置、标高的允许偏差为±10mm；管道的水平度或铅垂度偏差不应大于2/1000。

（7）气动系统的支管宜从主管的顶部引出；长度超过5m的气动支管路，宜设大于10/1000顺气体流动方向的向下坡度。

（8）润滑油系统的回油管道，应设12.5/1000～25/1000向油箱方向的向下坡度。

（9）油雾系统管道应设大于5/1000顺油雾流动方向的向上坡度，并不得有下凹弯。

（10）软管的安装，应符合下列要求：

① 外径大于30mm的软管，其最小弯曲半径不应小于管子外径的9倍；外径小于等于30mm的软管，其最小弯曲半径不应小于管子外径的7倍。

② 软管与管接头的连接处，应有一段直管段，其长度不应小于管子外径的6倍。

③ 在静止及随机移动时，均不得有扭转变形现象。

④ 软管长度过长或受较强振动时，宜用管卡夹牢。

⑤ 当自重会引起较大变形时，应设支托或按其自垂位置进行安装。

⑥ 软管长度除满足弯曲半径和移动行程外，尚应留有4%的余量。

⑦ 软管相互间及与其他物件不应有摩擦现象；靠近热源时，必须有隔热措施。

（11）润滑脂系统的给油器或分配器至润滑点间的管路中，在安装前应充满润滑脂，管内不应有空隙。

（12）双线式润滑脂系统的主管与给油器及压力操作阀连接后，应使系统中所有给油器的指示杆及压力操作阀的触杆在同一润滑周期内，并应同时伸出或缩入。

（13）双缸同步回路中，两液压缸管道应对称敷设。

（14）液压泵和液压马达的排放油管位置，应稍高于液压泵和液压马达本体。

2.1.7.4　管道的酸洗、冲洗与吹扫

（1）液压、润滑管道的除锈，应采用酸洗法。管道的酸洗，应在管道配置完成，且已具备冲洗条件后进行。

（2）油库或液压站内的管道，宜采用槽式酸洗法；从油库或液压站至使用点或工作缸的管道，宜采用循环酸洗法。

（3）槽式酸洗法，宜符合下列要求：

① 槽式酸洗的工艺流程，宜符合相关规定；

② 管道放入酸洗槽时，宜大管在下、小管在上。

（4）循环酸洗法，宜符合下列要求：

① 循环酸洗的工艺流程，宜符合相关规定；

② 组成回路的管道长度，宜根据管径、压力和实际情况确定，但不宜超过300m；回路的构成必须使所有管道的内壁全部接触酸洗液；

③ 管道系统内必须充满酸洗液，管道系统的最高部位应设排气点；最低部位应设排放点，管道中的死点宜处于水平位置，其排放口应向下；当酸洗各工序需要交替时，应松开死点接头，并应排除死点内上一工序留存的液体；

④ 酸洗后的管道系统中应通入中和液进行冲洗，并应冲洗至出口溶液不呈酸性为止。

(5) 液压、润滑系统的管道经酸洗投入使用时，应采用工作介质或相当于工作介质的液体进行冲洗，其冲洗应符合下列要求：

① 液压系统管道在安装位置上组成循环冲洗回路时，应将液压缸、液压马达及蓄能器与冲洗管路分开，伺服阀和比例阀必须用冲洗板代替。

② 润滑系统管道在安装位置上组成循环冲洗管路时，应将润滑点与冲洗回路分开。

③ 在冲洗管路中，当有节流阀或减压阀时，应将其调整到最大开口度。

④ 冲洗液加入储液箱时，应经过滤，过滤器等级不应低于系统的过滤器等级。

(6) 管道冲洗完成后，其拆卸的接头及管口，应立即用洁净的塑料布封堵；对需要进行焊接处理的管路，焊接后该管路必须重新进行酸洗和冲洗。

(7) 管道清洗后的清洁度等级，应符合设计或随机技术文件的规定；无规定时应符合下列要求：

① 液压系统中的伺服系统、带比例阀的控制系统和静压轴承的静压供油系统，其管道冲洗后的清洁度，应采用颗粒计数法检测。液压伺服系统的清洁度等级不应低于15/12级；带比例阀的液压控制系统和静压轴承的静压供油系统的清洁度等级，不应低于17/14级；

② 液压传动系统、动压及静压轴承的静压供油系统、润滑油系统和润滑脂系统，其管道冲洗后的清洁度，宜采用颗粒计数法或目测法检测。采用颗粒计数法检测时，其清洁度等级不应低于20/17级；采用目测法检测时，应连续过滤1h后，在滤油器上应无可见的固体物。

(8) 气动系统管道安装后，应采用干燥的压缩空气进行吹扫。各种阀门及辅助元件不应投入吹扫，气缸和气动马达的接口，应进行封闭。

(9) 气动系统管道吹扫后的清洁度，应在排气口用白布或涂有白漆的靶板检查，经连续5min吹扫后，在白布或靶板上应无铁锈、灰尘及其他脏物。

2.1.7.5 管道的压力试验与涂漆

(1) 管道的压力试验，应符合下列要求：

① 压力试验应在管路冲洗合格后进行；

② 管道的试验压力和试验介质，应符合表2-7的规定。

表2-7 管道的试验压力和试验介质

系统名称			试验压力/MPa	试验介质
液压系统 滑动轴承的静压供油系统	系统工作压力/MPa	≤16	1.5p	工作介质
		>16～31.5	1.25p	
		>31.5	1.15p	
气动系统、油雾润滑油系统中的压缩空气管道和油雾管道			1.15p	压缩空气
润滑油系统、双线式润滑油系统			1.25p	—
非双线式润滑油系统			p	—

注：p为系统工作压力。

(2) 试压时应先缓慢升压至工作压力检查管道无异常后，再升到试验压力，应保持压力10min，然后降至工作压力，检查焊缝、接口和密封处等均不得有渗漏、变形现象。

（3）液压系统压力试验时，应将系统内的泵、伺服阀、比例阀、压力传感器、压力继电器和蓄能器脱开。

（4）管道的涂漆，应符合下列要求：

① 管道涂防锈漆前，应除净管道外壁的铁锈、焊渣、油垢及水分等。

② 管道涂漆应经试压且符合表 2-7 要求后再进行。

③ 涂漆工作宜在 5～40℃的环境温度下进行，涂漆后宜自然干燥；未干燥前应采取防冻、防雨、防污、防尘措施。

④ 管道的涂漆颜色和涂层厚度应符合设计规定；涂层应均匀、完整，无损坏和漏涂。

⑤ 涂层应附着牢固，并应无剥落、皱纹、气泡、针孔等缺陷。

2.2　环保设备安装工程

为规范建设项目环保设备的安装，并提高环保设备安装质量，编制本章节作为建设项目部环保设备安装、验收及调试的管理指导文件。

环保设备安装工程施工、验收、调试应首先符合国家现行有关标准、规范的规定。污水处理厂环保设备安装工程是水处理厂施工中的一项重要内容，安装质量的优劣直接影响着环保设备的使用寿命和运行成本。

2.2.1　环保设备安装工程施工特点

① 环保设备安装精度要求高；

② 对设备基础施工水平要求高，包括预留、预埋位置、高程及表面平整度等；

③ 环保设备形式多样，安装施工技术多样，对安装单位的素质要求高。

2.2.2　环保设备安装施工条件

① 土建工程应已具备安装条件，混凝土强度、预埋件等已达到设计要求并通过验收；

② 设备及附件已到施工现场，与设备安装相关的设备安装布置图、安装图、基础图、总装配图、主要部件图、设备安装说明书等技术资料应已齐全；

③ 设备安装技术交底会议已完成；

④ 根据设备情况预留运输通道，运输道路畅通；

⑤ 起重运输机械具备使用条件，所需各种工具、仪器均备齐；

⑥ 各种垫铁、螺栓、水泥、砂、石料等材料均已到场；

⑦ 现场所需电源已引至现场，并配备合格开关箱；

⑧ 临水管路已接至现场，可以供取水使用。

2.2.3　环保设备安装一般规定

环保设备安装一般规定见表 2-8。

表 2-8　环保设备安装一般规定

序号	重点提示	具体要求
1	制定专项方案	安装工程施工前必须要求安装单位编制施工组织设计或专项施工方案，并认真阅读设备随箱安装说明书和技术要求

续表

序号	重点提示	具体要求
2	设备基础正确无误	设备基础应是设备中标厂商提供的设备基础并经设计院复核
3	保存好资料、施工记录文件	环保设备安装工程应注意保存设备安装说明、电路原理图及接线图、设备使用说明书、运行保养手册、防护及油漆标志、产品出厂合格证书、性能检测报告、材质证明等文件，并做好设备开箱验收记录、设备试运转记录、中间交接验收记录等施工记录文件，便于设备的安装、维护和保养
4	保证安装精度和安装质量	施工中注意安装单位技术工人和力工的合理搭配，监督安装单位合理选择安装施工机具，保证安装精度和安装质量
5	做好成品保护	安装过程中应做好成品保护
6	按厂家产品技术文件要求试运转	安装工程应按产品技术文件要求试运转，并按技术文件要求定期加注润滑油脂
7	以精度要求严的标准为准	厂家安装精度要求、规范精度要求与本指导手册精度要求不一致时，以精度要求严的标准为准
8	确保安装方法正确	关键设备安装在安装前，熟悉设备的构造和特殊技术要求，确保安装方法正确
9	易于混淆的部件及关键零件要做好相应的标志	对易于混淆的部件及关键零件要做好相应的标志，按照前后顺序原则分别安装
10	就位找正要用专用工具	吊装时不得碰撞，就位找正要用专用工具

2.2.4 环保设备安装技术要求

2.2.4.1 开箱验收要求

开箱验收要求见表2-9。

表2-9 开箱验收要求

序号	重点提示	具体要求
1	设备到货后，应及时整理编号记录，避免二次搬运前开箱	设备到货后，应及时整理编号记录，并做好保护。设备开箱应在设备安装就位前进行，应尽量避免二次搬运前开箱，以免造成设备损坏或零部件丢失
2	易损设备重点保护	易损设备开箱检查后，如不能及时安装，应将设备重新封好仍存放在集装箱内，施工现场应采取防雨、防潮、防火、防尘措施
3	避免开错箱	开箱前应由专业技术人员事先查明设备型号、箱号、存放地点，以免开错箱
4	使用专用开箱器械按开箱程序进行	设备开箱应使用专用开箱器械按开箱程序进行，在不了解箱体内部情况时不得将撬杠等器械插入箱内，拆下的包装材料应及时分类回收
5	说明书及证明材料齐全	配备产品质量证明书和使用说明书，国外进口设备还需要有进口海关的商检证明、符合国内相应标准的技术质量证明材料
6	设备参数和数量与图纸、采购合同一致	按照装箱单清点零件、部件、附件、备品备件，核对出厂合格证和其他技术文件是否齐全并记录。设备主机及附属零部件、备品备件的型号、规格、数量应符合设计图纸、设备二次设计设备采购合同中的技术要求、相关说明。设备不受损坏，附件不丢失
7	确认设备型号、规格与设计相符，外观良好	检查时应确认设备型号、规格与设计相符，设备外观和保护包装是否良好，如有缺陷、损坏和锈蚀应如实做出记录，双方签字认可
8		设备上的铭牌应完整，设备应无缺件，涂层完整，设备表面应无破损、锈蚀现象
9	各方均参加、共同验收记录并签字	开箱检查应由建设单位、监理单位、设备安装施工单位及设备厂家代表等参加，共同验收、记录并签字认可
10	问题情况及时处理	开箱检查时，发现设备损坏及与设备清单不符等问题，由建设单位与设备厂商联系解决

2.2.4.2　机械设备安装施工技术要求

机械设备安装施工技术要求见表2-10。

表2-10　机械设备安装施工技术要求

序号	重点提示	具体要求
1	做好开箱验收	做好开箱验收
2	做好安装前检查	机械设备在安装前应检查包装和密封是否良好、型号规格是否符合设计要求，附件、备件是否齐全完好；产品技术文件是否齐全；外表是否无锈蚀、无伤痕
3	使用的材料设备符合相关要求	机械设备安装施工使用的材料设备应符合现行国家技术标准、规范，设备应有合格证书，应有铭牌
4	紧固件应满足要求	机械设备安装使用的紧固件规定：凡在室外露天或潮湿地方使用或与污水、污泥接触的设备上使用的紧固件均应采用热浸锌或不锈钢材质(设计中如果有特殊要求除外)
5	按图纸和说明书进行	机械设备的安装应按设计图纸和产品说明书进行
6	安装技术措施符合标准和技术规定要求	安装施工中的安装技术措施，应符合现行有关安全技术标准和产品技术规定

2.2.4.3　设备电气系统安装要求

设备电气系统安装要求见表2-11。

表2-11　设备电气系统安装要求

序号	重点提示	具体要求
1	按说明书安装	设备安装完成后，按设备安装说明书进行电气系统的安装
2	可用临时电源	在正式电源未能达到使用条件的情况下，可以使用临时电源进行设备的预调整、稳装
3	在厂家指导下完成	电气及自控装置的安装，应经相关设备厂家技术人员交底和现场指导，严格按照厂家指导人员的指令进行
4	按设备安装位置配管穿线	设备就位后，按设备安装位置的电气接线口和配电箱设计位置配管穿线，一般情况下，配管为暗敷设于地板内，即在设备就位前，已经在土建混凝土结构施工时敷设完毕，此时仅进行穿线接线即可
5	穿线严格按照要求进行	穿线时，严格按国家现行规范及标准图集进行。具体要求如下： (1)电缆电线材质、规格、型号等符合设计及设备厂家产品的技术要求 (2)暗管穿线时，要按电气施工工艺标准的要求用钢丝穿带线作引线，把暗配管按管径、位置编号。穿线时，同样对线缆编号，对号用带线把线缆敷设到位。穿带过程中要均匀用力，不可过猛过急，死拉硬拽，损伤线缆。在配管过于频繁拐弯处，增加接线盒以减缓线缆穿管敷设的难度 (3)桥架内敷设线缆时，既不可过于绷紧拉直，亦不可过于弯曲盘绕，各线缆在桥架排序、编号、挂牌，按国家现行规范绑扎固定。若强电与弱电线缆在同一桥架内敷设时，为免除干扰应用隔板在桥架内把强电及弱电线缆进行分隔，使这两种线缆各占一边 (4)线缆出暗(或明)配管到设备接线口间，应用金属软管保护敷设，在此段敷设时，线缆要留有一定的余量，以保证接线时有一定的自由伸缩长度 (5)强电接线时要对照图纸接对负荷开关，相同设备应用同一厂家、类型、规格、型号的开关，配线规格、型号也应相同。注意区分电源相线与零线、地线，尽可能使各相负荷大小均匀匹配。弱电自控线路接线时，要按设备及配电箱接线详图，一一对应接线，对各接线端子理解透彻后，方可进行连接，连接应逐一进行，尤其低压和高压接线端子切勿混接，以免造成毁机、失火等事故 (6)接线要按现行国家图集及电气规范施工，端子要有编号、要牢固压接，不可虚接、错接，更不可生拉硬拽，使线缆或箱体、设备受力移动或倾斜

2.2.4.4 单机和联动调试要求

（1）总体要求

调试前安装施工单位编制周密的调试方案，并经建设单位审核同意方可执行。调试所需材料、辅助机具等准备充分，避免调试中断。

① 参加调试人员应培训合格，并接受现场技术交底。

② 为保证调试连续性，安排足够的调试力量，各专业必须由经验丰富、对工艺流程清楚的人员跟班作业。根据需要做到24h连续作业，随叫随到。

③ 调试中出现的问题要及时解决，必要时，可与设计单位专业技术人员沟通和协商。

④ 调试工作需建设单位、监理单位、设备厂家及施工单位各方密切配合，保证调试工作圆满完成。

（2）单机试运转要求

① 单机调试前需要确认的事项见表2-12。

表2-12 单机调试前需要确认事项

序号	重点提示	具体需要确认的事项
1	动力电源均已接通且满足要求	设备所需动力电源均已接通且满足要求
2	无异物	池体内异物清理干净
3		设备机体内应无异物
4	部件灵活	设备转动部件应转动灵活
5		盘动设备应启闭灵活无卡阻
6	完成满水试验	水池施工完毕，满水/闭水实验合格
7	仪表安装验收合格	试车区域的仪表安装完成并经调校合格
8	安装及二次灌浆达到要求	设备安装符合图纸及规范要求，二次灌浆达到设计强度，基础抹面工作结束
9	管道功能性试验完成	管道安装全部结束，严密性试验（气密性试验，适用于空气管）及强度试验（打压试验，适用污水管、中水管、污泥管等）合格，管道吹扫清洗完成，具备使用条件 电磁流量计，在线温度仪、液位仪等安装及调校完成
10	电气安装结束，符合要求	电气安装全部结束，电机、电气设备的绝缘电阻、接地电阻经测试符合规范要求；热继电器完成整定、变配电系统试运行合格，符合使用要求
11	基础工作完成	保温及防腐等工作基本结束

② 以间歇点动为主，设备启闭自如、无卡阻、无异常振动和声响。

③ 时间以2h为宜，不宜过长。

④ 具体设备的调试内容参考各类设备的安装指导卡片。

⑤ 单机调试的目标：检查设备安装（包括相关电气、控制箱、管道阀门等配套设施的安装）是否符合要求。经检查合格后，进行单机无负荷点动试车，经相关人员确认后进入单机带负荷试车。如果发现问题，应找出原因，现场修复或调换，直到运行完全正常。

⑥ 参加单机调试的人员包括：设计人员、工程人员、调试人员、设备厂家、安装单位、甲方及相关人员。

⑦ 调试过程中应注意做好记录。

（3）联动调试要求

在单机调试符合设计要求的基础上，按设计工艺的顺序和设计参数及生产要求，将所有单体设备和构筑物连续性地依次从头到尾进行清（污）水联动试车。联动试车调试流程按设计图纸进行。联动试车前应具备的外部条件见表 2-13。

表 2-13　联动试车前应具备的外部条件

序号	重点提示	要求
1	厂里具备输水、排水条件	联动试车时，厂外管道及泵站具备输水的条件，污水处理厂的出水管道具备向外排水的能力
2	单机试车完成且通过初步验收	单机试车完成，绝大多数设备通过初步验收。有问题的设备经过检修和更换已合格
3	供电能力满足	供电能力满足联动试车的负荷条件，厂内的各台主变压器应投入运行或部分投入运行，基本满足联动试车的用电负荷
4	人员掌握操作规程、设备性能及调试方法	人员经过充分的培训，各类操作规程已建立。对设备的性能及调试方法已掌握
5	闭水试验合格	在清(污)水试车前已完成构筑物的闭水试验并验收合格方能进入联动调试
6	构筑物、管道内无垃圾及异物	联动调试之前保证构筑物及管道内无垃圾及异物，垃圾及异物应已完全清理完毕
7	设备厂家技术人员在场	设备供货商有技术人员在场
8	连续 3 天运行性能监测	应对主要设备及其部件进行连续 3 天(72h)的运行性能的监测，同时做好运行检测记录。若发现设备性能与原定技术要求有偏离，应要求承包商(或设备生产商)解决，直到符合要求为止

2.2.5　设备安装施工质量目标

设备安装工程质量目标：保证各系统安装工程一次交验合格率 100%。

2.2.6　设备安装工程成品保护

设备成品保护要求见表 2-14。

表 2-14　设备成品保护要求

序号	重点提示	要求
1	运输安装过程中做好保护	在设备运输、安装过程中，应对设备严格保护，不得损坏变形
2		装车运送设备，设备不得直接与车厢接触，应绑扎牢固
3	绳索不得破坏设备表面层	设备安装与设备接触绳索，必须用尼龙带或钢丝绳套胶管垫木块隔离，绳索不得与设备直接接触，对设备表面层保护完好
4	有交叉作业时，用保鲜膜、塑料或苫布进行包裹	设备安装就位后，如设备区域内仍有土建交叉施工，必须用保鲜膜、塑料或苫布进行包裹以免水泥、尘土、水等污染设备
5	螺栓、常拆卸部件涂黄油保护	在腐蚀环境中的地脚螺栓、设备螺栓及经常拆卸的部件，应涂抹黄油保护
6	半成品的不锈钢焊接过程中不得与地面及碳钢材料接触	半成品的不锈钢设备，支吊架在焊接过程中，其设备不得与地面及碳钢设备材料接触，焊接时要用引弧板，防止划伤表面

第三章 环保设备安装调试工艺

知识目标

1. 熟悉各类环保设备的具体安装步骤。
2. 熟悉各类环保设备的安装与调试时应注意的事项。
3. 熟悉各类环保设备选型应考虑的因素。

能力目标

1. 掌握各类环保设备安装调试指导卡片注意细则并能运行相关设备。
2. 能够陈述各类环保设备安装调试流程。

素质目标

1. 通过学习环保设备的安装和调试技术，培养实际操作能力，掌握环保技术，为环境保护事业做出贡献。
2. 通过学习，培养爱岗敬业、乐于奉献的精神。

各类设备的具体安装步骤、单机调试、联动调试及注意事项见各指导卡片。

本章指导卡未描述设备的相关安装工艺按照设备厂家提供的安装手册及相关规范严格执行。

3.1 环保设备安装调试通用规定

3.1.1 图纸会审

项目公司组织各参建单位对各专业图纸、单体图与总图联合交叉会审。

3.1.2 二次深化设计

项目公司及时组织各中标设备供应商配合设计单位进行二次深化设计。

3.1.3 专项方案报审

设备安装涉及的吊装及安装工程如有国家法律法规规定的危险性较大的部分项目工程时，应编制专项施工方案，超过一定规模的应进行专家论证。

3.1.4 技术交底

施工单位的设备安装技术交底要有针对性，并监督执行到位。

3.1.5　土建条件验收

按中标厂家提供的文件进行二次深化设计实施，对土建基础的混凝土强度、预留螺栓孔及预埋件位置、尺寸、标高、材质等进行验收，验收完成后填写《设备基础交接记录》。

3.1.6　到货开箱验收

主要对设备的型号、规格、数量、材质、品牌、外观、资料等按照合同规定进行验收，四方验收后填写《设备开箱验收记录》。

3.1.7　运输通道

根据设备尺寸及现场情况预留运输通道，特别注意运输大型设备时途经的路、桥等的宽度、转弯半径、承载能力及沿途障碍等。

3.1.8　吊装准备

吊装设备所用吊车、起重机应根据吊装设备及构配件的重量，经过严格验算方可投入使用，相关人员须持证上岗，所用吊具、绳索须符合安全要求。

3.1.9　工器具

提前备齐安装所用的起重运输机、汽车吊、叉车、倒链、电焊机、手电钻、扳手、水准仪、水平仪、百分表、千分尺、塞尺、线坠、直尺、量角器、压力表等工具及仪器。

3.1.10　安装辅材

各种垫铁、螺栓、垫片、水泥、砂、石料等材料提前到场。

3.1.11　临水临电

安装所需电源提前引至现场，并配备合格开关箱。临水管路提前接至现场，可以供取水使用。

3.1.12　零部件

对易于混淆的部件和关键零件要做好相应的标识，按照安装工序分类摆放，便于安装。

3.1.13　安全及环保措施

在密闭空间或设备内焊接作业时，应有良好的通风措施，并设专人监护。动火作业时须按要求配置灭火器，严禁雨雪天气进行露天电焊作业。

3.1.14　设备安装

安装过程中施工单位严格落实三检制，监理单位严格执行旁站、巡视、平行检验等职责，严控水平度、垂直度、标高、平面位置等安装偏差，各类设备安装管理要点详见设备安装调试卡。

3.1.15　电路连接

设备的动力电缆、控制电缆要规范施工且安装牢固，穿线软管及锁母使用304不锈钢材质，设备接地安全可靠。

3.1.16　单机调试

运营前期，重点检查现场/远程的启动、停机、限位、故障、过载、保护、复位等情况无异常，各类设备特殊调试技术要点详见设备安装调试卡。

3.1.17　联合试运转

设备能实现在现场、就地、远程观察及操作，且数据一致。带负荷的联合试运转持续时间不低于72h，各设备运行正常、性能指标符合设计要求。

3.1.18　成品保护

设备安装完成后，如设备区域内仍有土建交叉施工，必须用保鲜膜、塑料布或苫布进行包裹，以免水泥、尘土、砂等污染设备，必要时采用木板、钢板等硬防护措施。

3.1.19　常规保养

在腐蚀环境中的地脚螺栓、设备紧固螺栓及经常拆卸的部件，应涂抹黄油保护。

3.2　泵类设备安装调试

3.2.1　潜污泵安装调试指导卡片

1. 基本信息	设备类型	1. 泵类	设备名称	1.1　潜污泵
	设备组成			
	设备主要由泵体、底座、耦合器、提升装置等组成			
2. 安装调试工艺流程	施工准备→定位放线(校验预埋、预留)→泵体安装→电气系统安装→单机调试→联动调试			
3. 施工前准备	(1)开箱验收 设备开箱应由建设单位、监理单位、施工单位及设备厂家共同参加，并填写验收记录。潜污泵及附属零部件的型号、规格、数量应符合设计图纸和合同要求。 (2)验货内容包括 ①附件到货：泵、耦合装置(耦合架、弯管、法兰连接螺栓)、导杆及吊链、导杆保持架、地脚螺栓或化学螺栓； ②产品合格证、安装使用说明书等技术资料应与实物相符。		(3)泵坑布置是否符合设计要求 ①泵坑开口是否满足泵的正常起吊空间； ②泵间距是否符合设计要求。 (4)设备基础 ①是否预留地脚螺栓二次灌浆孔(如配地脚螺栓)； ②基础高度是否合适(泵吸入口距吸入底面是否满足最小要求)； ③检查导杆预埋件尺寸是否符合安装要求； ④设备基础水平度是否满足安装条件。	

续表

<table>
<tr><td>4. 安装</td><td colspan="6">①确定耦合基座位置。将铅锤摆线系在保持架中心处(模拟导杆固定中心位置),保持架与固定侧壁靠牢,放下铅锤,待铅锤相对静止后,调整耦合弯管在基座上的位置,使弯管上的导杆固定,凸台中心与铅锤中心重合,以确保导杆固定后处于垂直状态。
②安装耦合基座。
③安装导杆。
④安装导杆保持架。注:潜水泵导杆间应相互平行,导杆与基础应垂直,导杆中间固定装置的数量不应少于设计及设备技术文件的要求;自动连接处的金属面之间应密封严密。
⑤安装耦合架。
⑥安装泵法兰密封。
⑦用吊车将泵沿导杆缓慢滑下,直到耦合架与耦合弯管法兰面贴合。
⑧固定电缆及链条(或钢丝绳)。
⑨电气安装。
• 主要电气参数,电源:380V±5V,50Hz±1Hz 。
• 按图纸要求穿、敷线,具体参见电控原理图。</td></tr>
<tr><td rowspan="4">5. 安装允许偏差</td><td>项次</td><td colspan="3">项目</td><td>允许偏差/mm</td><td>检验方法</td></tr>
<tr><td>1</td><td rowspan="3">安装基准线</td><td colspan="2">与建筑物轴线距离</td><td>±20</td><td>直尺</td></tr>
<tr><td>2</td><td rowspan="2">与设备</td><td>平面位置</td><td>±20</td><td>直尺</td></tr>
<tr><td>3</td><td>标高</td><td>+20,−10</td><td>直尺</td></tr>
<tr><td>6. 调试</td><td colspan="6">(1)单机调试
①单机调试前应检查:
• 是否按照规定进行电气连接,运行电压不得偏离额定电压的±10%;
• 是否连接了热传感器;
• 密封监测设备是否正确安装;
• 电动机过载开关是否正确设置;
• 泵是否正确地安装在底座上;
• 启、停液位是否正确设置;
• 液位控制开关是否正常工作;
• 所需闸阀(需安装时)是否打开;
• 止回阀(需安装时)是否反应灵敏;
• 泵壳内是否有异物;
• 集水坑内是否有异物;
• 检查泵体油位是否正常;
• 手动盘动叶轮观察转动是否有卡顿、异常声响。
②单机调试内容:
• 检测电气绝缘电阻应符合要求。
• 检查污水泵的耦合器的安装,安装正确且牢固。将每台污水泵吊起后再放下,靠重力自动耦合紧密,没有发现有明显歪斜的情况。
• 点动水泵,观察泵的旋转方向是否正确,观察泵体是否异常振动和有异常声响。
• 用钳形卡表测量空转电流(电流数值误差必须小于额定电流的10%)。
• 手动、自控控制方式、开关在中控室显示是否正确,各项仪表数据读数是否与中控室数据保持一致。
(2)联动调试内容
①测量三项电流;
②通过出口流量计,测量流量是否正常;
③泵是否通过液位计或浮球开关可以自动运行;
④运转过程中是否平稳、是否存在异常声响。</td></tr>
<tr><td>7. 注意事项</td><td colspan="6">①基座与基础间隙处需灌浆填平。
②基座安装需水平,导杆需垂直。
③导杆固定时,内孔须插入锥形体2/3以上,否则须打磨锥形体或导杆开口后焊接。
④导杆过长时(超过8m),导杆需焊接加强筋并增加中间支撑。
⑤电缆须收紧,与吊链分开固定。
⑥吊钩安装需注意方向,视起吊时中心位置而定。
⑦耦合后如发生喷水现象,吊起检查耦合密封是否脱落,并重新耦合。
⑧泵吸入法兰与池底的最小安装高度需保证。
⑨设置停机液位时,必须保证规定的最小淹没深度。
⑩潜水泵导杆间应相互平行,导杆与基础应垂直,导杆中间固定装置的数量不应少于设计及设备技术文件的要求;自动连接处的金属面之间应密封严实。
⑪泵类设备试运转时,应无异常声响,振动速度有效值、轴承温升等应符合设备技术文件的要求和现行国家标准《风机、压缩机、泵安装工程施工及验收规范》(GB 50275)的有关规定。</td></tr>
</table>

3.2.2 轴流泵安装调试指导卡片

<table>
<tr><td>1. 基本信息</td><td><table><tr><td>设备类型</td><td>1. 泵类</td><td>设备名称</td><td>1.2 轴流泵</td></tr><tr><td colspan="4">设备组成</td></tr><tr><td colspan="4">设备主要由泵体、导流筒等组成</td></tr></table></td></tr>
<tr><td>2. 安装调试工艺流程</td><td>施工准备→定位放线(校验预埋、预留)→泵管安装→泵体安装→电气系统安装→单机调试→联动调试</td></tr>
<tr><td>3. 施工前准备</td><td>(1)开箱验收
设备开箱应由建设单位、监理单位、施工单位及设备厂家共同参加，并填写验收记录。设备及附属零部件的型号、规格、数量应符合设计图纸和合同要求。
(2)验货内容包括
①附件到货：泵、井筒及井筒盖(钢制安装)、化学螺栓、电缆网兜、吊链；
②产品合格证、安装使用说明书等技术资料应与实物相符。
(3)泵坑布置是否符合设计要求
①尺寸是否满足要求；
②泵坑开口是否满足泵的正常起吊空间；
③基础高度是否合适(泵吸入口距吸入底面是否满足最小要求)；
④设备基础水平度是否满足安装条件。</td></tr>
<tr><td>4. 安装</td><td>①安装耦合环(混凝土井筒)或安装井筒(钢制)。
②安装吊链挂钩、电缆挂钩及电缆网兜。
③将潜水泵沿井筒放到耦合，主轴轴线安装应垂直，连接应牢固。
④将电缆从井筒盖穿出，安装井筒盖。
⑤收紧并固定电缆及吊链。
⑥电气安装：
• 主要电气参数，电源：380V ± 5V，50Hz ±1Hz；
• 按图纸要求穿、敷线，具体参见电控原理图。</td></tr>
<tr><td>5. 安装允许偏差</td><td><table><tr><td>项次</td><td colspan="2">项目</td><td>允许偏差/mm</td><td>检验方法</td></tr><tr><td>1</td><td colspan="2">设备平面位置</td><td>10</td><td>尺量检查</td></tr><tr><td>2</td><td colspan="2">设备标高</td><td>+20，-10</td><td>水准仪与直尺检查</td></tr><tr><td>3</td><td rowspan="2">设备水平度</td><td>纵向</td><td>0.1L/1000</td><td rowspan="2">水平仪检验</td></tr><tr><td>4</td><td>横向</td><td>0.2L/1000</td></tr><tr><td>5</td><td colspan="2">导杆垂直度</td><td>H/1000，且≤3
(H 是导杆安装的高度)</td><td>线坠与直尺检验</td></tr></table></td></tr>
<tr><td>6. 调试</td><td>(1)单机调试
①单机调试前应检查：
• 是否按照规定进行电气连接，运行电压不得偏离额定电压的±10%；
• 是否连接了热传感器；
• 密封监测设备是否正确安装；
• 电机过载开关是否正确设置；
• 泵是否正确地安装在底座上；
• 启、停液位是否正确设置；
• 液位控制开关是否正常工作；
• 所需闸阀(需安装时)是否打开；
• 止回阀是否反应灵敏；
• 泵壳内是否有异物；
• 集水坑内是否有异物；
• 检查泵体油位是否正常；
• 手动盘动叶轮观察转动是否有卡顿、异常声响。
②单机调试内容：
• 检测电气绝缘电阻应符合要求。
• 检查污水泵的耦合器的安装，安装正确且牢固。将每台污水泵吊起后再放下，靠重力自动耦合紧密，没有发现有明显歪斜的情况。
• 点动水泵，观察泵的旋转方向是否正确，观察泵体是否异常振动和有异常声响。
• 用钳形卡表测量空转电流(电流数值误差必须小于额定电流的10%)。
• 手动、自控控制方式、开关在中控室显示是否正确，电流表等仪表数据读数是否与中控室数据保持一致。
(2)联动调试内容
①测量三项电流；
②通过出口流量计，测量流量是否正常(如有流量计)。
③运转过程中是否平稳、是否存在异常声响。
④联动调试时间不小于72h。</td></tr>
<tr><td>7. 注意事项</td><td>①注意潜水电缆的安装固定不会因设备运转导致电缆缠绕、损坏；
②安装水泵前，须清理井筒及进水流道中的杂物；
③耦合环及泵耦合圆锥表面须清理干净并涂润滑脂；
④吸入喇叭口的导流筋板须与进水水流方向相同；
⑤保证从吸入喇叭口至池底的最小安装高度；
⑥设置水泵停机液位时，必须满足设备的最小淹没深度要求；
⑦泵类设备试运转时，应无异常声响，振动速度有效值、轴承温升等应符合设备技术文件的要求和现行国家标准《风机、压缩机、泵安装工程施工及验收规范》(GB 50275)的有关规定。</td></tr>
</table>

3.2.3 卧式单级双吸离心泵安装调试指导卡片

<table>
<tr><td rowspan="3">1. 基本信息</td><td>设备类型</td><td>1. 泵类</td><td>设备名称</td><td colspan="3">1.3 卧式单级双吸离心泵</td><td rowspan="3"></td></tr>
<tr><td colspan="7">设备组成</td></tr>
<tr><td colspan="7">设备主要由泵体、联轴器、电机、底座组成</td></tr>
<tr><td>2. 安装调试工艺流程</td><td colspan="8">施工准备→定位放线(校验预埋、预留)→泵体安装→电气系统安装→单机调试→联动调试</td></tr>
<tr><td>3. 施工前准备</td><td colspan="8">(1)开箱验收
设备开箱应由建设单位、监理单位、施工单位及设备厂家共同参加,并填写验收记录。设备及附属零部件的型号、规格、数量应符合设计图纸和合同要求。
(2)验货内容包括
①附件到货:泵体、控制设备;
②产品合格证、安装使用说明书等技术资料应与实物相符。
(3)泵坑布置是否符合设计要求
①泵坑开口是否满足泵的正常起吊空间;
②泵间距是否符合要求。
(4)设备基础
①是否预留地脚螺栓二次灌浆孔(如配地脚螺栓);
②基础高度是否合适(泵吸入口与池体预埋套管的位置是否一致);
③设备基础水平度是否满足安装条件。</td></tr>
<tr><td>4. 安装</td><td colspan="8">①初找平:将水泵、电机放在预留有地脚螺栓孔的混凝土基础上,用调整其间的斜垫铁的方法来校正水平,并适当拧紧地脚螺栓,以防移动。
②初找正:校正电机轴与水泵轴的同心度,使两轴成一条直线。
③灌浆:在预留地脚螺栓孔内及基础与泵底脚之间灌注填充混凝土。
④二次找平:待混凝土凝固后,拧紧地脚螺栓,并重新检查水平度。
⑤二次找正:二次找平后,重新校正电机轴与水泵轴的同心度。在连接进出水管路及试运行后再分别校核一遍,仍应符合标准要求。
⑥在检查电动机转向(点动电机)与水泵的转向相一致后,装上联轴器的连接柱销部件及防护罩;驱动机轴与泵轴采用联轴器方式连接时,联轴器组装的端面间隙、径向位移和轴向倾斜应符合设备技术文件的要求和现行国家标准《机械设备安装工程施工及验收通用规范》GB 50231 的有关规定。
⑦管路安装:
• 进口管路:在将管路连接到泵上以前应冲洗进口管路。
• 出口管道:在将管道连接到泵上以前应冲洗出口管道。
• 挠性接头的安装。
⑧电气安装:
• 主要电气参数,电源:380V±5V,50Hz±1Hz;
• 按图纸要求穿、敷线,具体参见电控原理图。</td></tr>
<tr><td rowspan="6">5. 安装允许偏差</td><td>项次</td><td colspan="3">项目</td><td colspan="2">允许偏差/mm</td><td colspan="2">检验方法</td></tr>
<tr><td>1</td><td colspan="3">设备平面位置</td><td colspan="2">1</td><td colspan="2">尺量检查</td></tr>
<tr><td>2</td><td colspan="3">设备标高</td><td colspan="2">1</td><td colspan="2">水准仪与直尺检查</td></tr>
<tr><td>3</td><td colspan="2" rowspan="2">设备水平度</td><td>纵向</td><td colspan="2">0.05</td><td colspan="2" rowspan="2">水平仪检验</td></tr>
<tr><td>4</td><td>横向</td><td colspan="2">0.1</td></tr>
<tr><td>5</td><td colspan="3">联轴器连接</td><td colspan="2">0.05</td><td colspan="2">千分表</td></tr>
<tr><td>6. 调试</td><td colspan="8">(1)单机调试
①单机调试前应检查:
• 是否按照规定进行电气连接,运行电压不得偏离额定电压的±10%;
• 电机过载开关是否正确设置;
• 泵机是否正确地安装在底座上;
• 启、停液位是否正确设置;
• 所需闸阀(需安装时)是否打开;
• 止回阀(需安装时)是否反应灵敏;
• 泵壳内是否有异物;
• 检查泵体油位是否正常;
• 手动盘动联轴器观察转动是否有卡顿、异常声响。
②单机调试内容:
• 检测电气绝缘电阻应符合要求;
• 点动水泵,观察泵的旋转方向是否正确;
• 经 1h 运转过程中是否平稳、是否存在异常声响;
• 用钳形卡表测量空转电流(电流数值误差必须小于额定电流的 10%);
• 手动、自控控制方式、开关在中控室显示是否正确,电流表等仪表数据读数是否与中控室数据保持一致。
(2)联动调试内容
①测量三项电流;
②通过出口流量计,测量流量是否正常;
③泵是否通过液位计或浮球开关可以自动运行;
④运转过程中是否平稳、是否存在异常声响;
⑤联动调试时间不小于 72h。</td></tr>
<tr><td>7. 注意事项</td><td colspan="8">①管路内部和管端应清洗干净,密封面和螺纹不应损坏,相互连接的法兰端面或螺纹轴心线应平行、对中,不应强行连接;
②安装设备时注意设备的进、出口方向保证正确;
③联轴器组装的端面间隙、径向位移和轴向倾斜应符合设备技术文件的要求和现行国家标准《机械设备安装工程施工及验收通用规范》(GB 50231)要求;
④泵类设备试运转时,应无异常声响,振动速度有效值、轴承温升等应符合设备技术文件的要求和现行国家标准《风机、压缩机、泵安装工程施工及验收规范》(GB 50275)的有关规定;
⑤进、出口配置的成对法兰安装应垂直。</td></tr>
</table>

3.2.4 立式单级离心泵安装调试指导卡片

<table>
<tr><td rowspan="3">1. 基本信息</td><td>设备类型</td><td>1. 泵类</td><td>设备名称</td><td>1.4 立式单级离心泵</td><td rowspan="3"></td></tr>
<tr><td colspan="4">设备组成</td></tr>
<tr><td colspan="4">设备主要由泵体、泵盖、带输出轴的电动机，在单级离心泵泵体内装设的泵轴、轴承座、叶轮、机械密封和机封压盖组成</td></tr>
<tr><td>2. 安装调试工艺流程</td><td colspan="5">施工准备→定位放线(校验预埋、预留)→泵体安装→电气系统安装→单机调试→联动调试</td></tr>
<tr><td>3. 施工前准备</td><td colspan="5">(1)开箱验收
设备开箱应由建设单位、监理单位、施工单位及设备厂家共同参加，并填写验收记录。设备及附属零部件的型号、规格、数量应符合设计图纸和合同要求。
(2)验货内容包括
①附件到货：泵体、控制设备；
②产品合格证、安装使用说明书等技术资料应与实物相符。
(3)泵坑布置是否符合设计要求
①泵空间是否满足泵的正常起吊空间；
②泵间距是否符合要求。
(4)设备基础
①是否预留地脚螺栓二次灌浆孔(如配地脚螺栓)；
②基础高度是否合适(是否满足泵进出口安装尺寸)；
③设备基础水平度是否满足安装条件。</td></tr>
<tr><td>4. 安装</td><td colspan="5">①水泵基础高出地面的高度应便于水泵安装，且不应小于0.1m。
②进行设备吊运安装，准确就位于已经做好的设备基础上，然后穿上地脚螺栓并带螺母，底座底下放置垫铁，以水平尺初步找平，地脚螺栓内灌混凝土。
③待混凝土凝固期满进行精平并拧紧地脚螺栓，基础表面打毛，水冲洗后以水泥砂浆抹平。
④管路安装。
⑤电气安装：
• 主要电气参数，电源：380V ± 5V，50Hz ±1Hz；
• 按图纸要求穿、敷线，具体参见电控原理图。</td></tr>
<tr><td rowspan="3">5. 安装允许偏差</td><td>项次</td><td>项目</td><td>允许偏差/mm</td><td colspan="2">检验方法</td></tr>
<tr><td>1</td><td>设备平面位置</td><td>1</td><td colspan="2">尺量检查</td></tr>
<tr><td>2</td><td>设备标高</td><td>1</td><td colspan="2">水准仪与直尺检查</td></tr>
<tr><td>6. 调试</td><td colspan="5">(1)单机调试
①单机调试前应检查：
• 是否按照规定进行电气连接，运行电压不得偏离额定电压的±10%；
• 泵是否正确地安装在底座上；
• 所需闸阀(需安装时)是否打开；
• 止回阀(需安装时)是否反应灵敏；
• 泵壳内是否有异物；
• 集水坑内是否有异物；
• 检查泵体油位是否正常；
• 手动盘动联轴器观察转动是否有卡顿、异常声响。
②单机调试内容：
• 检测电气绝缘电阻应符合要求；
• 点动水泵，观察泵的旋转方向是否正确；
• 用钳形卡表测量空转电流(电流数值误差必须小于额定电流的10%)；
• 手动、自控控制方式、开关在中控室显示是否正确，电流表等仪表数据读数是否与中控室数据保持一致。
(2)联动调试内容
①测量三项电流；
②通过出口流量计，测量流量是否正常；
③运转过程中是否平稳、是否存在异常声响；
④联动调试时间不小于72h。</td></tr>
<tr><td>7. 注意事项</td><td colspan="5">①安装设备时注意设备的进、出口方向保证正确。
②设备试运转时，应无异常声响，振动速度有效值、轴承温升等应符合设备技术文件的要求和现行国家标准《风机、压缩机、泵安装工程施工及验收规范》(GB 50275)的有关规定。
③进、出口配置的成对法兰安装应垂直。</td></tr>
</table>

3.2.5 螺杆泵安装调试指导卡片

1. 基本信息	设备类型	1. 泵类	设备名称	1.5 螺杆泵
	设备组成			
	设备主要由定子、转子、电动机、底座等组成			

2. 安装调试工艺流程	施工准备→定位放线(校验预埋、预留)→泵体安装→电气系统安装→单机调试→联动调试
3. 施工前准备	(1)开箱验收 设备开箱应由建设单位、监理单位、施工单位及设备厂家共同参加,并填写验收记录。设备及附属零部件的型号、规格、数量应符合设计图纸和合同要求。 (2)验货内容包括 ①附件到货:泵、控制设备; ②产品合格证、安装使用说明书等技术资料应与实物相符。 (3)设备基础 ①预留预埋件和螺栓数量及尺寸是否正确; ②基础高度是否合适(是否满足泵进、出口安装尺寸); ③设备基础水平度是否满足安装条件。
4. 安装	①水泵基础高出地面的高度应便于水泵安装,且不应小于0.1m; ②进行设备吊运安装,准确就位于已经做好的设备基础上,然后穿上地脚螺栓并带螺母,底座底下放置垫铁,以水平尺初步找平,地脚螺栓内灌混凝土; ③待混凝土凝固期满进行精平并拧紧地脚螺栓,基础表面打毛,水冲洗后以水泥砂浆抹平; ④管路安装; ⑤电气安装 • 主要电气参数,电源:380V±5V,50Hz±1Hz; • 按图纸要求穿、敷线,具体参见电控原理图。

5. 安装允许偏差

项次	项目	允许偏差/mm	检验方法
1	设备平面位置	1	尺量检查
2	设备标高	1	水准仪与直尺检查

6. 调试	(1)单机调试 ①单机调试前应检查: • 是否按照规定进行电气连接,运行电压不得偏离额定电压的±10%; • 是否连接了热传感器; • 电机过载开关是否正确设置; • 泵是否正确地安装在底座上; • 所需闸阀(需安装时)是否打开; • 泵壳内是否有异物; • 药箱内液位是否满足启动条件(加药用); • 检查泵体油位是否正常。 ②单机调试内容: • 检测电气绝缘电阻应符合要求; • 点动水泵,观察泵的旋转方向是否正确; • 用钳形卡表测量空转电流(电流数值误差必须小于额定电流的10%); • 手动、自控控制方式、开关在中控室显示是否正确,电流表等仪表数据读数是否与中控室数据保持一致。 (2)联动调试内容 ①测量三项电流; ②通过出口流量计,测量流量是否正常; ③泵是否通过液位计或浮球开关可以自动运行; ④调量试运转应在进口和出口管路阀门全开,逐渐加大或缩小行程长度,直至调到100%的相对行程长度后,运转0.5h应无异常声响和振动,行程调节应平稳,调节手轮应牢固; ⑤观察运转过程中是否平稳、是否存在异常声响; ⑥联动调试时间不小于72h。
7. 注意事项	(1)泵的安装 ①泵的出口离障碍物的距离不得小于1.5倍定子的长度,并与短管连接,以便维修。 ②靠近泵的进出口段,管线敷设应尽量避免转直角增大阻力,确实需要转直角时则应加大转弯半径。 ③泵在基础上找平找正后,二次灌浆。待二次灌浆的强度后,拧紧地脚螺栓。 ④安装设备时注意设备的进出口方向保证正确。 (2)管道的安装 ①进出口管接口的管径应与泵的进出口直径一致; ②管道安装前,必须严格清除管内的一切杂物,特别是焊渣; ③管路必须有自己的支架,泵体不能承受管路重力; ④进出口管路的各处法兰都必须加密封垫密封,使进出口不得漏气,出口管不得漏液。 (3)设备试运转 设备试运转时,应无异常声响,振动速度有效值、轴承温升等应符合设备技术文件的要求和现行国家标准《风机、压缩机、泵安装工程施工及验收规范》(GB 50275)的有关规定。 (4)联轴器组装 联轴器组装的端面间隙、径向位移和轴向倾斜应符合设备技术文件的要求和现行国家标准《机械设备安装工程施工及验收通用规范》GB 50231要求。 (5)法兰安装 进、出口配置的成对法兰安装应垂直。

3.2.6 隔膜泵安装调试指导卡片

1. 基本信息	设备类型	1. 泵类	设备名称	1.6　隔膜泵
	设备组成			
	隔膜泵结构：主要由动力驱动、流体输送和调节控制三部分组成。动力驱动装置由机械联杆系统带动流体输送隔膜实现往复运动			

2. 安装调试工艺流程	施工准备→定位放线(校验预埋、预留)→泵体安装→电气系统安装→单机调试→联动调试
3. 施工前准备	(1)开箱验收 设备开箱应由建设单位、监理单位、施工单位及设备厂家共同参加，并填写验收记录。设备及附属零部件的型号、规格、数量应符合设计图纸和合同要求。 (2)验货内容包括 ①附件到货：泵、控制设备； ②产品合格证、安装使用说明书等技术资料应与实物相符。 (3)设备基础 ①预留预埋件及螺栓数量及尺寸是否正确； ②基础高度是否合适(是否满足泵进出口安装尺寸)； ③设备基础水平度是否满足安装条件。
4. 安装	①泵的安装：将泵安装在基础上，将泵以水平状态校正。 ②泵管的安装：根据设计要求安装进出口管路及配套附件。 ③电气安装： • 主要电气参数，电源：380V ± 5V，50Hz ±1Hz。 • 按图纸要求穿、敷线，具体参见电控原理图。

5. 安装允许偏差

项次	项目	允许偏差/mm	检验方法
1	设备平面位置	1	尺量检查
2	设备标高	1	水准仪与直尺检查

6. 调试	(1)单机调试 ①单机调试前应检查： • 是否按照规定进行电气连接，运行电压不得偏离额定电压的±10%； • 电机过载开关是否正确设置； • 泵是否正确地安装在底座上； • 启、停液位是否正确设置； • 液位控制开关是否正常工作； • 所需闸阀(需安装时)是否打开； • 止回阀、泄压阀、阻尼器(需安装时)是否反应灵敏； • 检查泵体油位是否正常； • 泵壳内是否有异物； • 药箱内液位是否满足启动条件 ②单机调试内容： • 检测电气绝缘电阻应符合要求； • 电动泵，观察泵的旋转方向是否正确； • 手动、自控控制方式、开关在中控室显示是否正确，电流表等仪表数据读数是否与中控室数据保持一致。 (2)联动调试内容 ①测量三相电流。 ②通过出口流量计，测量流量是否正常。 ③泵是否通过液位计或浮球开关可以自动运行。 ④调量试运转应在进口和出口管路阀门全开，逐渐加大或缩小行程长度，直至调到100%的相对行程长度后，运转0.5h应无异常声响和振动，行程调节应平稳，调节手轮应牢固。 ⑤升压试运转应在额定泵速、最大行程长度下，排出压力从常压逐渐升压至额定排出压力；额定排出压力超过5MPa的泵，应按额定排出压力的25%、50%、75%、100%逐级升压，在每一级排出压力下，运转时间不应少于15min；在额定排出压力下应连续运转1h；前一压力级运转未合格，不得进行后一压力级的试运转；排出压力为1～5MPa的泵，在1MPa时运转0.5h后，可升压至额定压力下试运转1h；排出压力低于1MPa的泵，在常压运转0.5h后，可直接升至额定排出压力下试运转1h。 ⑥运转过程中是否平稳、是否存在异常声响。 ⑦联动调试时间不小于72h。
7. 注意事项	①安装吸入管路时需要注意的事项： • 保持吸入管路越短越好，避免管路缠绕； • 在必要情况下，尽量采用大弯避免管路折角； • 避免管路形成回路，回路可能产生气泡。 ②设备试运转时，应无异常声响，振动速度有效值、轴承温升等应符合设备技术文件的要求和现行国家标准《风机、压缩机、泵安装工程施工及验收规范》GB 50275的有关规定。

3.2.7 推流泵安装调试指导卡片

<table>
<tr><td rowspan="3">1. 基本信息</td><td>设备类型</td><td>1. 泵类</td><td>设备名称</td><td colspan="3">1.7　螺旋桨泵</td></tr>
<tr><td colspan="6">设备组成</td></tr>
<tr><td colspan="6">设备主要由电动机、导流罩、叶轮、底座、导杆、提升装置组成</td></tr>
<tr><td>2. 安装调试工艺流程</td><td colspan="6">施工准备→定位放线(校验预埋、预留)→导轨安装→泵体安装→电气系统安装→单机调试→联动调试</td></tr>
<tr><td>3. 施工前准备</td><td colspan="6">(1)开箱验收
设备开箱应由建设单位、监理单位、施工单位及设备厂家共同参加,并填写验收记录。设备及附属零部件的型号、规格、数量应符合设计图纸和合同要求。
(2)验货内容包括
①附件到货:推流泵主机、钢丝绳及绞盘、电缆夹、安装附件(导杆、耦合法兰、吊架等)、控制设备;
②产品合格证、安装使用说明书等技术资料应与实物相符。
(3)设备基础
①预留预埋件和螺栓数量及尺寸是否正确;
②设备基础水平度是否满足安装条件。</td></tr>
<tr><td>4. 安装</td><td colspan="6">①耦合法兰焊接在穿墙管上;
②将导轨下支架固定在耦合法兰上;
③在导轨支架垂直正上方安装导轨上固定架(不需拧紧);
④确定导杆长度并安装导杆;
⑤紧固导杆上固定架;
⑥组装并安装吊架(位置合适);
⑦将泵体吊装至固定支架上,螺旋泵与导流槽间隙应符合设计文件的要求,允许偏差应为±2mm。
⑧固定钢丝绳及电缆;
⑨电气安装:
• 主要电气参数,电源:380V±5V,50Hz±1Hz;
• 按图纸要求穿、敷线,具体参见电控原理图。</td></tr>
<tr><td rowspan="5">5. 安装允许偏差</td><td>项次</td><td colspan="2">项目</td><td>允许偏差/mm</td><td colspan="2">检验方法</td></tr>
<tr><td>1</td><td rowspan="3">安装基准度</td><td>与建筑物轴线距离</td><td>±10</td><td colspan="2">尺量检查</td></tr>
<tr><td>2</td><td>与设备平面位置</td><td>±5</td><td colspan="2">仪器检验</td></tr>
<tr><td>3</td><td>与设备标高</td><td>±5</td><td colspan="2">仪器检验</td></tr>
<tr><td>4</td><td>导杆垂直度</td><td>纵向</td><td>$H/1000$,且≤3</td><td colspan="2">线坠与直尺检验</td></tr>
<tr><td>6. 调试</td><td colspan="6">(1)单机调试
①单机调试前应检查:
• 是否按照规定进行电气连接,运行电压不得偏离额定电压的±10%;
• 是否连接了热传感器;
• 密封监测设备是否正确安装;
• 电机过载开关是否正确设置;
• 泵是否正确地安装在底座上;
• 所需闸阀(需安装时)是否打开;
• 止回阀(需安装时)是否反应灵敏;
• 池内是否有异物;
• 设备提升装置是否可以正常升降,是否有卡顿;
• 检查泵体油位是否正常;
• 手动盘动叶轮观察转动是否有卡顿、异常声响;
②单机调试内容:
• 检测电气绝缘电阻应符合要求;
• 点动水泵,观察泵的旋转方向是否正确;
• 经 1h 运转过程中是否平稳、是否存在异常声响;
• 用钳形卡表测量空转电流(电流数值误差必须小于额定电流的 10%);
• 手动、自控控制方式、开关在中控室显示是否正确,电流表等仪表数据读数是否与中控室数据保持一致。
(2)联动调试内容
①测量三项电流;
②运转过程中是否平稳、是否存在异常声响;
③联动调试时间不小于 72h。</td></tr>
<tr><td>7. 注意事项</td><td colspan="6">①耦合法兰焊接时,法兰孔须沿法兰垂直中心线两侧均布;
②保证耦合法兰及导杆垂直;
③固定电缆时,要保证电缆不会被旋转的叶轮缠绕和不会被拉紧受力(处于微收紧状态);
④设备耦合后,吊绳或吊链不应该再承受任何张力但应处于微收紧状态;
⑤保证设备可自由沿导杆耦合及起吊;
⑥设备试运转时,应无异常声响,振动速度有效值、轴承温升等应符合设备技术文件的要求和现行国家标准《风机、压缩机、泵安装工程施工及验收规范》GB 50275 的有关规定;
⑦螺旋泵与导流槽间隙应符合设计文件的要求,允许偏差应为±2mm。</td></tr>
</table>

3.3 搅拌推流设备安装调试

3.3.1 搅拌机安装调试指导卡片

<table>
<tr><td rowspan="3">1. 基本信息</td><td>设备类型</td><td>2. 搅拌设备</td><td>设备名称</td><td colspan="2">2.1 折桨式搅拌机</td></tr>
<tr><td colspan="5">设备组成</td></tr>
<tr><td colspan="5">整套搅拌机主要包括电动机、减速机、机架、轴、搅拌器、联轴器、中间轴承或底轴承</td></tr>
<tr><td>2. 安装调试工艺流程</td><td colspan="5">施工准备→定位放线(校验预埋、预留)→搅拌机的安装→电气系统安装→单机调试→联动调试</td></tr>
<tr><td>3. 施工前准备</td><td colspan="5">(1)开箱验收
设备开箱应由建设单位、监理单位、施工单位及设备厂家共同参加,并填写验收记录。设备及附属零部件的型号、规格、数量应符合设计图纸和合同要求。
(2)验货内容包括
①附件到货:搅拌机安装附件(导杆、耦合法兰、吊架等)、控制设备;
②产品合格证、安装使用说明书等技术资料应与实物相符。
(3)现场是否具备施工条件
①设备基础和地面预埋件数量及位置是否准确;
②池底清洁干燥;
③有足够的安装施工空间;
④设备基础水平度是否满足安装条件。</td></tr>
<tr><td>4. 安装</td><td colspan="5">(1)设备就位
①根据机架底部连接尺寸确定就位尺寸,采用水平仪调校各部件的基准面(机架为上端面)使之水平,机(支架)与预埋件之间采用焊接或螺栓连接牢固;
②按总装图及现场条件,设备就位时,应按顺序逐个进行,即机架—中间轴承或底轴承—传动轴—减速机—搅拌轴—搅拌器
(2)设备安装
①设备安装应在设备就位完成后才能进行;
②设备安装的顺序应与设备就位的顺序一致。
(3)电气安装
主要电气参数,电源:380V±5V,50Hz±1Hz</td></tr>
<tr><td rowspan="6">5. 安装允许偏差</td><td>项次</td><td colspan="2">项目</td><td>允许偏差/mm</td><td>检验方法</td></tr>
<tr><td>1</td><td rowspan="5">安装基准度</td><td>设备水平位置</td><td>10</td><td>尺量检查</td></tr>
<tr><td>2</td><td>设备标高</td><td>±10</td><td>水准仪与直尺</td></tr>
<tr><td>3</td><td>搅拌机外缘与池壁间隙</td><td>±5</td><td>尺量检查</td></tr>
<tr><td>4</td><td>垂直搅拌轴垂直度</td><td>$H/1000$,且≤3</td><td>线坠与直尺或百分表检查</td></tr>
<tr><td>5</td><td>水平搅拌轴水平度</td><td>$L/1000$,且≤3</td><td>直尺与直尺或百分表检查</td></tr>
<tr><td>6. 调试</td><td colspan="5">(1)单机调试
①单机调试前应检查:
• 是否按照规定进行电气连接,运行电压不得偏离额定电压的±10%;
• 池内是否有异物;
• 检查设备油位是否正常;
• 手动盘动叶轮观察转动是否有卡顿、异常声响。
②单机调试内容:
• 检测电气绝缘电阻应符合要求;
• 点动设备,观察设备的旋转方向是否正确;
• 经1h运转过程中是否平稳、是否存在异常声响;
• 用钳形卡表测量空转电流(电流数值误差必须小于额定电流的10%);
• 手动、自控控制方式、开关在中控室显示是否正确,电流表等仪表数据读数是否与中控室数据保持一致。
(2)联动调试内容
①测量三项电流;
②运转过程中是否平稳、是否存在异常声响;
③联动调试时间不小于72h。</td></tr>
<tr><td>7. 注意事项</td><td colspan="5">①搅拌叶轮安装时注意对称设置,以保证运转时受力均匀,且注意不发生任何碰撞。
②安装设备时注意设备的正确安装方向,保持并列的设备朝向一致,其中接线盒方向要朝向便于维修的方向。</td></tr>
</table>

3.3.2 潜水搅拌器安装调试指导卡片

<table>
<tr><td rowspan="3">1. 基本信息</td><td>设备类型</td><td>2. 搅拌推流设备</td><td>设备名称</td><td>2.2　潜水搅拌器</td></tr>
<tr><td colspan="4">设备组成</td></tr>
<tr><td colspan="4">设备主要由电机、叶轮、底座、导杆、提升装置组成</td></tr>
<tr><td>2. 安装调试工艺流程</td><td colspan="4">施工准备→定位放线(校验预埋、预留)→导杆安装→潜水搅拌器安装→电气系统安装→单机调试→联动调试</td></tr>
<tr><td>3. 施工前准备</td><td colspan="4">(1)开箱验收
设备开箱应由建设单位、监理单位、施工单位及设备厂家共同参加,并填写验收记录。设备及附属零部件的型号、规格、数量应符合设计图纸和合同要求。
(2)验货内容包括
①附件到货:潜水搅拌器、导杆、横支撑、底部及侧壁支撑、上支撑含转角结构、吊架、钢丝绳及绞盘、电缆夹、化学螺栓;
②产品合格证、安装使用说明书等技术资料应与实物相符。
(3)设备基础
①设备基础及墙面预埋件数量及位置是否准确;
②设备基础水平度是否满足安装条件。</td></tr>
<tr><td>4. 安装</td><td colspan="4">①固定(可调式)或焊接(焊接式)中间支撑;
②确定导杆具体安装位置(沿池边位置及距池壁位置);
③安装池底支撑;
④安装中间支撑(如包含);
⑤安装上支撑;
⑥组装吊架;
⑦安装绞盘;
⑧安装设备;
⑨电气安装:
• 主要电气参数,电源:380V±5V,50Hz±1Hz 。
• 按图纸要求穿、敷线,具体参见电控原理图。</td></tr>
<tr><td rowspan="5">5. 安装允许偏差</td><td>项次</td><td>项目</td><td>允许偏差/mm</td><td>检验方法</td></tr>
<tr><td>1</td><td>设备平面位置</td><td>10</td><td>尺量检查</td></tr>
<tr><td>2</td><td>设备标高</td><td>±10</td><td>水准仪与直尺检查</td></tr>
<tr><td>3</td><td>设备安装角</td><td>1°</td><td>量角器与线坠检查</td></tr>
<tr><td>4</td><td>导杆垂直度</td><td>H/1000,且≤3</td><td>线坠与直尺检验</td></tr>
<tr><td>6. 调试</td><td colspan="4">(1)单机调试
①单机调试前应检查:
• 是否按照规定进行电气连接,运行电压不得偏离额定电压的±10%;
• 是否连接了热传感器;
• 密封监测设备是否正确安装;
• 电机过载开关是否正确设置;
• 潜水搅拌器是否正确地安装在底座上;
• 集水坑内是否有异物;
• 升降导轨应垂直、固定牢固、沿导轨升降顺畅,锁紧装置应可靠;
• 检查设备油位是否正常;
• 手动盘动叶轮观察转动是否有卡顿、异常声响;
②单机调试内容:
• 检测电气绝缘电阻应符合要求;
• 点动推流器,观察叶轮的旋转方向是否正确;
• 经 1h 运转过程中是否平稳、是否存在异常声响;
• 用钳形卡表测量空转电流(电流数值误差必须小于额定电流的10%);
• 手动、自控控制方式、开关在中控室显示是否正确,电流表等仪表数据读数是否与中控室数据保持一致。
(2)联动调试内容
①测量三项电流;
②运转过程中是否平稳、是否存在异常声响;
③联动调试时间不小于72h。</td></tr>
<tr><td>7. 注意事项</td><td colspan="4">①尽量保证导杆垂直;
②导杆与池底及侧壁的固定部位间隙适中,既转动灵活,又不能因间隙过大而晃动;
③吊臂角度调整适中,确保设备可正常起吊;
④搅拌器可在允许的转角范围内自由调整;
⑤绞盘与安装板需匹配;
⑥电缆须用电缆夹收紧;
⑦起吊钢丝绳处于微收紧状态;
⑧混凝土基座与池底的空隙需灌浆填平(速凝水泥);
⑨化学螺栓须严格按安装规范安装,只有达到固化时间后,方可安装并拧紧螺母及垫圈;
⑩基座须保持水平,沿水流方向与走道板垂直;
⑪升降导轨应垂直、固定牢固、沿导轨升降顺畅,锁紧装置应可靠;
⑫设备试运转时应运行平稳,无卡阻、无异响或异常震动等现象;
⑬设备及附件的防腐应符合设计文件的要求。</td></tr>
</table>

3.3.3 推流器安装调试指导卡片

<table>
<tr><td rowspan="3">1. 基本信息</td><td>设备类型</td><td>2. 搅拌推流设备</td><td>设备名称</td><td colspan="2">2.3　低速潜水推流器</td></tr>
<tr><td colspan="5">设备组成</td></tr>
<tr><td colspan="5">设备主要由电动机、叶轮、底座、导杆、提升装置组成</td></tr>
<tr><td>2. 安装调试工艺流程</td><td colspan="5">施工准备→定位放线(校验预埋、预留)→导杆安装→潜水搅拌器安装→电气系统安装→单机调试→联动调试</td></tr>
<tr><td>3. 施工前准备</td><td colspan="5">(1)开箱验收
设备开箱应由建设单位、监理单位、施工单位及设备厂家共同参加，并填写验收记录。设备及附属零部件的型号、规格、数量应符合设计图纸和合同要求。
(2)验货内容包括
①附件到货：导杆、底座、吊架、化学螺栓、钢丝绳及绞盘、电缆夹等；
②产品合格证、安装使用说明书等技术资料应与实物相符。
(3)设备基础
①设备基础和墙面预埋件数量及位置是否准确；
②设备基础水平度是否满足安装条件。</td></tr>
<tr><td>4. 安装</td><td colspan="5">①安装(混凝土)基座；
②确定导杆长度并钻孔；
③将保持架安装到导杆上；
④将楔形块焊接到导杆上；
⑤安装导杆；
⑥安装固定保持架；
⑦组装并安装吊架(包括安装绞盘)；
⑧固定钢丝绳；
⑨耦合推流器；
⑩电气安装：
• 主要电气参数：电源：380V±5V，50Hz±1Hz；
• 按图纸要求穿、敷线，具体参见电控原理图。</td></tr>
<tr><td rowspan="5">5. 安装允许偏差</td><td>项次</td><td>项目</td><td>允许偏差/mm</td><td colspan="2">检验方法</td></tr>
<tr><td>1</td><td>设备平面位置</td><td>10</td><td colspan="2">尺量检查</td></tr>
<tr><td>2</td><td>设备标高</td><td>±10</td><td colspan="2">水准仪与直尺检查</td></tr>
<tr><td>3</td><td>设备安装角</td><td>1°</td><td colspan="2">量角器与线坠检查</td></tr>
<tr><td>4</td><td>导杆垂直度</td><td>$H/1000$，且≤3</td><td colspan="2">线坠与直尺检验</td></tr>
<tr><td>6. 调试</td><td colspan="5">(1)单机调试
①单机调试前应检查：
• 是否按照规定进行电气连接，运行电压不得偏离额定电压的±10%；
• 是否连接了热传感器；
• 密封监测设备是否正确安装；
• 电机过载开关是否正确设置；
• 推流器是否正确地安装在底座上；
• 池内是否有异物；
• 设备提升装置是否可以正常升降；
• 检查设备油位是否正常；
• 手动盘动叶轮观察转动是否有卡顿、异常声响；
②单机调试内容：
• 检测电气绝缘电阻应符合要求；
• 点动推流器，观察叶轮的旋转方向是否正确；
• 经1h运转过程中是否平稳、是否存在异常声响；
• 用钳形卡表测量空转电流(电流数值误差必须小于额定电流的10%)；
• 手动、自控控制方式、开关在中控室显示是否正确，电流表等仪表数据读数是否与中控室数据保持一致。
(2)联动调试内容
①测量三项电流；
②运转过程中是否平稳、是否存在异常声响；
③联动调试时间不小于72h。</td></tr>
<tr><td>7. 注意事项</td><td colspan="5">①尽量保证导杆垂直；
②导杆与池底及侧壁的固定部位间隙适中，既转动灵活，又不能因间隙过大而晃动；
③吊臂角度调整适中，确保设备可正常起吊；
④搅拌器可在允许的转角范围内自由调整；
⑤绞盘与安装板需匹配；
⑥电缆须用电缆夹收紧；
⑦起吊钢丝绳处于微收紧状态；
⑧混凝土基座与池底的空隙需灌浆填平(速凝水泥)；
⑨化学螺栓须严格按安装规范安装，只有达到固化时间后，方可安装并拧紧螺母及垫圈；
⑩基座须保持水平，沿水流方向与走道板垂直；
⑪升降导轨应垂直、固定牢固、沿导轨升降顺畅，锁紧装置应可靠；
⑫设备试运转时应运行平稳，无卡阻、无异响或异常震动等现象；
⑬设备及附件的防腐应符合设计文件的要求。</td></tr>
</table>

3.3.4　双曲面搅拌机安装调试指导卡片

<table>
<tr><td rowspan="3">1. 基本信息</td><td>设备类型</td><td>2. 搅拌推流设备</td><td>设备名称</td><td>2.4　双曲面搅拌机</td><td rowspan="3"></td></tr>
<tr><td colspan="4">设备组成</td></tr>
<tr><td colspan="4">双曲面搅拌机由减速电机、减震座、搅拌轴、双曲面叶轮、电控箱、桥架等组成</td></tr>
<tr><td>2. 安装调试工艺流程</td><td colspan="5">施工准备→定位放线(校验预埋、预留)→导杆安装→双曲面搅拌机安装→电气系统安装→单机调试→联动调试</td></tr>
<tr><td>3. 施工前准备</td><td colspan="5">(1)开箱验收
设备开箱应由建设单位、监理单位、施工单位及设备厂家共同参加,并填写验收记录。设备及附属零部件的型号、规格、数量应符合设计图纸和合同要求。
(2)验货内容包括
①附件到货:双曲面搅拌机、减震座、搅拌轴、双曲面叶轮、电控箱、桥架、螺栓等配件;
②产品合格证、安装使用说明书等技术资料应与实物相符。
(3)设备基础
①设备基础预埋件数量及位置是否准确;
②设备基础水平度是否满足安装条件。</td></tr>
<tr><td>4. 安装</td><td colspan="5">①桥架应校正水平,桥架立柱应校正垂直。地脚螺栓及连接部位应坚固可靠;
②将减震座平放在桥架规定位置,校正水平后与桥架连接固定;
③减速电机安装在减震座上,并连接固定;
④将叶轮与搅拌轴法兰用螺栓连接并紧固;
⑤将叶轮与搅拌轴放入池内,搅拌轴与减速机输出轴连接并紧固;
⑥搅拌机安装后,搅拌轴须与水平面垂直。垂直偏差小于1/1000,且不超过5mm;
⑦安装完毕后,拆下电机尾罩。搅拌轴摆动偏差应小于3/1000;
⑧电气安装:
主要电气参数,电源:380V±5V,50Hz±1Hz;</td></tr>
<tr><td rowspan="4">5. 安装允许偏差</td><td>项次</td><td>项目</td><td>允许偏差/mm</td><td colspan="2">检验方法</td></tr>
<tr><td>1</td><td>设备平面位置</td><td>10</td><td colspan="2">尺量检查</td></tr>
<tr><td>2</td><td>设备标高</td><td>10</td><td colspan="2">水准仪与直尺检查</td></tr>
<tr><td>3</td><td>导杆垂直度</td><td>$H/1000$,且≤3</td><td colspan="2">线坠与直尺检验</td></tr>
<tr><td>6. 调试</td><td colspan="5">(1)单机调试
①单机调试前应检查:
• 是否按照规定进行电气连接,运行电压不得偏离额定电压的±10%;
• 电机过载开关是否正确设置;
• 池内是否有异物;
• 检查设备油位是否正常;
• 手动盘动叶轮观察转动是否有卡顿、异常声响;
②单机调试内容:
• 检测电气绝缘电阻应符合要求;
• 点动双曲面搅拌机,观察叶轮的旋转方向是否正确;
• 经1h运转过程中是否平稳、是否存在异常声响;
• 用钳形卡表测量空转电流(电流数值误差必须小于额定电流的10%);
• 手动、自控控制方式、开关在中控室显示是否正确,电流表等仪表数据读数是否与中控室数据保持一致。
(2)联动调试内容
①测量三项电流;
②运转过程中是否平稳、是否存在异常声响;
③联动调试时间不小于72h。</td></tr>
<tr><td>7. 注意事项</td><td colspan="5">①叶轮离池底的最小工作距离应≤300mm,且池底平整、结实,池内无建筑垃圾;
②无论何种安装方式,应注意水下电缆要固定好,防止磨损;
③安装设备时注意设备的正确安装方向,保持并列的设备朝向一致,其中接线盒方向要朝向便于维修的方向;
④设备试运转时应运行平稳,无卡阻、无异响或异常震动等现象;
⑤设备及附件的防腐应符合设计文件的要求。</td></tr>
</table>

3.4 曝气设备安装调试

3.4.1 盘式曝气器安装调试指导卡片

1. 基本信息	设备类型：4. 曝气设备；设备名称：4.1 盘式曝气器 设备组成 曝气系统包括池底分配管道及支架、池底布气管道及支架、曝气器、冷凝脱水管道等
2. 安装调试工艺流程	施工准备→技术交底→复核土建预留孔、预埋件尺寸→空气竖管安装→空气支管安装→微孔曝气器安装→微孔曝气系统调试→竣工验收
3. 施工前准备	(1)开箱验收 设备开箱应由建设单位、监理单位、施工单位及设备厂家共同参加，并填写验收记录。曝气器及附属零部件的型号、规格、数量应符合设计图纸和合同要求。 (2)验货内容包括 ①附件到货：预装的整套曝气器、布气管与曝气器间的连接件、布气管、分配管、合适的底部安装支架； ②产品合格证、安装使用说明书等技术资料应与实物相符。 (3)现场是否具备施工条件 ①土建完工； ②池底清洁干燥； ③有足够的安装施工空间； ④池底水平偏差在±25mm之间； ⑤从鼓风机到池底曝气系统接口间的管路必须已吹扫干净。
4. 安装	①与竖管相应部件对接； ②池底分配管道预放样； ③确定分配管道支架位置； ④安装分配管支架； ⑤安装分配管； ⑥调平并固定分配管支架； ⑦池底布气管预放样； ⑧确定布气管道支架位置； ⑨安装布气管； ⑩调平并固定布气管支架； ⑪安装冷凝脱水系统； ⑫系统管路吹扫； ⑬安装曝气器。

5. 安装允许偏差

项次	项目		允许偏差/mm	检验方法
1	池底水平空气管	平面位置	10	尺量检查
2		标高	±5	水准仪及直尺检查
3	同一曝气池曝气器盘面标高差		3	水准仪及直尺检查
4	两曝气池曝气器盘面标高差		5	水准仪及直尺检查

6. 调试	(1)密封测试检验 全部曝气系统安装完毕后先向曝气池内注入清水，通入的水量最大高于曝气器膜表面10cm，检验其密封性。打开供气阀门进行供气，应开启鼓风机依次对单个系统供气10～15min，风速不应小于15m/s，检查整个系统是否有泄漏；通气一段时间后，关闭进气阀门，检查是否仍有大气泡逸出。记录并修复任何泄漏点。为了确保曝气系统的密封性能，则须在试车时的连续通气量下，使系统连续工作至少60h，在此期间监控系统是否存在泄漏情况，最后在连续通气结束后，再次确认系统的密封性能。 (2)曝气均匀性检验 如需进行曝气均匀性检验，则须在进行曝气均匀性检验之前，将水位至少调节到高于曝气器膜表面60～100cm。并在水温至少为10℃的条件下以最大通气量进行曝气，逐渐减小通气量至最小量，观察曝气气泡的变化。最后以该规格曝气器最合适通气量进行曝气，并观察曝气气泡的均匀性。
7. 注意事项	①安装结束后，如系统不能立即调试或运行，则须将清水注入池内，务必使水位保持在曝气器1000mm以上。存水可以保护曝气器免受紫外线照射、零下气温和污物的影响。同时保持曝气池内清洁，防止重物、残渣、污物进入池内，这有可能破坏和堵塞曝气器，油漆和焊花也可能损坏曝气器。使用陶瓷/刚玉曝气器时，必须打开鼓风机通气以避免曝气器发生堵塞。 ②在调试池底曝气系统前确保鼓风机能够正常运转。 ③池体的标高及平整度应符合设计要求；当设计无要求时，应符合曝气装置设备厂家的技术要求。 ④曝气装置安装前，生化池池底和周边的土建施工、防腐层涂刷、池上不锈钢栏杆、加盖等应施工完成。 ⑤曝气装置的主管、分配管、布气管、曝气器安装位置应符合设计要求，应固定牢固；管路连接应牢固，无泄漏。 ⑥曝气设备管路安装完毕后应吹扫干净，曝气孔不应堵塞。 ⑦曝气设备应做清水养护及曝气试验，出气应均匀，无漏气现象。

3.4.2　管式曝气器安装调试指导卡片

<table>
<tr><td rowspan="3">1. 基本信息</td><td>设备类型</td><td>4. 曝气设备</td><td>设备名称</td><td>4.2 管式曝气器</td></tr>
<tr><td colspan="4">设备组成</td></tr>
<tr><td colspan="4">曝气系统包括池底分配管道及支架、池底布气管道及支架、曝气器、冷凝脱水管道等。</td></tr>
<tr><td>2. 安装调试工艺流程</td><td colspan="4">施工准备→技术交底→复核土建预留孔、预埋件尺寸→空气竖管安装→空气支管安装→微孔曝气器安装→微孔曝气系统调试→竣工验收</td></tr>
<tr><td>3. 施工前准备</td><td colspan="4">(1)开箱验收
设备开箱应由建设单位、监理单位、施工单位及设备厂家共同参加，并填写验收记录。曝气器及附属零部件的型号、规格、数量应符合设计图纸和合同要求。
(2)验货内容包括
①附件到货：预装的整套曝气器、布气管与曝气器间的连接件、布气管、分配管、合适的底部安装支架；
②产品合格证、安装使用说明书等技术资料应与实物相符。
(3)现场是否具备施工条件
①土建完工；
②池底清洁干燥；
③有足够的安装施工空间；
④池底水平偏差在±25mm之间；
⑤从鼓风机到池底曝气系统接口间的管路必须已吹扫干净。</td></tr>
<tr><td>4. 安装</td><td colspan="4">①与竖管相应部件对接；
②池底分配管道预放样；
③确定分配管道支架位置；
④安装分配管支架；
⑤安装分配管；
⑥调平并固定分配管支架；
⑦池底布气管预放样；
⑧确定布气管道支架位置；
⑨安装布气管；
⑩调平并固定布气管支架；
⑪安装冷凝脱水系统；
⑫系统管路吹扫；
⑬安装曝气器。</td></tr>
<tr><td rowspan="5">5. 安装允许偏差</td><td>项次</td><td colspan="2">项目</td><td>允许偏差/mm</td><td>检验方法</td></tr>
<tr><td>1</td><td rowspan="2">池底水平空气管</td><td>平面位置</td><td>10</td><td>尺量检查</td></tr>
<tr><td>2</td><td>标高</td><td>±5</td><td>水准仪及直尺检查</td></tr>
<tr><td>3</td><td colspan="2">曝气器水平度</td><td>$L/1000$，且≤5</td><td>水平仪检查</td></tr>
<tr><td>4</td><td colspan="2">曝气器标高差</td><td>5</td><td>水准仪及直尺检查</td></tr>
<tr><td>6. 调试</td><td colspan="4">(1)密封测试检验
先向曝气池内注入清水，通入的水量最大高于曝气器膜表面10cm，检验其密封性。打开供气阀门进行供气，检查整个系统是否有泄漏；通气一段时间后，关闭进气阀门，检查是否仍有大气泡逸出。记录并修复任何泄漏点。为了确保曝气系统的密封性能，则须在试车时的连续通气量下，使系统连续工作至少60h，在此期间监控系统是否存在泄漏情况，最后在连续通气结束后，再次确认系统的密封性能。
(2)曝气均匀性检验
如需进行曝气均匀性检验，则须在进行曝气均匀性检验之前，将水位至少调节到高于曝气器膜表面60～100cm。并在水温至少为10℃的条件下以最大通气量进行曝气，逐渐减小通气量至最小量，观察曝气气泡的变化。最后以该规格曝气器最合适通气量进行曝气，并观察曝气气泡的均匀性。</td></tr>
<tr><td>7. 注意事项</td><td colspan="4">①安装结束后，如系统不能立即调试或运行，则须将清水注入池内，务必使水位保持在曝气器1000mm以上。存水可以保护曝气器免受紫外线照射、零下气温和污物的影响。同时保持曝气池内清洁，防止重物、残渣、污物进入池内，这有可能破坏和堵塞曝气器，油漆和焊花也可能损坏曝气器。使用陶瓷/刚玉曝气器时，必须打开鼓风机通气以避免曝气器发生堵塞。
②在调试池底曝气系统前确保鼓风机能够正常运转。
③池体的标高及平整度应符合设计要求；当设计无要求时，应符合曝气装置设备厂家的技术要求。
④曝气装置安装前，生化池池底和周边的土建施工、防腐层涂刷、池上不锈钢栏杆、加盖等应施工完成。
⑤曝气装置的主管、分配管、布气管、曝气器安装位置应符合设计要求，应固定牢固；管路连接应牢固，无泄漏。
⑥曝气设备管路安装完毕后应吹扫干净，曝气孔不应堵塞。
⑦曝气设备应做清水养护及曝气试验，出气应均匀，无漏气现象。</td></tr>
</table>

3.5 格栅设备安装调试

3.5.1 孔板式格栅安装调试指导卡片

<table>
<tr><td rowspan="3">1. 基本信息</td><td>设备类型</td><td>5. 格栅设备</td><td>设备名称</td><td colspan="2">5.1 孔板式格栅</td></tr>
<tr><td colspan="5">设备组成</td></tr>
<tr><td colspan="5">垂直式孔板细格栅清污机主要由主体框架、网孔板、传动链条、驱动装置、接料槽、反冲洗水系统、反清洗刷和控制系统等组成</td></tr>
<tr><td>2. 安装调试工艺流程</td><td colspan="5">施工准备→定位放线(校验预埋、预留)→格栅安装→电气系统安装→单机调试→联动调试</td></tr>
<tr><td>3. 施工前准备</td><td colspan="5">(1)开箱验收
设备开箱应由建设单位、监理单位、施工单位及设备厂家共同参加,并填写验收记录。设备及附属零部件的型号、规格、数量应符合设计图纸和合同要求。
(2)验货内容包括
①附件到货:格栅、地脚螺栓或化学螺栓;
②产品合格证、安装使用说明书等技术资料应与实物相符。
(3)格栅井布置是否符合设计要求
①格栅井开口是否满足泵的正常起吊空间;
②格栅井宽度是否符合设备安装要求。
(4)设备基础
①预埋件数量、位置是否满足安装要求;
②设备基础水平度是否满足安装条件。</td></tr>
<tr><td>4. 安装</td><td colspan="5">①把吊车的钢丝绳卸扣固定在设备头部吊耳上,然后缓缓吊起,吊起时设备应保持平衡,不能向一侧倾斜;
②把设备吊至所在安装渠道上方定位点处慢慢放入渠道中,安装时应保证设备垂直于渠道;
③调整设备底部与渠道底部的位置,设备底部与渠道底部之间不能有安装空隙,空隙部分超过格栅间隙必须用钢板或水泥浆填塞,两侧间隙通过钢板和密封橡胶板密封,钢板应固定牢靠;
④水平尺测量出渣口的水平度,并加以调整,使其出渣口的对角的高低误差不大于2mm;
⑤设备调平后用膨胀螺栓固定安装支座;
⑥电气安装:
• 主要电气参数,电源:380V±5V,50Hz±1Hz;
• 按图纸要求穿、敷线,具体参见电控原理图。</td></tr>
<tr><td rowspan="6">5. 安装允许偏差</td><td>项次</td><td>项目</td><td>允许偏差/mm</td><td colspan="2">检验方法</td></tr>
<tr><td>1</td><td>设备平面位置</td><td>10</td><td colspan="2">尺量检查</td></tr>
<tr><td>2</td><td>设备标高</td><td>±10</td><td colspan="2">水准仪与直尺检查</td></tr>
<tr><td>3</td><td>设备安装倾角</td><td>±0.5°</td><td colspan="2">量角器与线坠检查</td></tr>
<tr><td>4</td><td>机架垂直度</td><td>$H/1000$</td><td colspan="2">经纬仪检查</td></tr>
<tr><td>5</td><td>机架水平度</td><td>$L/1000$</td><td colspan="2">水平仪检查</td></tr>
<tr><td>6. 调试</td><td colspan="5">(1)单机调试
①单机调试前应检查:
• 是否按照规定进行电气连接,运行电压不得偏离额定电压的±10%;
• 电机过载开关是否正确设置;
• 液位控制开关是否正常工作;
• 格栅井内是否有异物;
• 检查传动链的松紧程度,并加以适当调整;
• 检查各轴承加注润滑脂,检查减速机油位是否正常。
②单机调试内容:
• 检测电气绝缘电阻应符合要求;
• 接通电源,把控制开关打至手动状态,设备做点动,观察设备运动部件是否按箭头方向做运动;
• 格栅设备出渣口应与输送机进渣口衔接良好,不应漏渣;
• 经1h运转观察格栅运行时是否平稳、是否存在噪声;
• 手动、自控控制方式、开关在中控室显示是否正确,电流表等仪表数据读数是否与中控室数据保持一致。
(2)联动调试内容
①在通水的时候,应缓慢打开闸门进水方可进行设备负载试运行,负载试运行连续时间应超过4h,运行过程中须检查设备负载情况,及有无长纤维缠绕提渣板;
②测量三相电流;
③是否通过格栅前后液位计控制可以自动运行;
④联动调试时间不小于72h。</td></tr>
<tr><td>7. 注意事项</td><td colspan="5">①当完成全部安装,一切准备妥当,经彻底检查通过(包括电气安装、接线调试无误)才准备进行试车。必须注意,安装未完成或混凝土浇灌后尚未完全硬化都不能试车。
②试运行时应手动操作,当反复操作确认工作正常后方可进行自动控制运行的调整和试车。
③进水时水量务必逐渐增加,避免瞬时启动最大流量,造成格栅负载过大而损坏。
④格栅设备浸水部位两侧及底部与沟渠间隙应封堵严密。
⑤格栅设备与土建基础连接的非不锈钢金属表面防腐蚀应符合设计文件的要求。
⑥格栅设备出渣口应与输送机进渣口衔接良好,不应漏渣。
⑦格栅设备试运转时应平稳,无卡阻、晃摆现象。</td></tr>
</table>

3.5.2　三索式格栅安装调试指导卡片

设备类型	5. 格栅设备	设备名称	5.2 三索式格栅

1. 基本信息

设备组成

设备主要由栅条、耙斗、钢丝绳、减速机组成

2. 安装调试工艺流程

施工准备→定位放线(校验预埋、预留)→格栅安装→电气系统安装→单机调试→联动调试

3. 施工前准备

(1)开箱验收

设备开箱应由建设单位、监理单位、施工单位及设备厂家共同参加,并填写验收记录。设备及附属零部件的型号、规格、数量应符合设计图纸和合同要求。

(2)验货内容包括

①附件到货:格栅、地脚螺栓或化学螺栓;

②产品合格证、安装使用说明书等技术资料应与实物相符。

(3)格栅井布置是否符合设计要求

①格栅井开口是否满足泵的正常起吊空间;

②格栅井宽度是否符合设备安装要求。

(4)设备基础

①预埋件数量、位置是否满足安装要求;

②设备基础水平度是否满足安装条件。

4. 安装

①用起吊设备吊起格栅,然后按迎水面方向将其立地放入格栅槽内,并按设定角度定位。

②栅片下端有一定长度的栅脚,安装时将栅脚放入相应的预留槽内。

③按图纸将格栅调整至所需安装的角度。格栅片如倾斜以栅脚处用垫板来调整。安装时格栅顶面应与平台平面持平。栅片与平台口上预埋板焊接。多门格栅并列安装(移动式),则必须注意各门格栅顶面都在同一平面上,格栅栅面在同一直线上(允许±2.5mm)。

④再检查栅片安装角度,检查格栅栅面的平行度;轨道平面应平整,导轨与栅片保持平行;两导轨轨距应一致,否则小车滚轮将会行走不畅;栅片底脚槽沟底栅脚处需水泥灌浆。

⑤电气安装:

- 主要电气参数,电源:380V±5V,50Hz±1Hz;
- 按图纸要求穿、敷线,具体参见电控原理图。

5. 安装允许偏差

项次	项目	允许偏差/mm	检验方法
1	设备平面位置	10	尺量检查
2	设备标高	±10	水准仪与直尺检查
3	设备安装倾角	±0.5°	量角器与线坠检查
4	机架垂直度	$H/1000$	经纬仪检查
5	机架水平度	$L/1000$	水平仪检查
6	落料口位置	5	板尺与线坠检查

6. 调试

(1)单机调试

①单机调试前应检查:

- 是否按照规定进行电气连接,运行电压不得偏离额定电压的±10%;
- 电机过载开关是否正确设置;
- 液位控制开关是否正常工作;
- 格栅井内是否有异物;
- 检查传动链的松紧程度,并加以适当调整;
- 检查各轴承加注润滑脂,检查减速机油位是否正常。

②单机调试内容:

- 检测电气绝缘电阻应符合要求;
- 接通电源,把控制开关打至手动状态,设备做点动,观察设备运动部件是否按箭头方向做运动;
- 格栅设备出渣口应与输送机进渣口衔接良好,不应漏渣;
- 经1h运转观察格栅运行时是否平稳、是否存在噪声;
- 手动、自控控制方式、开关在中控室显示是否正确,电流表等仪表数据读数是否与中控室数据保持一致。

(2)联动调试内容

①在通水的时候,应缓慢打开闸门进水方可进行设备负载试运行,负载试运行连续时间应超过4h,运行过程中须检查设备负载情况;

②测量三相电流;

③运行时观察设备是否有阻滞、跳动等现象以及运行噪声是否正常;

④是否通过格栅前后液位计控制可以自动运行;

⑤联动调试时间不小于72h。

7. 注意事项

①当完成全部安装,一切准备妥当,经彻底检查通过(包括电气安装、接线调试无误)才准备进行试车。必须注意,安装未完成或混凝土浇灌后尚未完全硬化都不能试车。

②进水时水量务必逐渐增加,避免瞬时启动最大流量,造成格栅负载过大而损坏。

③格栅设备浸水部位两侧及底部与沟渠间隙应封堵严密。

④格栅设备与土建基础连接的非不锈钢金属表面防腐蚀应符合设计文件的要求。

⑤格栅栅条对称中心与导轨的对称中心应符合设备技术文件的要求。

⑥格栅设备出渣口应与输送机进渣口衔接良好,不应漏渣。

⑦格栅设备试运转时应平稳,无卡阻、晃摆现象。

⑧格栅设备浸水部位两侧及底部与沟渠间隙应封堵严密。

3.6 除砂及输送设备安装调试

3.6.1 旋流沉砂（气提）器安装调试指导卡片

1. 基本信息	设备类型：6. 除砂设备；设备名称：6.1 旋流沉砂（气提）器 设备组成 气提钟式旋流沉砂池由搅拌桨叶、输气系统（包含风机或空压机）和提砂系统、砂水分离器等组成
2. 安装调试工艺流程	施工准备→定位放线（校验预埋、预留）→旋流沉砂器的安装→砂水分离器的安装→电气系统安装→单机调试→联动调试
3. 施工前准备	(1)开箱验收 设备开箱应由建设单位、监理单位、施工单位及设备厂家共同参加，并填写验收记录。设备及附属零部件的型号、规格、数量应符合设计图纸和合同要求。 (2)验货内容包括 ①附件到货：搅拌桨叶、搅拌轴、减速箱、输气系统（包含风机或空压机）和提砂系统、砂水分离器、控制设备等； ②产品合格证、安装使用说明书等技术资料应与实物相符。 (3)现场是否具备施工条件 ①土建完工，预埋件数量、位置是否满足安装要求； ②池底清洁干燥； ③有足够的安装施工空间； ④设备基础水平度是否满足安装条件。
4. 安装	①首先整体检查安装环境，是否具备安装条件。 ②然后检查沉砂池上预留孔，检查其大小是否可以让搅拌轴穿过。如果沉砂池上使用的是钢制桥架，则跳过本步骤。 ③检查沉砂池面是否平整，检查安装减速箱的位置是否水平，如果符合条件，把减速箱固定到混凝土桥架上，如有预埋件则采用焊接螺栓固定，如没有则用膨胀螺栓固定。 ④将传动装置上盖板打开，将搅拌轴伸入传动装置的中心孔，然后将搅拌轴上的大法兰与传动装置上的回转支承连接。其次将搅拌桨叶上的法兰与搅拌轴小法兰连接。 ⑤将提砂系统伸入到搅拌空心轴中，使提砂系统的吸口离地200mm位置。转动提砂系统，使之与减速箱上盖板的孔对应，将盖板与减速箱固定好，再将底部的支撑圆钢与底部的预埋钢板焊接，此时须注意提砂管的垂直度（同时观察提砂管与搅拌轴之间的四周间隙是否相等）。接着将固定板固定到减速箱盖板上（用螺栓连接），固定板的另一头焊接到提砂管上，使提砂管与气管固定，不抖动。 ⑥在提砂管的上部焊接法兰，弯头，再焊接法兰。 ⑦连接沉砂池与砂水分离器之间的管道。 ⑧连接输气管道。 ⑨分别接通搅拌器、风机（空压机）、砂水分离器电源。

5. 安装允许偏差

项次	项目	允许偏差/mm	检验方法
1	设备平面位置	10	尺量检查
2	设备标高	±10	水准仪及直尺检查
3	旋流式除砂机、桨叶立轴垂直度	$H/1000$	线坠与直尺检查

6. 调试	(1)单机调试 ①单机调试前应检查： • 是否按照规定进行电气连接，运行电压不得偏离额定电压的±10%； • 是否连接了热传感器； • 电机过载开关是否正确设置； • 所需闸阀（需安装时）是否打开； • 池内是否有异物； • 空转前检查减速机、蜗轮箱内润滑油油位是否正常。 ②单机调试内容： • 检测电气绝缘电阻应符合要求； • 点动搅拌器，观察搅拌器转动方向是否正确； • 点动空压机，观察空压机是否正常运转； • 点动砂水分离器，观察输送机转动方向是否正确； • 经1h运转观察各设备紧固件是否松动、运转是否顺畅、是否振动、是否有噪声； • 手动、自控控制方式、开关在中控室显示是否正确，电流表等仪表数据读数是否与中控室数据保持一致。 (2)联动调试内容 ① 记录搅拌器转速、空压机电流、各设备运行状态、出砂量等； ② 联动调试时间不小于72h。
7. 注意事项	①砂泵管路连接应牢固无渗漏，吸砂口的位置及标高应符合设计要求。 ②各安装部件之间的连接配合和安装顺序应符合设备文件的要求。 ③旋流式除砂机中桨叶式分离机的桨叶板倾角应一致，并应保持平衡。 ④提砂装置风管及排砂管应固定牢固，连接可靠，无泄漏。

3.6.2　输送设备安装调试指导卡

<table>
<tr><td rowspan="3">1. 基本信息</td><td>设备类型</td><td>6. 输送设备</td><td>设备名称</td><td>6.2　输送设备</td></tr>
<tr><td colspan="4">设备组成</td></tr>
<tr><td colspan="4">输送设备主要由驱动装置、头部装配、机壳、无轴螺栓体、槽体衬板、进料口、出料口、机盖(需要时)、底座等组成</td></tr>
<tr><td>2. 安装调试工艺流程</td><td colspan="4">施工准备→定位放线→螺栓输送机安装→电气系统安装→单机调试→联动调试</td></tr>
<tr><td>3. 施工前准备</td><td colspan="4">(1)开箱验收
设备开箱应由建设单位、监理单位、施工单位及设备厂家共同参加，并填写验收记录。输送设备及附属零部件的型号、规格、数量应符合设计图纸和合同要求。
(2)验货内容包括
①附件到货；
②产品合格证、安装使用说明书等技术资料应与实物相符。
(3)设备基础
①预留预埋件和螺栓数量及尺寸是否正确；
②基础高度是否合适；
③设备基础水平度是否满足安装条件。</td></tr>
<tr><td>4. 安装</td><td colspan="4">①安装之前，按图纸对所有土建基础仔细核对，并按图在池壁上划线定安装角度及支架安装位置；
②按照图纸将无轴螺栓输送机安装在基础上；
③调整两支脚边定位螺栓并拧紧。
④电气安装：
• 主要电气参数，电源：380V±5V，50Hz±1Hz；
• 按图纸要求穿、敷线，具体参见电控原理图。</td></tr>
<tr><td>5. 安装允许偏差</td><td colspan="4"><table>
<tr><td>项次</td><td>项目</td><td>允许偏差/mm</td><td>检验方法</td><td>项次</td><td>项目</td><td>允许偏差/mm</td><td>检验方法</td></tr>
<tr><td>1</td><td>设备平面位置</td><td>10</td><td>尺量检查</td><td>3</td><td>螺栓槽直线度</td><td>L/1000，且≤3</td><td>钢丝与直尺检查</td></tr>
<tr><td>2</td><td>设备标高</td><td>±10</td><td>水准仪与直尺检查</td><td>4</td><td>设备纵向水平度</td><td>L/1000，且≤5</td><td>水平仪检验</td></tr>
</table></td></tr>
<tr><td>6. 调试</td><td colspan="4">(1)单机调试前准备的内容
①是否按照规定进行电气连接，运行电压不得偏离额定电压的±10%；
②电机过载开关是否正确设置；
③设备是否有大块异物；
④检查各轴承加注润滑脂，检查减速机油位是否正常。
(2)单机调试
①无轴螺栓机手动盘车轻便灵活、无卡涩；
②经1h运转各紧固件无松动、无异常声响；
③手动、自控控制方式，开关在中控室是否正常显示，设备电流表读数是否与中控室数据保持一致。
(3)联动调试内容
①测量三项电流；
②运转过程中是否平稳、是否存在异常声响；
③联动调试时间不小于72h。</td></tr>
<tr><td>7. 注意事项</td><td colspan="4">①螺旋输送机进料斗与相应设备的卸料口连接、物料出料管与接料装置连接应紧密无隙、无渗漏；
②现场拼接的螺旋输送机法兰连接应紧密无隙、无渗漏，相邻机壳法兰面连接间隙应小于0.5mm；
③螺旋输送设备试运转应平稳，过载装置的动作应灵敏可靠。</td></tr>
</table>

3.7 刮泥机设备安装调试

3.7.1 周边传动刮吸泥机安装调试指导卡片

<table>
<tr><td rowspan="3">1. 基本信息</td><td>设备类型</td><td>7. 刮泥机设备</td><td>设备名称</td><td>7.1 周边传动刮吸泥机</td></tr>
<tr><td colspan="4">设备组成</td></tr>
<tr><td colspan="4">设备主要由钢梁,溢流堰、传动装置、稳流筒、中心泥罐、排泥槽、刮板、吸泥装置、浮渣收集和排出设施、输电输气装置等组成</td></tr>
<tr><td>2. 安装调试工艺流程</td><td colspan="4">施工准备→材料验收→基础复验→中心支座安装→刮臂安装→轨道安装→销齿盘、滚轮组、拉杆安装→电动机、传动机构安装→刮板安装→调试及试运转</td></tr>
<tr><td>3. 施工前准备</td><td colspan="4">①开箱验收:设备开箱应由建设单位、监理单位、施工单位及设备厂家共同参加,并填写验收记录。设备及附属零部件的型号、规格、数量应符合设计图纸和合同要求。
②验货内容包括:
a. 附件到货:刮泥机、堰板;
b. 产品合格证、安装使用说明书等技术资料应与实物相符。
③安装施工前,仔细按照安装基础图检查沉淀池的几何尺寸是否满足如下要求:
a. 池内径允许偏差应为±15mm,椭圆度不应大于25mm;
b. 中心平台上表面实际标高允许偏差应为±10mm;
c. 池周边轨道面的标高允许偏差应为±5mm;
d. 池底面实际标高及底面的倾斜度应符合施工图设计要求。
④安装施工前,安装施工点附近的建筑材料、泥土、杂物、积水等,应清除干净。然后起重车入场并定位,设备置于便于起吊的位置。</td></tr>
<tr><td>4. 安装</td><td colspan="4">(1)基础安装面放线验收
①根据设备安装详图,校核土建尺寸和预埋件、预留洞位置尺寸,重点要保证池体圆心、中心筒圆心、设备旋转中心三心重合。中心筒表面埋件环形布置。
②须注意的几项检查:
a. 全桥刮(吸)泥机基础清扫干净。将预埋钢板找到并与图纸校对,放出安装设备的中心十字线和基准控制线。
b. 导流筒安装的混凝土基准面清扫干净,将预埋不锈钢板找到并与图纸校对,确定出安装设备的基准控制线。
c. 三角出水堰板安装在混凝土出水渠两侧,分内外堰板安装,先检查验收出水渠两侧混凝土面,并清扫干净,与图纸校对,确定出安装内外堰板的基准线。
d. 浮渣挡板安装在内三角堰板上,其安装基准线为内三角堰板。
e. 导流板安装在池体上,根据图纸放出安装导流板的安装面基准线。
f. 浮渣斗安装无基础,根据图纸确定出浮渣斗的安装具体位置,支架安装在挑梁上。
g. 当基础安装面与设计不符时,必须经过修正达到安装要求后再进行安装。
(2)导流筒、导流板安装
①根据厂家提供的清单核对规格、型号是否符合设计要求,检查导流筒(板)及其部件不得有损坏,准备安装所需的工具、量具及其他用品。
②导流筒就位并找正找平:
a. 根据安装面的基准控制线,纵向水平用铁水平放在导流筒上,检查导流筒上端的纵向水平度,要求周圈检查不得小于10处,最大不平度不大于10mm,找平后用电焊点焊。
b. 横向找平,用铁水平放在导流筒的侧壁上,检查导流筒侧面的垂直度,检查点数最少10处,导流筒的不垂度不得大于5mm。</td></tr>
</table>

续表

4. 安装	c. 若导流筒不平时，可加不锈钢垫块找正，并与不锈钢埋件焊接固定，然后整个导流筒与土建预埋件牢固固定。 ③导流板就位安装，导流板安装在池壁内侧下部，安装的具体位置符合设计图纸要求。 a. 安装时先引测标高线到池中再按设计标高在池壁内侧标出导流板安装用膨胀螺栓标高线，在池壁上弹出该线。 b. 根据池壁周圈长度(即圆池内壁周长)与导流板总块数，在池壁上划分各块导流板位置，标出每块导流板的膨胀螺栓位置，按此位置打膨胀螺栓。 c. 按设备厂家安装说明书依次安装各个导流板。安装完成后，调节导流板支架使各块导流板下沿在同一标高上，且各个导流板互相平滑过渡，并对相邻的导流板进行点焊焊接，从而使整个池子内的导流板成一较稳定的整体。 d. 如果设计多个沉淀池并用时，要充分考虑各池中导流板安装标高一致的问题。 ④桥架安装： a. 开箱检查设备及其零部件是否齐全。根据厂家清单及样板校对其规格、型号是否符合设计要求。 b. 检查机体外观和零部件不得有损坏，联轴器应光滑、无裂纹、无锈蚀。 c. 根据需要在须安装设备的二沉池旁就近安排一平整空旷地，在厂家指导下进行全桥刮(吸)泥机工作桥的配装。 d. 配装完成后，经核实确认无误后，准备吊装。吊装需要两台吊车，分别吊全桥臂(工作桥)一半的重心处，抬吊法安装到二沉池池壁及中心支筒上。 e. 吊装时，应使用托架，不得用吊具直接固定在构件上，防止桥架变形。 f. 桥体吊装就位，调整其位置、标高。工作桥架的连接应紧密可靠，桥架的安装标高符合设计要求，桥架的平直度，挠度及标高偏差符合规定。工作桥与池体的同心度符合规范规定。 ⑤驱动及附属装置组装：刮臂与刮板连接牢固可靠，刮板下缘应与池底相吻合，刮板与池底间距均匀一致，其间距符合规范规定。设备的电气，机械传动装置及附属装置安装正确。 ⑥针对具体的刮(吸)泥机系统设备的安装顺序及安装要点如下：中心支座—双边行走端梁—大梁—集泥槽—虹吸系统总成—吸泥管吊架总成—浮渣刮板总成—浮渣漏斗—浮渣小刮板。 ⑦中心支座的安装：首先将其放于中心混凝土平台(混凝土中心支筒)上，找好圆心，以回转支承顶面为基准调整其水平度(允许偏差为0.1mm/m)。调好后与固定垫片连接，最后与预埋板焊接固定。 ⑧行走端梁的安装：安装前各轴承应加注好一定数量的润滑油或润滑脂，用手盘车无卡阻现象并转动灵活，然后将两边端梁放好，待与大梁连接。 ⑨大梁的安装：在一平坦地面先将各段梁现场拼焊，并保证对接后的大梁以中心为界，两侧中心起拱30mm，大梁两侧面直线度全长不大于10mm，然后用吊车吊起，中间与中心支座用销轴连接，端部与行走端梁连接。 ⑩集泥槽及吸泥管焊合的安装：首先将集泥槽对接完毕后，按其所在位置，用集泥槽吊架逐一吊装于大梁下面，然后按吸泥管下口距地50mm，依次与集泥槽对接，若池底有二次抹面要求，应留出抹面余量，最后将吸泥管出口调节阀对中安装。 ⑪虹吸系统总成的安装：该系统属于整体组装后，按其位置标高一次与大梁底部用螺栓吊接。严格控制标高，以保证虹吸功能的实施。 ⑫浮渣刮板总成的安装：待刮泥板吊架总成按要求焊接完毕后，再将浮渣刮板总成按工艺要求的出水液位逐一吊装在集泥槽及吊架上，并保持刮板露出设计液面125 mm左右，以适应液位的浮动变化。 ⑬浮渣漏斗的安装：待出水堰板及浮渣挡板安装完毕之后，再将漏斗上平面进渣口调至高于正常出水液位20mm左右，最终将托架用膨胀螺栓与出水槽固定，将浮渣斗找平找正后用支架固定，然后连接浮渣斗出水管道。 ⑭浮渣小刮板的安装：待漏斗安装完毕后，按其位置，再将浮渣小刮板吊装在大梁下底面。 ⑮内外三角堰板安装： a. 开箱检查三角堰板、止水橡胶、膨胀螺栓等是否齐全，根据图纸核对其规格、型号是否符合设计要求。 b. 外三角堰板安装，根据图纸要求，在堰板上画出安装基准线。安装堰板时，板间留2mm缝隙，并在堰板和集水槽外壁加止水橡胶板，根据三角堰板尺寸确定膨胀螺栓的位置，画好十字线，打膨胀螺栓，螺母带上劲，但不拧紧螺母，三角堰板安装对接平整后紧固螺母，板间缝隙用环氧沥青填充。 c. 内三角堰板安装，根据图纸要求，在集水槽壁上画出安装基准线，安装堰板时，板间留2mm缝隙，并在堰板和集水槽外壁加止水橡胶，根据三角堰板尺寸确定膨胀螺栓的位置，画好十字线，打膨胀螺栓，将浮渣挡板支架先与三角堰板用半圆头不锈钢螺栓M8 × 30mm拧紧螺母，内堰板安装对接平整后紧固螺母，板间缝隙用环氧沥青填充。 ⑯浮渣挡板安装： a. 开箱检查浮渣挡板、浮渣挡板支架、浮渣挡板夹板、浮渣挡板接口止水橡胶，半圆头螺栓等是否齐全，根据图纸核对其规格、型号是否符合设计要求。

续表

<table>
<tr><td>4. 安装</td><td>b. 根据内三角堰板上的浮渣挡板支架，确定浮渣挡板的安装位置及高度，用半圆头不锈钢螺栓连接浮渣挡板，螺栓安装方向应一致，外漏螺头，保证其美观，螺母不要拧死，安装拼接好浮渣挡板调平后再拧紧。浮渣挡板接头用浮渣挡板夹板加止水橡胶，用半圆头不锈钢螺栓连接紧固。
c. 设备应运行平稳，上部刮渣装置不得与池壁、工作桥等设施相碰，并能平稳通过集渣斗，无卡阻突跳现象。
d. 下部吸泥管与池底、池壁等应无摩擦。
⑰电气系统安装：设备就位后，按设备安装位置的电气接线口和配电箱设计位置配管穿线。</td></tr>
<tr><td>5. 安装允许偏差</td><td><table>
<tr><td>项次</td><td>项目</td><td>允许偏差/mm</td><td>检验方法</td></tr>
<tr><td>1</td><td>中心竖轴垂直度</td><td>$H/1000$，且≤5</td><td>尺量检查</td></tr>
<tr><td>2</td><td>排渣斗水平度</td><td>$L/1000$，且≤3</td><td>尺量检查</td></tr>
</table></td></tr>
<tr><td>6. 调试</td><td>(1)单机调试
①单机调试前应检查：
• 是否按照规定进行电气连接，运行电压不得偏离额定电压的±10%；
• 电机过载开关是否正确设置；
• 沉淀池内是否有异物；
• 检查各轴承加注润滑脂，检查减速机油位是否正常。
②单机调试内容：
• 检测电气绝缘电阻应符合要求；
• 先点动开关箱启动按钮，确定刮吸泥机的正确运转方向；
• 刮泥机行走一圈，注意池底痕迹，刮板不能刮到池底，刮板端部不能与池壁接触；
• 反向运转可能损坏刮吸泥机，试机时先点动确定运转方向；
• 试验过载保护装置应动作灵敏；
• 试运行时间不应小于3h且完全旋转不应小于2次，在此期间运转观察各设备紧固件是否松动、运转是否顺畅、是否振动、是否有噪声；设备应运行平稳，上部刮渣装置不得与池壁、工作桥等设施相碰，并应能平稳通过集渣斗，无卡阻突跳现象；下部吸泥管与池底、池壁等应无摩擦；
• 手动、自控控制方式、开关在中控室是否正常显示，设备电流表读数是否与中控室数据保持一致。
(2)联动调试内容
①测量三项电流；
②测量刮泥机运行速度；
③运转过程中是否平稳、是否存在异常声响；
④联动调试时间不小于72h。</td></tr>
<tr><td>7. 注意事项</td><td>①工作桥架的吊装应使用托架，不得用吊具直接固定在构件上，防止桥架变形。
②工作桥架的连接应紧密可靠，桥架的安装标高符合设计要求，桥架的平直度、挠度及标高偏差符合规范规定。
③刮臂与刮板连接牢固可靠，刮板下缘应与池底相吻合，刮板与池底间距均匀一致，其间距符合规范规定。
④设备的电气、机械传动装置及附属装置安装正确。
⑤安装后用手盘车，盘动平稳，无冲击，无卡滞现象，通电空载试车运转，仪表信号指示正常，操作灵活，无异常声音，保护装置灵敏可靠，负荷试车性能符合工艺要求。
⑥排泥设备试运转时，传动装置运行应正常，行程开关动作应准确可靠，撇渣板和刮泥板不应有卡阻、突跳现象。
⑦安装应符合下列规定：
a. 中心支座的中心应与池中心平台的基准中心重合，支座轴心线垂直度允许偏差应为±1mm，标高误差不应大于20mm；
b. 驱动装置的主动轮与从动轮的行走方向应与其各自运动轨迹圆相切且主动轮与从动轮的轨迹圆偏离应小于5mm；
c. 工作桥侧边直线度应小于15mm，并应上拱；
d. 橡胶撇渣板应与支撑支架连接牢固，并应露出设计液位线100mm±5mm；
e. 橡胶刮泥板下缘与刷平后池底的间隙应为20mm±10mm，尼龙轮不得悬空且应转动灵活；
f. 安装设备时注意设备的正确安装方向，保持并列的设备朝向一致，其中接线盒方向朝向要便于维修的方向。</td></tr>
</table>

3.7.2　中心传动刮吸泥机安装调试指导卡片

<table>
<tr><td rowspan="3">1. 基本信息</td><td>设备类型</td><td>7. 刮泥机设备</td><td>设备名称</td><td>7.2　中心传动单管吸泥机</td></tr>
<tr><td colspan="4">设备组成</td></tr>
<tr><td colspan="4">设备主要由驱动装置、主轴、栏杆、钢梁、竖向栅条、支撑、刮泥板、溢流堰板、拉杆、水下轴承、稳流筒、电控箱等部件组成</td></tr>
<tr><td>2. 安装调试工艺流程</td><td colspan="4">施工准备→定位放线(校验预埋、预留)→刮泥机安装→堰板的安装→电气系统安装→单机调试→联动调试</td></tr>
<tr><td>3. 施工前准备</td><td colspan="4">(1)开箱验收
设备开箱应由建设单位、监理单位、施工单位及设备厂家共同参加,并填写验收记录。设备及附属零部件的型号、规格、数量应符合设计图纸和合同要求。
(2)验货内容包括
①附件到货:刮吸泥机、堰板等;
②产品合格证、安装使用说明书等技术资料应与实物相符。
(3)安装前对设备基础进行认真检查。土建偏差应不超过允许范围,检查内容如下
①池直径偏差不超出±25mm,其圆度不超出25mm;
②中心基础顶面标高(抹平后)偏差为±20mm;
③池周边混凝土池壁顶面标高偏差不超出±30mm;
④池底面周边实际标高及底面的坡度应符合图纸设计要求;
⑤土建工程,检验及验收合格后方可进行安装。</td></tr>
<tr><td>4. 安装</td><td colspan="4">①中心立柱与密封筒滑板安装
• 按池周边找出池中心,中心点位置误差≤±15mm。
• 现场池底基础已经施工完毕,并留好预留孔的情况,按中心点,画出中心立柱螺栓位置点、均布预埋锚固螺栓(注意工作桥方向),用于固定中心立柱;根据密封筒滑板螺孔尺寸预埋锚固螺栓;
• 吊装密封筒底部滑板和中心立柱,注意保持中心立柱顶面水平(以水平仪校平)和中心立柱垂直误差,上下≤3mm。未校水平前不得安装下一步;
• 预装密封筒底部滑板,保证滑板水平度≤3mm。
②密封筒、中心竖架的安装:
• 将密封筒吊起、套装在中心立柱外,按图纸要求放置到位。密封筒密封装置的安装待中心驱动装置安装结束后安装;
• 密封组件、滑板及中心柱调整位置后现场焊接;
• 将中心竖架吊起、套装在中心立柱外,简单稳固,待安装吸泥管前将其上端与中心驱动装置螺栓连接,下端与密封筒连接;
③驱动装置的安装:
• 将中心驱动装置整体吊装至中心立柱顶端,保证减速机偏离中心柱的方向(与设定工作桥进口方向相反);
• 保证回转齿轮的水平度≤1mm。
④工作桥的安装:
• 工作桥安装前应首先在沉淀池半径方向搭好符合要求的手架,并在承托部位垫好木板,以防损坏工作桥表面(允许吊装);
• 将工作桥的一端连接底架置于中心驱动装置的连接板上,另一端置于池边;
• 按图将中心竖架上端与中心驱动装置连接。保证中心竖架垂直度≤2mm及与中心立柱的同轴度≤3mm;
• 按图将中心竖架下端与密封筒连接。保证密封筒与中心立柱的同轴度≤3mm,水平度≤4mm,密封筒与密封筒底部滑板贴紧密封、检查应无间隙。
⑤吸泥管、支撑桁架安装:
• 按图将吸泥管吊入密封筒入口一侧,吸泥管刮泥板指向沉淀池底面,吸泥管与池底面呈45°倾斜,并使吸泥管下缘与最终抹平后的池底保持大致相同的距离30～50mm,注意池底坡度;
• 将吸泥管的法兰与密封筒法兰对应连接,并用拉杆将吸泥管与中心竖架连接,调整位置,紧固各处螺栓;
• 支撑桁架安装方式与吸泥管相同。
⑥撇渣装置及附件安装:
• 校核土建标高,安装撇渣系统。
• 按图在桁架上部安装撇渣装置。支架现场安装调节,使撇渣板露出液面20mm。
• 按图安装出水溢流堰板(注意水位标高)、浮渣挡板、挡水裙板、配水管及浮渣刮板和浮渣筒。
⑦三角堰板的安装:</td></tr>
</table>

续表

<table>
<tr><td>4. 安装</td><td>• 开箱检查三角堰板、止水橡胶、膨胀螺栓等是否齐全，根据图纸核对其规格、型号是否符合设计要求。
• 外三角堰板安装，根据图纸要求，在堰板上画出安装基准线。安装堰板时，板间留 2mm 缝隙，并在堰板和集水槽外壁加止水橡胶板，根据三角堰板尺寸确定膨胀螺栓的位置，画好十字线，打膨胀螺栓，螺母带上劲，但不拧紧螺母，三角堰板安装对接平整后紧固螺母，板间缝隙用环氧沥青填充。
⑧检查验收各连接和润滑部位。
⑨电气安装：
• 主要电气参数，电源：380V±5V，50Hz±1Hz；
• 按图纸要求穿、敷线，具体参见电控原理图。</td></tr>
<tr><td>5. 安装允许偏差</td><td><table>
<tr><th>项次</th><th>项目</th><th>允许偏差/mm</th><th>检验方法</th></tr>
<tr><td>1</td><td>排渣斗水平度</td><td>$L_1/1000$，且≤3</td><td>尺量检查</td></tr>
<tr><td>2</td><td>中心传动输架垂直度</td><td>$H/1000$，且≤5</td><td>水准仪与直尺检查</td></tr>
</table></td></tr>
<tr><td>6. 调试</td><td>(1)单机调试
①单机调试前应检查：
• 是否按照规定进行电气连接，运行电压不得偏离额定电压的±10%；
• 电机过载开关是否正确设置；
• 沉淀池内是否有异物；
• 检查各轴承加注润滑脂，检查减速机油位是否正常。
②单机调试内容：
• 检测电气绝缘电阻应符合要求。
• 先点动开关箱启动按钮，确定刮吸泥机的正确运转方向，刮吸泥机旋转方向为逆时针，如果运转方向相反，则把电机两相电缆互换。然后让刮泥机行走一圈，注意池底痕迹，刮板不能刮到池底，刮板端部不能与池壁接触。在沉淀池进行清水调试时，往浮筒灌水确定浮筒浮在水面的高度，浮筒的水面高度一般为 3～5cm，同时调整撇渣板的高度。同时也要调整出水堰板和浮渣挡板的高度。
• 反向运转可能损坏刮吸泥机，试机时先点动确定运转方向。
• 试验过载保护装置应动作灵敏。
• 试运行时间不应小于 3h 且完全旋转不应小于 2 次，在此期间各设备紧固件是否松动、运转是否顺畅、是否振动、是否有噪声；设备应运行平稳，上部刮渣装置不得与池壁、工作桥等设施相碰，并应能平稳通过集渣斗，无卡阻突跳现象；下部吸泥管与池底、池壁等应无摩擦。
• 手动、自控控制方式在中控室是否正常显示，设备电流表读数是否与中控室数据保持一致。
(2)联动调试内容
①测量三项电流；
②测量刮泥机运行速度；
③运转过程中是否平稳、是否存在异常声响；
④联动调试时间不小于 72h。</td></tr>
<tr><td>7. 注意事项</td><td>①应编制中心传动刮(吸)泥机的运输和吊装方案，对吊装运输过程应进行受力分析及详细计算。
②圆形沉淀池中心点应在安装前确定。
③中立柱的中心应与池体的基准中心同心；应在中立柱底部的标高符合设计要求后，方可进行中立柱垂直度调校。
④中立柱和底部环形密封灌浆应采用二次灌浆。
⑤驱动装置与中立柱连接应牢固，底架应指向工作桥方向。
⑥驱动装置运转轨迹应处于同一水平面内，并经检查确认合格后，方可进行驱动装置灌浆。
⑦工作桥、吸泥桁架、吸泥装置、出水堰板、浮渣挡板及挡水裙板、调整堰板齿顶及浮渣挡板等部件的安装应符合装配图的要求，工作桥的侧向直线度不应大于 15mm；吸泥管的下缘与二次抹面后的池底距离应为 30mm±20mm。
⑧出水堰板、浮渣挡板应按部件装配图的要求进行安装，堰板齿顶及浮渣挡板顶边的水平度允许偏差应为±5mm。
⑨集泥筒的密封圈应固定牢固，其密封性应符合设备技术文件要求。
⑩旋转中心与池体中心应重合，同轴度偏差不应大于设备技术文件的要求。轨道相对中心支座的半径偏差和行走面水平度应符合设备技术文件的要求。
⑪安装设备时注意设备的正确安装方向，保持并列的设备朝向一致，其中接线盒方向要朝向便于维修的方向。
⑫排泥设备的刮泥板、吸泥口与池底的间隙应符合设计及设备技术文件的要求。
⑬排泥设备试运转时，传动装置运行应正常，行程开关动作应准确可靠，撇渣板和刮泥板不应有卡阻、突跳现象。
⑭设备的旋转中心与池体中心应重合，同轴度偏差不应大于设备技术文件的要求。轨道相对中心平行。
⑮设备的刮渣装置，其刮渣板与排渣口的间距应符合设计文件的要求。</td></tr>
</table>

3.7.3 平流式刮吸泥机安装调试指导卡片

<table>
<tr><td rowspan="3">1. 基本信息</td><td>设备类型</td><td>7. 刮泥机设备</td><td>设备名称</td><td>7.3 平流式刮吸泥机</td></tr>
<tr><td colspan="4">设备组成</td></tr>
<tr><td colspan="4">设备主要由工作桥(主梁)、驱动装置[包括行程开关、电机减速机、行走轮和定位轮(钢车轮无)]、泵架、吸泥系统撇渣系统、移动电缆滑线架组、电控系统等组成。由驱动装置和工作桥(主梁)组成的行车带动泵架和吸泥系统在平流沉淀池中来回行走吸排泥</td></tr>
<tr><td>2. 安装调试工艺流程</td><td colspan="4">施工准备→定位放线(校验预埋、预留)→刮吸泥机安装→电气系统安装→单机调试→联动调试</td></tr>
<tr><td>3. 施工前准备</td><td colspan="4">(1)开箱验收
设备开箱应由建设单位、监理单位、施工单位及设备厂家共同参加,并填写验收记录。设备及附属零部件的型号、规格、数量应符合设计图纸和合同要求。
(2)验货内容包括
①附件到货:刮吸泥机、泵架、吸泥系统撇渣系统、移动电缆滑线架组、电控系统;
②产品合格证、安装使用说明书等技术资料应与实物相符。
(3)安装前对设备基础进行认真检查。土建偏差应不超过允许范围,检查内容如下
平流沉淀池池底的水平度和平流沉淀池池壁上缘的水平度误差小于 1/1000,平流沉淀池侧边的直线度和两侧边的平行度误差小于 1/5000,排渣槽槽边水平度和侧面的直线度误差应小于 1/1000。
对于钢车轮吸泥机,为保证行车在轨道上运行正常,吸泥机吸泥均匀,沉淀池基础必须满足下列要求:
①沉淀池总宽、各间隔宽度误差小于 2/1000;
②沉淀池底水平度误差小于 2/1000,整个池底平面范围的总水平度高差应小于 20mm;
③单边钢轨总长应与池长和行车行走距离匹配;
④安装后的钢轨顶面水平度误差小于 1/1000,在总长范围钢轨顶面总水平度高差应小于 10mm;
⑤安装后的钢轨顶面与池底面垂直高度符合轻轨组件图要求;
⑥池两边钢轨平行度误差小于 1/1000,但在钢轨总长度范围的总平行度误差应小于 10mm;
⑦池两边钢轨中心线水平距离符合轻轨组件图要求,误差±3mm;
⑧钢轨中心线与池边距离符合轻轨组件图要求;
⑨当⑦、⑧两条不能同时保证时优先保证第⑦条;两边钢轨与池边距离相等;
⑩钢轨的安装应符合组件图要求,安装调整完毕用混凝土填实钢轨与基础之间的间隙,钢轨两侧应由混凝土护坡。</td></tr>
<tr><td>4. 安装</td><td colspan="4">①安装前池底清除池底杂物。
②吊装与组装:
a. 先在平流沉淀池的一端行走平台上根据安装图纸用画笔画出工作桥安装中线和四个行走轮的位置,安装中线必须与平流沉淀池的主轴线垂直。
b. 连接桥段,用螺栓将工作桥各段按顺序连接牢固,为了起吊安全,将活动走道板取下。对于池宽≤30m 的工作桥可以连接成一个整体,一次吊装。
c. 装驱动装置,将驱动装置安装在工作桥靠池边的两端。然后用液压千斤顶将工作桥顶起,调整两边驱动端梁与工作桥垂直,使得前后行走轮的轴线与工作桥平行。
d. 吊装,用索具卸扣把两条 30m 长的钢丝绳的两端与工作桥上吊环连接(两组吊点距离等于连接桥段总长的 2/3 为宜),将两条 20m 长尼龙绳分别绑在连接牢固的工作桥上。然后用起重机钩住钢丝绳平稳起吊(钢丝绳与水平面的夹角应大于 45°),在尼龙绳的牵引下,将工作桥的两端分别置于沉淀池两边钢轨上,当工作桥下的行走轮下降到离钢轨平台约 20cm 的高度时,派人上平台,将行走轮对准钢轨各定位点,工作桥的中心线对准安装中线,再缓缓将工作桥放下。
e. 依次把活动走道板铺设在工作桥上。
f. 检查驱动装置的链条是否错位,桥两头的链条松紧程度必须一致,否则应在松的一边加垫板调整。
③安装定位轮(钢车轮无此项),定位轮与平台侧沿的距离 3~5mm。然后拧紧螺栓。
④严格按照装配图要求,依次将各个泵架吊装在桥下相应位置,泵架有大小、方位和顺序要求,注意下部泵座泵出泥管弯头朝向,不得有误,吊装时注意与工作桥相连接的吊耳朝上,直立平稳起吊。用 M16 螺栓、螺母、垫圈,弹簧垫圈将每个泵架 4 个吊耳与工作桥连接牢固。
⑤安装吸泥泵:先将泵座吊装在泵架上,再装上两根约 DN40 导向杆和上部导向杆座,将直径不小于 6mm 的钢链一端系在泵上,另一端系牢在泵架上部横管上,将泵体套入滑轨,两人用力拉住链条,缓慢向下滑至泵座。</td></tr>
</table>

续表

<table>
<tr><td>4. 安装</td><td colspan="4">⑥安装吸、泵泥管组：将带橡胶密封的泵接管组连接在泵体的下法兰上，严格按照装配图要求安装水下吸泥管、拉杆组、桥下吸排泥管路。适当调整拉杆螺旋扣，使水下吸泥管与水平面垂直，吸泥扁嘴水平投影长向中心线与工作桥长梁平行，吸嘴下沿与池底距离为30～90m，吸泥嘴与池底侧壁（斜坡）边间隙为20～75mm，如果间隙过大，应在设备安装完毕后用水泥砂浆处理池底和侧壁（斜坡）边。
⑦安装撇渣系统：按组件图将撇渣系统安装在工作桥下，注意撇渣装置的安装方向，在撇渣状态时撇渣板下边应浸入水面以下50～100mm。浮渣槽及导渣板（混凝土或钢结构）必须按照设备供货商提供或确认的图纸制作和安装。
⑧安装滑线架组：按组件图将滑线架两立柱用膨胀螺栓安装在沉淀池靠近电源接口一边的钢轨两端池顶混凝土基础上，并穿上悬挂电缆的钢丝绳，钢丝绳尽可能拉紧保持水平。然后在钢丝绳上装上电缆滑轮和电缆。将带上支撑滑轮的支撑管按组件图固定在桥的一边，支撑滑轮槽对准钢丝绳，将电缆由支撑管引入工作桥上的电控箱内。
⑨电控系统安装与电源连接：
a. 电控系统安装。按照对应的电控图要求将控制箱安装在工作桥上靠近滑线架的一端。必须按国家电气设备安装规范和当地有关规范连接电缆，采用电缆导管敷设，电缆线的尺寸应足够大，而且电缆绝缘程度良好。控制箱应接地良好。按电控图要求将各吸泥泵的电缆线与控制箱连接好。将两台驱动电机电缆线与电控箱连接。接线应保证两台驱动装置能同步开停。在滑线未接入电源的情况下，将电源电缆穿过桥端支撑管，下端与控制箱连接，连接应保证吸泥机工作时，无接触不良现象。从控制箱按电路图把各控制端子接到各行程开关。
b. 电源连接。把控制箱的切换开关置于停止位置，检查滑线和电控系统安装无误后，在关掉污水厂此吸泥机接入电源总闸的情况下，再把380V、50Hz的三相交流电源接至滑线上。</td></tr>
<tr><td rowspan="4">5. 安装允许偏差</td><td>项次</td><td>项目</td><td>允许偏差/mm</td><td>检验方法</td></tr>
<tr><td>1</td><td>驱动装置机座面水平度</td><td>$0.1L_1/1000$</td><td>水平仪检查</td></tr>
<tr><td>2</td><td>导轨侧面接头错位</td><td>0.5</td><td>直尺和塞尺检查</td></tr>
<tr><td>3</td><td>排渣斗水平度</td><td>$L_2/1000$，且$\leqslant 3$</td><td>尺量检查</td></tr>
<tr><td>6. 调试</td><td colspan="4">（1）单机调试
①单机调试前应检查：
• 是否按照规定进行电气连接，运行电压不得偏离额定电压的±10%；
• 电机过载开关是否正确设置；
• 沉淀池内是否有异物；
• 检查各轴承加注润滑脂，检查减速机油位是否正常。
②单机调试内容：
• 检测电气绝缘电阻应符合要求。
• 先点动开关箱启动按钮，确定刮吸泥机的正确运转方向。
• 反向运转可能损坏刮吸泥机，试机时先点动确定运转方向。
• 试验过载保护装置应动作灵敏。
• 试运行时间不应小于3h且完全旋转不应小于2次，在此期间观察各设备紧固件是否松动、运转是否顺畅、是否振动、是否有噪声；设备应运行平稳，上部刮渣装置不得与池壁、工作桥等设施相碰，并应能平稳通过集渣斗，无卡阻突跳现象；下部吸泥管与池底、池壁等应无摩擦。
• 手动、自控控制方式在中控室是否正常显示，设备电流表读数是否与中控室数据保持一致。
（2）联动调试内容
①测量刮泥机、减速机及吸泥泵三项电流；
②测量刮泥机运行速度；
③观察吸泥泵流量是否正常；
④运转过程中是否平稳、是否存在异常声响；
⑤联动调试时间不小于72h。</td></tr>
<tr><td>7. 注意事项</td><td colspan="4">①反向运转可能损坏刮吸泥机，试机时先点动确定运转方向。
②两条轨道标高、间距及中心线位置应符合设计文件的要求。
③刮渣板与排渣口的间距应符合设计文件的要求。
④安装设备时注意设备的正确安装方向，保持并列的设备朝向一致，其中接线盒方向要朝向便于维修的方向。
⑤设备的刮泥板、吸泥口与池底的间隙应符合设计及设备技术文件的要求。
⑥设备的两条轨道标高、间距及中心线位置应符合设计文件的要求。
⑦设备的刮渣装置，其刮渣板与排渣口的间距应符合设计文件的要求。</td></tr>
</table>

3.7.4　中心传动浓缩机安装调试指导卡片

1. 基本信息	设备类型：7. 刮泥机设备　设备名称：7.4　中心传动浓缩机 设备组成 中心传动浓缩机主要由减速机、传动轴刮臂、刮泥板、浓缩栅条、水下轴承、进泥排水槽及不锈钢斜板组成
2. 安装调试工艺流程	施工准备→定位放线(校验预埋、预留)→浓缩机安装→电气系统安装→单机调试→联动调试
3. 施工前准备	(1)开箱验收 设备开箱应由建设单位、监理单位、施工单位及设备厂家共同参加，并填写验收记录。设备及附属零部件的型号、规格、数量应符合设计图纸和合同要求。 (2)验货内容包括 ①附件到货：减速机，传动轴刮臂，刮泥板，浓缩栅条，水下轴承，进泥排水槽，不锈钢斜板等； ②产品合格证、安装使用说明书等技术资料应与实物相符。 (3)为保证(浓缩)刮泥机安装牢固、运转正常，刮泥效果、出水质量良好，必须对沉淀池进行下列检验 ①沉淀池各径向尺寸(直径)和高度(标高)尺寸符合设备厂家确认的基础条件图要求。 ②出水堰堰板安装槽壁上缘的水平度误差≤1/1000，一圆周内高差不大于10mm。 ③有浮渣挡板要求的浮渣挡板槽内壁或浮渣挡板安装槽内壁圆度误差小于1/1000。 ④沉淀池内壁靠近池底400mm高度以下圆度误差小于1/1000。 ⑤沉淀池底的泥斗安装基础几何中心应与池壁几何中心重合。 ⑥上述⑤的预埋螺栓或预埋钢板牢靠，板面水平度允差1/1000。沉淀池传动主轴安装平面与池边上缘工作桥安装地面的高度符合设备安装要求。 ⑦沉淀池底的水平度(斜底则为倾斜度)误差应小于1/1000。
4. 安装	①安装工作桥：用连接板和螺栓将工作桥(主梁)各段按顺序连接，为了起吊安全，将活动走道板取下。用索具卸扣把两条20m长的钢丝绳的两端与工作桥(主梁)上吊环连接，将两条30m长尼龙绳分别绑在工作桥(主梁)的池边固定安装点和中心驱动装置端。然后用起重机钩住钢丝绳平稳起吊，在尼龙绳的牵引下，将工作桥(主梁)的两端分别置于沉淀池圆周边，起吊时，工作桥(主梁)必须保持水平状态，接着把活动走道板铺设在工作桥(主梁)上安放平稳。 ②安装驱动装置： a. 连接桥段，装驱动装置，将驱动装置安装在工作桥的中部，用螺栓连接牢固。用螺栓将工作桥各段按顺序连接牢固，为了起吊安全，将活动走道板取下。对于沉淀池直径≤18m的工作桥可以连接成一个整体，一次吊装。 b. 吊装，用索具卸扣把两条30m长的钢丝绳的两端与工作桥上吊环连接，将两条30m长尼龙绳分别绑在连接牢固的工作桥上(两组吊点距离等于连接桥段总长的一半为宜)。然后用起重机钩住钢丝绳平稳起吊(钢丝绳与水平面的夹角应大于45°)，在尼龙绳的牵引下，将工作桥的两端分别置于沉淀池圆周边直径的两端部，起吊时，工作桥(主梁)必须保持水平状态。 c. 依次把活动走道板铺设在工作桥上，将工作桥调水平，工作桥两头支点和中点在同一水平面上，允差为桥长的1/1000。 d. 检查驱动装置的下伸传动轴是否位于沉淀池内壁圆周的中心，否则应调整。认真测试沉淀池内壁靠池边底部圆周的中心，并保证该中心与传动轴中心线重合。必要时调整和旋转工作桥的安装位置。 e. 上述安装调整检查符合要求后，用膨胀螺栓将工作桥两端与池周边基础连接牢固。 ③装堰板：　将堰板一块一块地安装在出水槽的内圆周上，螺栓先不拧紧，然后根据标高调整堰板上边缘的高度，保证堰板上边缘的水平度误差应小于1/1000，一周内总标高误差小于10mm，然后拧紧螺栓。

续表

<table>
<tr><td>4. 安装</td><td>④吊装传动主轴:用索具卸扣把两条 5m 长的钢丝绳(两绳垂直)的两端与主轴上部法兰四周的圆孔连接,将两条 30m 长尼龙绳分别绑在中心柱下部圆柱面两边。然后用起重机钩住钢丝绳平稳起吊,在尼龙绳的牵引下,缓慢准确地与驱动系统的主轴对接,调整垂直度用螺栓连接牢固。
⑤吊装刮泥板:再次检查主轴的垂直度以及池底坡度,将刮泥板与主轴对接,安装时注意设备旋转方向。
⑥吊装稳流筒:用索具卸扣把两条 5m 长的钢丝绳(两绳垂直)的两端稳流筒连接牢固,将两条 20m 长尼龙绳分别绑在稳流筒上提与工作桥对接,锁紧螺栓。
⑦吊装泥斗刮板,将泥斗与主轴对接,用垫圈、螺母将泥斗刮板与主轴下法兰孔连接牢固。
⑧电气安装:
a. 主要电气参数,电源:380V±5V ,50Hz±1Hz。
b. 按图纸要求穿、敷线,具体参见电控原理图。</td></tr>
<tr><td>5. 安装允许偏差</td><td><table>
<tr><th>项次</th><th>项目</th><th>允许偏差/mm</th><th>检验方法</th></tr>
<tr><td>1</td><td>驱动装置机座面水平度</td><td>$0.1L_1/1000$</td><td>水平仪检查</td></tr>
<tr><td>2</td><td>导轨侧面接头错位</td><td>0.5</td><td>直尺和塞尺检查</td></tr>
<tr><td>3</td><td>排渣斗水平度</td><td>$L_2/1000$,且≤3</td><td>尺量检查</td></tr>
</table></td></tr>
<tr><td>6. 调试</td><td>(1)单机调试
①单机调试前应检查:
• 是否按照规定进行电气连接,运行电压不得偏离额定电压的±10%;
• 电机过载开关是否正确设置;
• 浓缩池内是否有异物;
• 检查各轴承加注润滑脂,检查减速机油位是否正常。
②单机调试内容:
• 检测电气绝缘电阻应符合要求。
• 先点动开关箱启动按钮,确定浓缩机的正确运转方向,如果运转方向相反,则把电机两相电缆互换。然后让浓缩机行走一圈,注意池底痕迹,刮板不能刮到池底,刮板端部不能与池壁接触。
• 反向运转可能损坏刮吸泥机,试机时先点动确定运转方向。
• 试验过载保护装置应动作灵敏。
• 试运行时间不应小于 3h 且完全旋转不应小于 2 次,在此期间观察各设备紧固件是否松动、运转是否顺畅、是否振动、是否有噪声;设备应运行平稳,上部刮渣装置不得与池壁、工作桥等设施相碰,并应能平稳通过集渣斗,无卡阻突跳现象;下部吸泥管与池底、池壁等应无摩擦。
• 手动、自控控制方式在中控室是否正常显示,设备电流表读数是否与中控室数据保持一致。
(2)联动调试内容
①测量三项电流;
②测量浓缩机运行速度;
③运转过程中是否平稳、是否存在异常声响;
④联动调试时间不小于 72h。</td></tr>
<tr><td>7. 注意事项</td><td>①反向运转可能损坏刮吸泥机,试机时先点动确定运转方向。
②刮渣板与排渣口的间距应符合设计文件的要求。
③刮泥板与池底的间隙应符合设计及设备技术文件的要求。
④安装设备时注意设备的正确安装方向,保持并列的设备朝向一致,其中接线盒方向要朝向便于维修的方向。
⑤设备试运转时,传动装置运行应正常,行程开关动作应准确可靠,撇渣板和刮泥板不应有卡阻、突跳现象。</td></tr>
</table>

3.8　阀门、闸门设备安装调试

3.8.1　闸门启闭机安装调试指导卡片

<table>
<tr><td rowspan="3">1. 基本信息</td><td>设备类型</td><td>8. 闸门、阀门</td><td>设备名称</td><td>8.1　闸门启闭机</td></tr>
<tr><td colspan="4">设备组成</td></tr>
<tr><td colspan="4">设备主要由门框、闸板、导槽密封圈及可调楔压块等组成，具有结构合理，使用维护方便，性能可靠等特点</td></tr>
<tr><td>2. 安装调试工艺流程</td><td colspan="4">检查预埋钢板→焊装螺栓→吊装闸门门板及门框→紧固螺栓→调平找正闸门→安装丝杆、启闭机→调平找正→浇筑细石混凝土→复核→验收</td></tr>
<tr><td>3. 施工前准备</td><td colspan="4">(1)开箱验收
设备开箱应由建设单位、监理单位、施工单位及设备厂家共同参加，并填写验收记录。设备及附属零部件的型号、规格、数量应符合设计图纸和合同要求。
(2)验货内容包括
①附件到货：闸门、启闭机、螺栓等；
②产品合格证、安装使用说明书等技术资料应与实物相符。安装施工前，检查土建是否合格，预埋钢板应保证在同一个平面内，平直度允差≤5mm，闸门孔中心应与启闭机螺杆预留孔保持铅垂。
(3)设备基础
①是否预留地脚螺栓二次灌浆孔(如配地脚螺栓)；
②设备基础水平度是否满足安装条件。</td></tr>
<tr><td>4. 安装</td><td colspan="4">①定位放线：找出闸门中心位置、外边线、闸板门框水平和垂直中线。再以闸门中心线为基准控制线，确定两侧埋件上焊螺栓位置及顶板上阀杆的中心位置。最后在池顶上引出启闭机中心线(互相垂直的两条线)及底座外形边线。
②安装闸门前应将闸门阀板中心线和闸门丝杆预留套管孔中心线用墨线标示在闸门需安装的平台(池顶板)上，用线坠将此中心线引至池底面，并弹出墨线。
③用吊车将闸门框从安装孔内放入，找平找正，闸门导轨必须垂直安装，用地脚螺栓将门框先固定，然后将阀板插入门框，进行二次浇灌，待混凝土强度达到设计要求再二次紧固地脚螺栓。固定方法采用预留地脚螺栓孔时，吊装后将地脚螺栓穿好，将闸门进行临时固定，然后灌浆。固定方法采用预埋钢板时采用焊接方法固定，焊接方法采用断续焊。焊接时，应防止焊接变形造成门板不严。在固定前，应调整垂直度，可用在门后楔入斜铁的方法调整，垂直度误差不应超过1/1000。
④安装丝杆轴导架以及启闭装置时，先将丝杆穿入启闭机，使启闭机中心、丝杆轴心、闸门对称中心保持在同一条铅垂线上，且保证丝杆轴导孔径与螺杆的单边间隙不小于5mm。
⑤将启闭机放置在平台预埋铁板上，然后将丝杆插入闸门吊耳，并用垂直线初步确定启闭机的位置用穿销连接，使二者位于同一铅垂线上。
⑥调整丝杆中心后，将启闭机底板与预埋钢板焊接牢固，然后逐一固定各丝杆轴导架。
⑦试摇启闭机手动装置，感觉上下灵活性，确认感觉良好再将启闭机操作柱与启闭机底板用螺栓固定。
⑧安装完成后，应检查闸门封闭情况，如有渗漏现象，可将门框两侧的压紧楔块做适当调整，直至达到理想的密封效果，符合规范要求。
⑨浇筑细石混凝土：本类设备安装多为竖向安装，设备与池壁通过螺栓连接。为保证闸门门框与池壁间不漏水，须在设备与池壁间进行二次混凝土浇筑(即二次灌浆)，由于该缝隙较小，而且为竖向灌筑，不易控制其密实度等，一般采用自密性混凝土(俗称自流平)。
⑩电气系统安装：根据阀杆位置安装启闭机，同时需配管穿电源线和控制线，以达到手电两用控制的目的。根据电气施工图配管穿线，与室外电缆沟或动力配电箱内电缆或负荷连接。根据工艺运行要求，闸门设备设计有就地设备本身控制和远端控制系统。</td></tr>
</table>

续表

<table>
<tr><td rowspan="4">5. 安装允许偏差</td><td>项次</td><td>项目</td><td>允许偏差/mm</td><td>检验方法</td><td>项次</td><td>项目</td><td>允许偏差/mm</td><td>检验方法</td></tr>
<tr><td>1</td><td>设备平面位置</td><td>10</td><td rowspan="2">线坠和直尺检查</td><td>4</td><td>闸门门框底槽水平度</td><td>$L_1/1000$</td><td>线坠和直尺检查</td></tr>
<tr><td>2</td><td>设备标高</td><td>+20,−10</td><td>5</td><td>闸门门框侧槽垂直度</td><td>$H_2/1000$</td><td>直尺检查</td></tr>
<tr><td>3</td><td>闸门垂直度</td><td>$H_1/1000$</td><td>水平仪检查</td><td>6</td><td>闸门升降螺杆摆幅</td><td>$L_2/1000$</td><td>直尺检查</td></tr>
<tr><td>6. 调试</td><td colspan="8">单机调试
①单机调试前应检查:调试装置前,必须检查闸门启闭机并进行功能测试。须特别注意以下事项:
• 是否按照规定进行电气连接,运行电压不得偏离额定电压的±10%;
• 执行机构过载开关是否正确设置;
• 传动丝杆涂抹润滑油脂。
②单机调试内容:
• 检测电气绝缘电阻应符合要求(如是电动);
• 先点动开关箱启动按钮,确定启闭机的正确运转方向;
• 确定闸门开关可以完全到位;
• 闸门密封面进行泄漏试验,其渗水量不应大于1.25L/(min·m);
• 在无水条件下,手动操作应灵活、手感轻便,门板启闭试验应大于3次,螺杆的旋合应平稳,门板应无卡位、突跳现象,电动启闭机的过载保护机构应灵敏可靠、限位正确。
• 手动、自控控制方式在中控室是否正常显示,设备电流表读数是否与中控室数据保持一致(如是电动)。</td></tr>
<tr><td>7. 注意事项</td><td colspan="8">(1)闸门的安装应符合下列规定
①门框底槽、侧槽的水平度和垂直度应在安装前进行复核。
②闸门应按设计标高进行安装,各控制点的偏差不应大于10mm。
③启闭机中心应与闸门、堰门的起吊中心在同一垂线上。
④渠道闸门地槽、侧槽应与土建预埋件固定牢固,复核无误后应进行二次灌浆。
⑤闸门安装时,应将闸门的开度指示器的指针调整到正确的位置。
⑥闸门框与构筑物之间应封闭、无渗漏。
⑦安装时注意安装方向。
⑧启闭机中心与闸板中心应位于同一垂线,垂直度偏差不应大于启闭机高度的1/1000。丝杆直线度不应大于丝杆长度的1/1000,且不应大于2mm。
⑨设备密封面应严密,其泄漏值应符合设备技术文件的要求。
⑩设备开启应灵活,无卡阻和抖动现象。限位装置应灵敏、准确、可靠。
⑪闸门框与构筑物之间应封闭、无渗漏。
(2)闸门调试应符合下列规定
在无水条件下,手动操作应灵活、手感轻便,门板启闭试验应大于3次,螺杆的旋合应平稳,门板应无卡位、突跳现象,电动启闭机的过载保护机构应灵敏可靠、限位正确。</td></tr>
</table>

3.8.2 闸阀安装调试指导卡片

<table>
<tr><td rowspan="3">1. 基本信息</td><td>设备类型</td><td>8. 闸门、阀门</td><td>设备名称</td><td>8.2 闸阀</td></tr>
<tr><td colspan="4">设备组成</td></tr>
<tr><td colspan="4">设备主要由阀体、阀盖、阀板、阀杆、填料压盖、填料、阀杆螺母、手轮等构成。</td></tr>
<tr><td>2. 安装调试工艺流程</td><td colspan="4">施工准备→定位放线(校验预埋、预留)→闸阀安装→单机调试→联动调试</td></tr>
<tr><td>3. 施工前准备</td><td colspan="4">(1)开箱验收
设备开箱应由建设单位、监理单位、施工单位及设备厂家共同参加,并填写验收记录。设备及附属零部件的型号、规格、数量应符合设计图纸和合同要求。
(2)验货内容包括
①附件到货:闸阀阀体、手轮等;
②产品合格证、安装使用说明书等技术资料应与实物相符。
(3)设备基础
①是否预留地脚螺栓二次灌浆孔(如配地脚螺栓);
②设备基础水平度是否满足安装条件。</td></tr>
<tr><td>4. 安装</td><td colspan="4">①将阀体下放至管路两端法兰中间处;
②安装密封垫;
③安装锁紧螺栓。</td></tr>
<tr><td rowspan="3">5. 安装允许偏差</td><td>项次</td><td>项目</td><td>允许偏差/mm</td><td>检验方法</td></tr>
<tr><td>1</td><td>水平度</td><td rowspan="2">1/1000</td><td rowspan="2">线坠和直尺检查</td></tr>
<tr><td>2</td><td>垂直度</td></tr>
<tr><td>6. 调试</td><td colspan="4">单机调试
①单机调试前应检查:
• 调试装置前,必须检查闸门并进行功能测试。须特别注意以下事项;
• 确认管路及阀体内无杂物。
②单机调试内容:
• 检测电气绝缘电阻应符合要求(如是电动);
• 运转过程中是否平稳、是否存在异常声响;
• 确定闸门开关可以完全到位;
• 闸门密封面进行泄漏试验,其渗水量不应大于1.25L/(min·m);
• 手动、自控控制方式在中控室是否正常显示,设备电流表读数是否与中控室数据保持一致(如是电动)。</td></tr>
<tr><td>7. 注意事项</td><td colspan="4">①安装前,应清洗闸阀,清除污垢和铁锈,并核对规格及型号,检查标志与使用情况是否相符。
②闸阀的安装应在关闭状态下进行,并应在管道外手动检查开度指示与阀门板实际情况是否一致,其开关是否到位。
③闸阀安装时,应至少使用一端管道安装连接的法兰可以自由伸缩,不许将两端法兰固定,再将闸阀靠强行拉紧螺栓来消除阀门与管道的间隙。
④安装设备时注意设备的正确安装方向,保持并列的设备朝向一致。
⑤设备密封面应严密,其泄漏值应符合设备技术文件的要求。
⑥设备开启应灵活,无卡阻和抖动现象。限位装置应灵敏、准确、可靠。
⑦闸门框与构筑物之间应封闭、无渗漏。</td></tr>
</table>

3.9 鼓风机安装调试

3.9.1 罗茨风机安装调试指导卡片

<table>
<tr><td rowspan="3">1. 基本信息</td><td>设备类型</td><td>9. 鼓风机</td><td>设备名称</td><td>9.1 罗茨风机</td><td rowspan="3"></td></tr>
<tr><td colspan="4">设备组成</td></tr>
<tr><td colspan="4">罗茨风机由机壳、墙板、叶轮、油箱、消声器等组成</td></tr>
<tr><td>2. 安装调试工艺流程</td><td colspan="5">施工准备→定位放线(校验预埋、预留)→鼓风机安装→电气系统安装→单机调试→联动调试</td></tr>
<tr><td>3. 施工前准备</td><td colspan="5">(1)开箱验收
设备开箱应由建设单位、监理单位、施工单位及设备厂家共同参加,并填写验收记录。罗茨风机及附属零部件的型号、规格、数量应符合设计图纸和合同要求。
(2)验货内容包括
①附件到货:鼓风机、阀门、消声器、止回阀等;
②产品合格证、安装使用说明书等技术资料应与实物相符。
(3)为保证鼓风机安装牢固,运转正常,必须注意以下要点
①地基是否牢固,表面是否平整,地基是否高出地面;
②预埋件数量、位置是否满足安装要求;
③设备基础水平度是否满足安装条件。</td></tr>
<tr><td>4. 安装</td><td colspan="5">①风机机组的安装:
a. 清扫基础混凝土表面。
b. 安装首先检查机体内并确认无杂物。管道与进排气口连接之前应彻底清除管道内的生锈和焊渣等杂物,然后与风机接通,要求各法兰接合面不漏气。
c. 将风机机组放到基础上,在基础表面和底座表面之间插上垫铁,通过调整垫铁的厚度,使安装的风机达到设计水平度和标高;增加风机的稳定性和便于二次灌浆。注意垫铁要放置在地脚螺栓的两侧,若只放置在螺栓的一侧,则应按地脚螺栓的直径选用大一号的垫铁。斜垫铁必须成对使用。垫铁的表面必须平整,每组垫铁数一般不超过3~4块,厚垫铁放在下层,而最薄的应夹在中间,同一组垫铁放置必须整齐。风机调整好水平和方位,再将每组垫铁焊接固定好。在调整水平过程中应结合地脚螺栓同时进行。
d. 地脚螺栓埋入基础上的预留孔,复校其方位精度是否准确,然后将底座和基础混凝土间的间隙灌入足够的灰浆,以形成混凝土结构件。地脚螺栓的预留口的孔口大小,按螺栓直径而定。孔深由螺栓长度规范决定。
e. 当装置隔音罩时,应留有足够的维修空间。隔音罩应装置足够大的排风扇,以降低隔音罩内温度。
f. 为了保证风机安全运行,机器上不允许承载管道、阀门、框架等外加负荷;此种负荷必须设法用支承承托。要求在排气管道上装置挠性接头或波纹管,以消除管道振动和热变形影响。
g. 安装时绝对不允许破坏风机的装配间隙。安装后,盘动风机转子,应转动灵活,无撞击和摩擦现象。
h. 在靠近鼓风机进排气口的直管段上应装置压力仪表,当风机处于超负荷运行时,仪表应能反映出或发出报警信号。
②皮带轮校正与皮带张力调整:
a. 皮带轮校正: 运转前应检查鼓风机皮带轮与电机皮带轮外缘是否对齐在同一垂直平面内,若不在同一垂直平面内应校正至同一平面内。校正方法如下:松开电机皮带轮固定螺钉,使用金属直尺贴近两皮带轮,调整至两皮带轮外缘到同一垂直平面内,紧固电机皮带轮固定螺钉。
b. 皮带张力调整:停机后使用张力计测量出皮带的位移量(张力计下拉重力在3.5~5.0kg),当位移量& =0.016L时,皮带张力在正确使用状态,位移量过大或过小均应调至要求之位移数值。
③安装排气管、阀门及附件。
④电气安装:
a. 主要电气参数,电源:380V±5V,50Hz±1Hz;
b. 按图纸要求穿、敷线,具体参见电控原理图。</td></tr>
</table>

续表

<table>
<tr><td rowspan="3">5. 安装允许偏差</td><td>项次</td><td>项目</td><td>允许偏差/mm</td><td>检验方法</td></tr>
<tr><td>1</td><td>设备平面位置</td><td>10</td><td>量尺检查</td></tr>
<tr><td>2</td><td>设备标高</td><td>±20</td><td>用水准仪与直尺检查</td></tr>
<tr><td>6. 调试</td><td colspan="4">(1)单机调试
①单机调试前应检查：
• 是否按照规定进行电气连接，运行电压不得偏离额定电压的±10%；
• 电机过载开关是否正确设置；
• 管路中的进风阀、配管、消声器等辅助设备的连接应牢固、紧密、无泄漏；
• 出风管路内是否有异物；
• 检查设备油位是否正常；
• 检查皮带的松紧程度；
• 手动盘动皮带观察转动是否有卡顿、异常声响。
②单机调试内容：
• 检测电气绝缘电阻应符合要求；
• 先点动开关箱启动按钮，确定鼓风机的正确运转方向，如果运转方向相反，则把电机两相电缆互换；
• 经 1h 的运转过程中是否平稳、是否存在异常声响；
• 减压阀、安全阀经检验应准确可靠；
• 用钳形卡表测量空转电流(电流数值误差必须小于额定电流的 10%)；
• 手动、自控控制方式、开关显示在中控室显示是否正确，各项仪表数据读数是否与中控室数据保持一致。
(2)联动调试内容
①测量三项电流、风压；
②通过出口流量计，测量流量是否正常；
③运转过程中是否平稳、是否存在异常声响；
④联动调试时间不小于 72h。</td></tr>
<tr><td>7. 注意事项</td><td colspan="4">①罗茨鼓风机的安装水平，应在主轴和进气口、排气口法兰面上纵、横向进行检测，其偏差均不应大于 0.2/1000。
②罗茨鼓风机安装时，应检查正、反两个方向转子与转子间、转子与机壳间、转子与墙板的间隙以及齿轮副侧的间隙，其间隙值应符合随机技术文件的规定。
③罗茨鼓风机外露部件结合处应平整，机壳与墙板的结合处和剖分的机壳、墙板的结合处错边量不应大于 5mm。
④联轴器组装的端面间隙、径向位移和轴向倾斜，应符合设备技术文件的要求和现行国家标准《机械设备安装工程施工及验收通用规范》GB 50231 的有关规定。
⑤消声与减振装置安装应符合设备技术文件的要求。
⑥反向运转可能损坏鼓风机，试机时先点动确定运转方向。
⑦试运行启动前应全开鼓风机进气和排气口阀门。
⑧试运行进气和排气口阀门应在全开的条件下进行空负荷运转，运转时间不得少于 30min。
⑨空负荷运转正常后，应逐步缓慢地关闭排气阀，直至排气压力调节到设计升压值时，电动机的电流不得超过其额定电流值。
⑩鼓风机、压缩机试运转时应无异常声响，振动速度有效值、轴承温升等应符合设备技术文件的要求和现行国家标准《风机、压缩机、泵安装工程施工及验收规范》GB 50275 的有关规定。
⑪减压阀、安全阀经检验应准确可靠。
⑫进出口连接管件、阀部件等部位应设置支、吊架。</td></tr>
</table>

3.9.2　单级离心风机安装调试指导卡片

<table>
<tr><td rowspan="3">1. 基本信息</td><td>设备类型</td><td>9. 鼓风机</td><td>设备名称</td><td>9.2　单级离心风机</td><td rowspan="3"></td></tr>
<tr><td colspan="4">设备组成</td></tr>
<tr><td colspan="4">设备主要由齿轮箱，联轴器，驱动电机和润滑油系统构成。
原动机通过轴驱动叶轮高速旋转，气流由进口轴向进入高速旋转的叶轮后变成径向流动被加速，然后进入扩压腔，改变流动方向而减速，这种减速作用将高速旋转的气流中具有的动能转化为压能(势能)，使风机出口保持稳定压力。</td></tr>
<tr><td>2. 安装调试工艺流程</td><td colspan="5">施工准备→定位放线(校验预埋、预留)→鼓风机安装→电气系统安装→单机调试→联动调试</td></tr>
<tr><td>3. 施工前准备</td><td colspan="5">(1)开箱验收
设备开箱应由建设单位、监理单位、施工单位及设备厂家共同参加，并填写验收记录。设备及附属零部件的型号、规格、数量应符合设计图纸和合同要求。
(2)验货包括的内容
①附件到货：鼓风机、阀门、消声器、止回阀等；
②产品合格证、安装使用说明书等技术资料应与实物相符。
(3)为保证鼓风机安装牢固、运转正常，必须注意以下要点
①地基是否牢固、表面是否平整；
②预留预埋件及螺栓数量和尺寸是否正确；
③设备基础水平度是否满足安装条件。</td></tr>
<tr><td>4. 安装</td><td colspan="5">(1)主机安装
①垫铁的安装与调节：垫铁安装在风机底座与基础之间，一方面可以调整风机的标高和水平，同时也承担设备的重量和拧紧地脚螺栓的预紧力。风机振动所产生的力也通过垫铁传递给基础，以减少设备的振动现象。为了使垫铁能平稳地放置在基础上，在放置垫铁的基础表面部位，用锉子或其他工具铲研成水平，使垫铁和基础接触均匀，其水平度≤0.3mm/m。同一水平上的各垫铁组摆放好后，应用水准仪进行水平度检验，其误差≤2mm。垫铁应尽量靠近地脚螺栓放置(置于地脚螺栓孔边缘处)。垫铁安装完毕后，把地脚螺栓放入地脚螺栓孔中。吊装鼓风机组在基础上时，应使鼓风机的进气中心线、排气中心线、电机中心线与基础上标出的中心线一致。在吊装风机放置时，风机不能倾斜，以避免底座变形。每个方向的垫铁调整高度应在±0.1mm/m之内，每个调整面的接触面积应大于60%，必须保证鼓风机的水平度达到0.02/1000(底座的水平度应使用具有0.02mm精度的水平仪来测量)。
②地脚螺栓固定与安装
完成中心线和水平度的调整之后，使用二次灌浆固定地脚螺栓。注意在灌浆和保养期间不能活动地脚螺栓。地脚螺栓孔内的混凝土保养期达到规定之后，最后紧固地脚螺栓。注意在风机与地面最终固定之前，必须确保风机的进气中心线、排气中心线和电机中心线与在基础表面上所标出的相关中心线重合，若有偏差，必须进行调整。
③附件安装：若风机在出厂前，风机和电机是整体安装在底座上的，则可以进行后续的配套件安装。若在风机出厂前，风机和电机是分开运抵现场的，则还需对风机组进行调整。分体运输的情况下，在风机安装时，通常以鼓风机主轴A作为基准，调整电机转轴B达到对中同心的目的，两者的同心度和端面跳动≤0.015mm。找两者同心度的目的是防止风机振动过大，保证风机安全连续运行。
④风管管道的安装：在风机风管管道安装之前，去掉法兰盘的保护盖板，并仔细检查是否有异物进入风机，若有则必须及时清理掉。确认风机里面无任何异物后，再进行风机管道的安装。管道系统必须予以支撑使得外力的作用最小。在风机的入口与进风管道之间、风机的出口和扩压管之间必须安装弹性接头或波纹管。风机进出风口管道的安装必须保证与风机的进口中心线和出口中心线同轴，如果进出口连接管道与风机进出口中心线同轴度偏差太大，会导致风机的运行不平稳，严重时会造成风机的机械损坏。风机管道的负载主要来自热膨胀、压力负载和管道的重量，并且主要是通过弹性接头或波纹管作用在风机的法兰盘上。如果把作用在风机上的外部负载限制在厂家所要求的数值内，这些负载就不会对风机的运行造成任何影响。另外，通过总风管的各并联的风机之间不应有相互串风的现象。</td></tr>
</table>

续表

<table>
<tr><td>4. 安装</td><td>⑤润滑系统和冷却系统的安装：按厂家说明书的要求进行润滑系统和冷却系统管路的安装，所有润滑系统和冷却系统的管道在安装前必须进行严格的清洗，不允许有任何异物或脏污。若是采用金属管道，如有锈蚀的，还必须进行严格的除锈，直到满足要求为止。在安装润滑系统和冷却系统的管道时，还必须将每个接头处进行严格的密封，以免有任何泄漏而影响设备的运行。若风机是采用水冷却，必须接通水源。
(2)电气系统和仪表的安装
在安装电气系统和仪表时，必须检查电气系统的各元器件和仪表是否有损坏，若有损坏，则必须进行更换后方可进行下续安装。在正式安装电气系统和仪表时，必须严格按照厂家提供的电气接线图进行安装。安装完成后，还必须对照厂家提供的相关图纸再次进行检查，以免带来对鼓风机的不必要损失。</td></tr>
<tr><td>5. 安装允许偏差</td><td><table>
<tr><th>项次</th><th>项目</th><th>允许偏差/mm</th><th>检验方法</th></tr>
<tr><td>1</td><td>设备平面位置</td><td>2mm</td><td>量尺检查</td></tr>
<tr><td>2</td><td>设备标高</td><td>0.2/1000</td><td>水平仪与直尺检查</td></tr>
</table></td></tr>
<tr><td>6. 调试</td><td>(1)单机调试
①单机调试前应检查
• 是否按照规定进行电气连接，运行电压不得偏离额定电压的±10%；
• 电机过载开关是否正确设置；
• 出风管路内是否有异物；
• 检查设备油位是否正常；
• 手动盘动联轴器观察转动是否有卡顿、异常声响；
②单机调试内容
• 检测电气绝缘电阻应符合要求；
• 先点动开关箱启动按钮，确定鼓风机的正确运转方向，如果运转方向相反，则把电机两相电缆互换；
• 经 1h 的运转过程中是否平稳、是否存在异常声响；
• 用钳形卡表测量空转电流(电流数值误差必须小于额定电流的 10%)；
• 手动、自控控制方式、开关在中控室显示是否正确，各项仪表数据读数是否与中控室数据保持一致。
(2)联动调试内容
①测量三项电流、风压；
②通过出口流量计，测量流量是否正常；
③运转过程中是否平稳、是否存在异常声响；
④联动调试时间不小于 72h。</td></tr>
<tr><td>7. 注意事项</td><td>①若在风机出厂前，风机和电机是分开运抵现场的，则还须对风机机组进行调整。分体运输的情况下，在风机安装时，通常以鼓风机主轴 A 作为基准，调整电机转轴 B 达到对中同心的目的，两者的同心度和端面跳动≤0.015mm。找两者同心度的目的是防止风机振动过大，保证风机安全连续运行。
②吊装鼓风机在基础上时，应使鼓风机的进气中心线、排气中心线、电机中心线与基础上标出的中心线一致。在吊装风机放置时，风机不能倾斜，以避免底座变形。每个方向的垫铁调整高度应在±0.1mm/m之内，每个调整面的接触面积应大于 60%，必须保证。
③鼓风机的水平度达到 0.02/1000(底座的水平度应使用具有 0.02mm 精度的水平仪来测量)。
④联轴器组装的端面间隙、径向位移和轴向倾斜，应符合设备技术文件的要求和现行国家标准《机械设备安装工程施工及验收通用规范》GB 50231 的有关规定。
⑤管路中的进风阀、配管、消声器等辅助设备的连接应牢固、紧密、无泄漏。
⑥消声与减振装置安装应符合设备技术文件的要求。
⑦减压阀、安全阀经检验应准确可靠。
⑧鼓风机试运转时应无异常声响，振动速度有效值、轴承温升等应符合设备技术文件的要求和现行国家标准《风机、压缩机、泵安装工程施工及验收规范》GB 50275 的有关规定。
⑨进出口连接管件、阀部件等部位应设置支、吊架。
⑩鼓风机安装允许偏差应符合现行国家标准《风机、压缩机、泵安装工程施工及验收规范》GB 50275 的有关规定。</td></tr>
</table>

3.9.3　空气悬浮风机安装调试指导卡片

<table>
<tr><td rowspan="3">1. 基本信息</td><td>设备类型</td><td>9. 鼓风机</td><td>设备名称</td><td>9.3　空气悬浮风机</td></tr>
<tr><td colspan="4">设备组成</td></tr>
<tr><td colspan="4">空气悬浮风机包括：主机、变频器、控制面板。风机主机由高效率高速发动机，叶轮和半永久空气轴承组成。放空阀安装在排气管旁，并提供一个可选的放空消声器。</td></tr>
<tr><td>2. 安装调试工艺流程</td><td colspan="4">施工准备→定位放线(校验预埋、预留)→鼓风机安装→电气系统安装→单机调试→联动调试</td></tr>
<tr><td>3. 施工前准备</td><td colspan="4">(1)开箱验收
设备开箱应由建设单位、监理单位、施工单位及设备厂家共同参加，并填写验收记录。设备及附属零部件的型号、规格、数量应符合设计图纸和合同要求。
(2)验货内容包括
①附件到货：鼓风机、阀门、消声器、止回阀等；
②产品合格证、安装使用说明书等技术资料应与实物相符。
(3)为保证鼓风机安装牢固，运转正常，必须注意以下要点
①地基是否牢固，表面是否平整，地基是否高出地面；
②设备基础水平度是否满足安装条件。</td></tr>
<tr><td>4. 安装</td><td colspan="4">①安装鼓风机：
a. 选用叉车将设备举起并运送到指定安装地点。
注意：确保起重设备、绳索等，能够承受设备重量。切勿将鼓风机从高处摔下或受到剧烈冲击，尤其在装卸设备时；
b. 将设备安装在地基上使用水平调节器将鼓风机的四个脚与地基充分接触。风机与水平面垂直，左右不超过0.5°。
②安装排气管、阀门及附件。
③电气安装：安装完成后，还必须对照厂家提供的相关图纸再次进行检查，以免带来对鼓风机的不必要损失。
a. 主要电气参数，电源：380V±5V，50Hz±1 Hz；
b. 按图纸要求穿、敷线，具体参见电控原理图。</td></tr>
<tr><td rowspan="3">5. 安装允许偏差</td><td>项次</td><td>项目</td><td>允许偏差/mm</td><td>检验方法</td></tr>
<tr><td>1</td><td>设备平面位置</td><td>10</td><td>量尺检查</td></tr>
<tr><td>2</td><td>设备标高</td><td>±1</td><td>用水准仪与直尺检查</td></tr>
<tr><td>6. 调试</td><td colspan="4">(1)单机调试
①单机调试前应检查：
• 是否按照规定进行电气连接，运行电压不得偏离额定电压的±10%；
• 出风管路内是否有异物；
• 曝气池是否保证足够水位。
②单机调试内容：
• 检测电气绝缘电阻应符合要求；
• 先点动开关箱启动按钮，确定鼓风机的正确运转方向，如果运转方向相反，则把电机两相电缆互换；
• 经1h的运转过程中是否平稳、是否存在异常声响；
• 用钳形卡表测量空转电流(电流数值误差必须小于额定电流的10%)；
• 手动、自控控制方式、开关在中控室显示是否正确，各项仪表数据读数是否与中控室数据保持一致。
(2)联动调试内容
① 测量三项电流、风压；
② 通过出口流量计，测量流量是否正常；
③ 运转过程中是否平稳、是否存在异常声响；
④ 联动调试时间不小于72h。</td></tr>
<tr><td>7. 注意事项</td><td colspan="4">①反向运转可能损坏鼓风机，试机时先点动确定运转方向。
②在风机顶部的四个角分别有四个吊眼用于起重风机，注意正确地使用吊眼，勿使吊眼发生形变，从而导致风机掉落于地面令风机受损。
③所有排风管道必须杜绝任何泄漏，排风管道的泄漏不仅影响鼓风机性能，还会引起周围环境的温升，抑或引起鼓风机或其他机器设备的故障。
④管路中的进风阀、配管、消声器等辅助设备的连接应牢固、紧密、无泄漏。
⑤消声与减振装置安装应符合设备技术文件的要求。
⑥减压阀、安全阀经检验应准确可靠。
⑦鼓风机、压缩机试运转时应无异常声响，振动速度有效值、轴承温升等应符合设备技术文件的要求和现行国家标准《风机、压缩机、泵安装工程施工及验收规范》GB 50275的有关规定。
⑧进出口连接管件、阀部件等部位应设置支、吊架。
⑨鼓风、压缩设备安装允许偏差应符合现行国家标准《风机、压缩机、泵安装工程施工及验收规范》GB 50275的有关规定。</td></tr>
</table>

3.9.4 磁悬浮风机安装调试指导卡片

<table>
<tr><td rowspan="3">1. 基本信息</td><td>设备类型</td><td>9. 鼓风机</td><td>设备名称</td><td colspan="2">9.4 磁悬浮风机</td></tr>
<tr><td colspan="5">设备组成</td></tr>
<tr><td colspan="5">磁悬浮风机包括：主机、变频器、控制面板。风机主机由高效率高速发动机、叶轮和磁悬浮轴承组成。放空阀安装在排气管旁，并提供一个可选的放空消声器。</td></tr>
<tr><td>2. 安装调试工艺流程</td><td colspan="5">施工准备→定位放线(校验预埋、预留)→鼓风机安装→电气系统安装→单机调试→联动调试</td></tr>
<tr><td>3. 施工前准备</td><td colspan="5">(1)开箱验收
设备开箱应由建设单位、监理单位、施工单位及设备厂家共同参加，并填写验收记录。设备及附属零部件的型号、规格、数量应符合设计图纸和合同要求。
(2)验货包括的内容
①附件到货：鼓风机、阀门、消声器、止回阀等；
②产品合格证、安装使用说明书等技术资料应与实物相符。
(3)为保证鼓风机安装牢固，运转正常，必须注意以下要点
①地基是否牢固；
②设备基础水平度是否满足安装条件。</td></tr>
<tr><td>4. 安装</td><td colspan="5">①安装鼓风机：
a. 选用适当的起重设备(比如铲车)来将设备举起并运送到指定安装地点。确保起重设备，绳索等，能够承受设备重量。切勿将鼓风机从高处摔下或受到剧烈冲击，尤其在装卸设备时。
b. 将设备安装在地基上使用水平调节器将鼓风机的四个脚与地基充分接触。风机与水平面垂直，左右不超过0.5°。
②安装排气管、阀门及附件。
③电气安装：
a. 主要电气参数，电源：380V±5V，50Hz±1Hz；
b. 按图纸要求穿、敷线，具体参见电控原理图。</td></tr>
<tr><td rowspan="3">5. 安装允许偏差</td><td>项次</td><td colspan="2">项目</td><td>允许偏差/mm</td><td>检验方法</td></tr>
<tr><td>1</td><td colspan="2">设备平面位置</td><td>10</td><td>量尺检查</td></tr>
<tr><td>2</td><td colspan="2">设备标高</td><td>±20</td><td>用水准仪与直尺检查</td></tr>
<tr><td>6. 调试</td><td colspan="5">(1)单机调试
①单机调试前应检查：
• 是否按照规定进行电气连接，运行电压不得偏离额定电压的±10%；
• 出风管路内是否有异物；
• 曝气池是否保证足够水位。
②单机调试内容：
• 检测电气绝缘电阻应符合要求；
• 先点动开关箱启动按钮，确定鼓风机的正确运转方向，如果运转方向相反，则把电机两相电缆互换；
• 经1h的运转过程中是否平稳、是否存在异常声响；
• 用钳形卡表测量空转电流(电流数值误差必须小于额定电流的10%)；
• 手动、自控控制方式、开关在中控室显示是否正确，电流表等仪表数据读数是否与中控室数据保持一致。
(2)联动调试内容
① 测量三项电流、风压；
② 通过出口流量计，测量流量是否正常；
③ 运转过程中是否平稳、是否存在异常声响；
④ 联动调试时间不小于72h。</td></tr>
<tr><td>7. 注意事项</td><td colspan="5">①反向运转可能损坏鼓风机，试机时先点动确定运转方向。
②在风机顶部的四个角分别有四个吊眼用于起重风机，注意正确地使用吊眼，勿使吊眼发生形变，从而导致风机掉落于地面令风机受损。
③所有排风管道必须杜绝任何泄漏，排风管道的泄漏不仅影响鼓风机性能，还会引起周围环境的温升，抑或会引起鼓风机或其他机器设备的故障。
④管路中的进风阀、配管、消声器等辅助设备的连接应牢固、紧密、无泄漏。
⑤消声与减振装置安装应符合设备技术文件的要求。
⑥减压阀、安全阀经检验应准确可靠。
⑦鼓风机、压缩机试运转时应无异常声响，振动速度有效值、轴承温升等应符合设备技术文件的要求和现行国家标准《风机、压缩机、泵安装工程施工及验收规范》GB 50275的有关规定。
⑧进出口连接管件、阀部件等部位应设置支、吊架。
⑨鼓风、压缩设备安装允许偏差应符合现行国家标准《风机、压缩机、泵安装工程施工及验收规范》GB 50275的有关规定。</td></tr>
</table>

3.10 脱水机安装调试

3.10.1 带式浓缩一体机安装调试指导卡片

<table>
<tr><td rowspan="3">1. 基本信息</td><td>设备类型</td><td>10. 脱水机</td><td>设备名称</td><td>10.1 带式浓缩一体机</td></tr>
<tr><td colspan="4">设备组成</td></tr>
<tr><td colspan="4">带式污泥浓缩脱水一体机主要由两大设备组合而成：带式浓缩机和带式脱水浓缩机。它们置于脱水的上部，主要由滤带、一系列辊子、支承机架、气控柜、驱动、张紧、清洗、纠偏装置以及卸料装置组成。</td></tr>
<tr><td>2. 安装调试工艺流程</td><td colspan="4">施工准备→定位放线(校验预埋、预留)→带式压滤机安装→电气系统安装→单机调试→联动调试</td></tr>
<tr><td>3. 施工前准备</td><td colspan="4">(1)开箱验收
设备开箱应由建设单位、监理单位、施工单位及设备厂家共同参加，并填写验收记录。设备及附属零部件的型号、规格、数量应符合设计图纸和合同要求。
(2)验货内容包括
①附件到货：脱水机、电气柜等；
②产品合格证、安装使用说明书等技术资料应与实物相符。
(3)为保证脱水机安装牢固、运转正常，必须注意以下要点
①检查安装基础平面的水平度是否满足安装要求；
②安装位置周围要有足够的空间，以便维护检修；
③预留预埋件及螺栓数量及尺寸是否正确。</td></tr>
<tr><td>4. 安装</td><td colspan="4">①设备整体吊装：设备吊至预定位置后，用垫铁垫平四个支撑脚，使四个支脚均匀受力，并保证设备的水平度，允差应小于2/1000，最后用膨胀螺栓固定。
②接通清洗水管道。
③污泥管路连接。
④药液泵管路的连接。
⑤气路连接。
⑥电气安装。
a. 主要电气参数，电源：380V±5V，50Hz±1Hz；
b. 按图纸要求穿、敷线，具体参见电控原理图。</td></tr>
<tr><td rowspan="4">5. 安装允许偏差</td><td>项次</td><td>项目</td><td>允许偏差/mm</td><td>检验方法</td></tr>
<tr><td>1</td><td>设备平面位置</td><td>1</td><td>尺量检查</td></tr>
<tr><td>2</td><td>设备标高</td><td>±10</td><td>水准仪与直尺检查</td></tr>
<tr><td>3</td><td>设备水平度</td><td>1/1000</td><td>水平仪检查</td></tr>
</table>

续表

6. 调试	(1)单机调试： ①单机调试前应检查： • 是否按照规定进行电气连接，运行电压不得偏离额定电压的±10%； • 是否按照规定进行电气连接； • 电机过载开关是否正确设置； • 限位开关、急停开关是否正确动作； • 空压机气源及压力是否正常； • 冲洗水泵是否正常运行； • 螺旋输送设备是否正常工作； • 滤带上异物是否清理干净； • 检查各轴承加注润滑脂，检查减速机内的润滑油油位是否与减速机使用说明书上的要求相符合。 ②单机调试内容： • 先点动开关箱启动按钮，确定鼓风机的正确运转方向，如果运转方向相反，则把电机两相电缆互换； • 经1h的运转过程中是否平稳、是否存在异常声响； • 传动部件应运转平稳，无异常现象； • 减速机的调速应为无级变频调速，调速过程应正确、平滑、灵敏； • 液压、气动系统动作应灵活、准确、可靠； • 急停限位器，纠偏器的动作应正确、可靠； • 带式压滤机的滤带不得打褶，滤带相对于辊子的跑偏量不得大于40mm，大于40mm应自动停机并报警； • 手动、自控控制方式、开关在中控室显示是否正确，电流表等仪表数据读数是否与中控室数据保持一致。 (2)联动调试内容：按照脱水机房操作手册逐一开启各设备运行。 ① 开启空压机，检查气路有无泄漏；各气动元件动作是否正常，撑紧气缸应能自由撑出；调偏气缸灵活伸缩；用手扳动调偏挡板；调偏气阀应动作同时调偏气缸应动作；气缸压力先调至0.1～0.2MPa。 ② 开启药液搅拌，确定叶片旋转方向，检查减速机有无漏油，有无异常噪声(搅拌机不允许无水状态运行)。 ③ 开启螺旋输送机。 ④ 开启清水泵，打开各阀门，检查各清洗喷嘴有无堵塞。 ⑤ 开启主机：先点动检查网带运行方向是否正确，然后运转1h，检查有无异常噪声和振动及减速机的温升；用手扳动纠偏开关时可以纠偏，用手扳动急停开关应报警并停机。 ⑥开启药液泵，检查管路有无泄漏，各阀门是否灵活、有效。 ⑦启动污泥泵，检查污泥泵的运转方向及有无异常噪声，管道有无泄漏(启动前先利用反冲洗管对泵前和泵后管道进行清洗，以防大块杂物进入螺杆泵损坏橡胶衬套)。 • 设备连续运行24h记录滤带速度、出泥量、含水率等参数。
7. 注意事项	①脱水段压榨辊水平度、平行度应符合设备技术要求； ②脱水机基础必须严格找平，偏差不超过1mm； ③试运转时传动部件运行应平稳、无异常现象，滤带不得出现跑偏、急停现象； ④试运转时要反复测试限位开关、纠偏开关的灵敏度； ⑤与带式压滤机配套的进泥管、气源管、出水管、除臭管等连接应牢固、严密； ⑥带式压滤机的滤带应张紧、平直； ⑦污泥浓缩脱水设备与污泥输送设备连接应严密、无渗漏。

3.10.2 板框压滤机安装调试指导卡片

<table>
<tr><td rowspan="3">1. 基本信息</td><td>设备类型</td><td>10. 脱水机</td><td>设备名称</td><td>10.2　板框压滤机</td></tr>
<tr><td colspan="4">设备组成</td></tr>
<tr><td colspan="4">板框压滤机主要组成包括机架部分、过滤部分、液压部分、卸料装置和电气控制部分。</td></tr>
<tr><td>2. 安装调试工艺流程</td><td colspan="4">施工准备→定位放线(校验预埋、预留)→压滤机安装→电气系统安装→单机调试→联动调试</td></tr>
<tr><td>3. 施工前准备</td><td colspan="4">(1)开箱验收
设备开箱应由建设单位、监理单位、施工单位及设备厂家共同参加，并填写验收记录。设备及附属零部件的型号、规格、数量应符合设计图纸和合同要求。
(2)验货内容包括
①附件到货：机架部分、过滤部分、液压部分、卸料装置和电气控制部分等；
②产品合格证、安装使用说明书等技术资料应与实物相符。
(3)为保证压滤机的安装牢固，运转正常，必须注意以下要点
①检查安装基础平面的水平度；
②安装位置周围要有足够的空间，以便维护检修；
③预留预埋件及螺栓数量和尺寸是否正确。</td></tr>
<tr><td>4. 安装</td><td colspan="4">(1)压滤机的安装
①按图纸要求校对各基础中心距离和预埋钢板位置。压滤机安装时，首先检查混凝土基础结构，要求平整、坚固。
②以适当起重量的吊车，按照所制定的吊装操作规范，经由焊在压滤机止推板和主梁末端的吊环将压滤机吊起。
③将压滤机定位好，地脚中心线两端要在同一水平线上，按水平及对角线校正，止推板支腿用地脚螺栓固定，机座支腿严禁固定，以保证其在受力状态下保持一定的自由位移。
④检查压滤机机架各连接螺栓是否紧固，滤板、隔膜板排列顺序是否整齐正确，各孔位是否对正；明流压滤机要将出液水嘴安装在滤板下端，并拧紧；如果使用接液盘或翻板，整机的底座应比基础面高出一定尺寸，留出接液盘或翻板的空间。
⑤滤板在吊运时，首先检查滤板是否在运输过程中有刮伤和磕伤，如发现有上述情况及时与厂家联系，以便于及时修复或更换。隔膜滤板和厢式滤板要按顺序整齐排列在机架上，滤板的排放次序：止推板、防腐板、厢式滤板、厢式滤板、厢式滤板、挡板防腐板、压紧板，并且各个滤板的充气孔和进料、暗流孔都要对齐，不允许出现倾斜和孔位错乱现象；滤布一定要保持平整，不能有折叠，否则会出现漏料现象；使用夹布器的，夹布器一定要拧紧，使滤布贴紧在进料口处，不然会使滤浆进入滤布和滤板或滤布和隔膜板之间。
⑥检查液压站各油管连接处是否有松动，油箱是否干净。液压站安装的位置可根据实际场地而定，管道尽可能短，最佳距离在1.5m以内；液压站应离卸料处有一定距离，以免物料落在液压站上面，影响液压元件或电机的正常使用；检查各油管连接处是否有松动，油箱是否干净，然后向油箱内充满美孚液压油。
⑦检查电源及电机等接线正确无误后，将电源接通，对电控柜再检查一遍。
(2)电气的安装
①将电柜中的所有断路器断开，检查各接线端子接线牢固准确，按钮开关及接触器、继电器应灵活无卡阻现象；
②将电控柜永久固定在操作位置；
③实施分线盒与电控柜之间的布线；
④连接主电源到电控柜电源端子上；
⑤用万能表测量电源电压是否正常。
(3)管道的安装
管道的安装可根据管口尺寸，结合现场实际进行安装，管路的安装、使用、维修必须方便，管道不得接错，管线尽量短。</td></tr>
</table>

续表

	项次	项目	允许偏差/mm	检验方法	项次	项目	允许偏差/mm	检验方法
5. 安装允许偏差	1	纵向水平误差	1.5/1000	水平仪与直尺检查	3	平行度	≤3	水平仪检查
					4	直线度	3～5	水平仪与直尺检查
	2	横向水平误差	1.5/1000	水平仪与直尺检查	5	对角线	1.5/1000	水平仪与直尺检查

6. 调试	(1)单机调试 ①单机调试前应检查： • 是否按照规定进行电气连接，运行电压不得偏离额定电压的±10%； • 电动马达的选装方向必须与旋转方向的箭头一致； • 压滤机安装时纵向和横向都要保持水平； • 主要部件安装到位，按要求进行调整、检验，符合精度要求，零部件保证齐全、完好； • 电源及电机等接线正确无误，电机运转正常，液压站应加满清洁的液压油； • 安装好进料管、压缩空气管、水管、油管等管路及所有阀门，并保证其畅通无阻，避免返工； • 有水洗滤布功能的压滤机，水箱进泵口必须增加过滤器； • 辅助设备(如压力容器、泵、空气压缩机等)均安装齐全完好； • 将机架、滤板、隔膜板、活塞杆擦干净，检查滤板排列是否整齐、正确； • 检查隔膜板和配板滤布安装有无错误和折叠现象，如有则需要更换和展平； • 应准备好足够的污泥、气源、水源等，满足试车条件； • 根据污泥的过滤要求，应准备足够、合适的助滤剂或絮凝剂； • 检查各管路、压滤机上应无杂物； • 检查各轴承加注润滑脂，检查减速机内的润滑油油位是否与减速机使用说明书上的要求相符合。 ②单机调试内容： a. 液压系统： • 点动电机，时间不允许超过3s，观察转向是否与柱塞泵所标注转向一致。 • 在设备未进料的情况下，首先将油缸上的电接点压力表的上限调至5MPa、下限调至2MPa(调整指针时应缓慢，避免动作过大损坏电接点压力表)进行压紧，并将高压腔处的排气阀打开，进行排气(注意排气，直到流出液压油后关闭。压紧后再进行松开，压紧板到达限位后再反复进行几次，待活塞杆运行平稳，无爬行状态为止，证明油缸内的空气已排尽；然后再进行滤板的排放，滤板的偏移量不可超过5mm，否则将因滤板的密封面减小，引起滤板的损坏和滤液泄漏等现象。再将油缸上的电接点压力表的上限调至10MPa，下限调至7MPa，进行压紧，检查压滤机各受力点情况，主梁两侧有无异常情况；最后将油缸上的电接点压力表的上限调至14MPa、下限调至12MPa进行压紧。如无其他异常情况就可以进料。 b. 过滤部分调试： • 压紧配板和隔膜板并保压。 • 打开所有出液阀门，关闭吹气阀门，进料阀门打开四分之一左右，启动进料泵，观察滤液及进料压力变化，如压力超高，须打开回流管上的阀门进行调节。由于滤布的毛细现象，刚开始过滤时，滤液有少许混浊。一般明流机型过滤3～5min(暗流为4～5min)后，方可正常，可将进料阀门缓慢开大，并打开溢流阀，当进料压力上升至设定压力，当滤液流出很少时，停止进料。然后打开充气(水)阀，向隔膜板的腔室内进行充气(水)，充气(水)压力不可超过设定压力，这样可以压榨出滤室中滤饼的一部分，一般隔膜压榨时间为1～3min，当压榨出的滤液流量极小时，关闭充气(水)阀，打开卸压阀，将隔膜腔室内的气(水)压力卸掉。然后打开压紧板上进料孔的中间吹气阀门，进行瞬间中间高压空气穿流。 注意：在进行压榨前，物料必须充满滤室，否则两者均会导致滤板损坏。 (2)联动调试内容 • 按照脱水机房操作手册逐一开启各设备运行； • 设备连续运行24h记录出泥量、含水率等参数。
7. 注意事项	①压滤机在吊运时，必须先进行试吊，且有专业厂家技术人员指导安装，机架与吊装绳相接触的地方应衬垫布料或其他软性材料。 ②调试之前确认管路及压滤机上无杂物。 ③板框压滤机的控制系统、执行机构、拉板装置、安全装置应动作灵活、正确，安装符合设备厂家技术文件的要求。 ④滤板安装应垂直、整齐，压紧，相邻两滤板错位应小于3mm，整机滤板最大错位应小于10mm。 ⑤滤布应平整，不得折叠，滤布应紧贴在进料口处，滤板间进料孔和漂洗孔应对应。 ⑥设备固定侧与滑动侧的安装应符合设备技术文件的要求。

3.11 加药及消毒设备安装调试

3.11.1 PAC加药系统安装调试指导卡片

<table>
<tr><td rowspan="3">1. 基本信息</td><td>设备类型</td><td>11. 加药设备</td><td>设备名称</td><td>11.1 PAC加药系统</td></tr>
<tr><td colspan="4">设备组成</td></tr>
<tr><td colspan="4">PAC加药系统由PAC储罐、搅拌机、隔膜计量泵及附件(过滤器、安全阀、背压阀、阻尼器、压力表)、电控箱、若干法兰、阀门等组成。</td></tr>
<tr><td>2. 安装调试工艺流程</td><td colspan="4">施工准备→定位放线(校验预埋、预留)→设备的安装→电气系统安装→单机调试→联动调试</td></tr>
<tr><td>3. 施工前准备</td><td colspan="4">(1)开箱验收
设备开箱应由建设单位、监理单位、施工单位及设备厂家共同参加,并填写验收记录。设备及附属零部件的型号、规格、数量应符合设计图纸和合同要求。
(2)验货包括的内容
①附件到货:隔膜泵、储罐、阀门、压力表、流量计、管路及电气控制部分等;
②产品合格证、安装使用说明书等技术资料应与实物相符。
(3)为保证所有设备的安装牢固,运转正常,必须注意以下要点
①检查安装基础平面的水平度;
②安装位置周围要有足够的空间,以便维护检修;
③预留预埋件及螺栓数量和尺寸是否正确。</td></tr>
<tr><td>4. 安装</td><td colspan="4">①安装储药罐;
②安装药泵;
③安装管路、阀门、仪表、阻尼器、止回阀、泄压阀、安全阀、流量计等配件;
④按照图纸进行电气连接。</td></tr>
<tr><td>5. 调试</td><td colspan="4">(1)单机调试
①单机调试前应检查:
• 是否按照规定进行电气连接,运行电压不得偏离额定电压的±10%;
• 检查设备各部件是否正常,有无泄漏;
• 检查各阀门开关位置是否准确;
• 检查安全阀,将安全塞塞紧;
• 隔膜泵润滑油油位正常;
• 打开设备电源开关,观察温度显示和各指示灯状态是否正常;
• 药罐注满清水。
②单机调试内容:
• 点动搅拌器观察桨叶运转方向是否正确;
• 搅拌低负载运行时间1h,并记录电机的电流(可能无电流表);
• 点动隔膜泵观察电机运转方向是否正确;
• 带负载运行1h,期间测试安全阀、阻尼器、泄压阀、压力表是否正常工作,并记录电机电流和流量计流量。
(2)联动调试内容
① PAC加药设备运行前的检查:
• 按照调试方案单机试车并且试车成功;
• 储药池已配置好10% PAC溶液并且搅拌混合均匀。
② 启动计量泵:
• 确保计量泵油箱已到油位水平线,排气阀打开;
• 确认流量设定在0%;
• 打开泵出口阀、进口阀;
• 设定流量值100%,以便泵头快速排气;
• 排气后,设定流量至要求值,并锁紧冲程锁紧螺钉。
具体调节方法:调节冲程至X%启动计量泵,运行5~10min(调节计量泵冲程时,要先松冲程锁定螺栓再调流量旋钮,调节完毕后,拧紧冲程锁定螺栓);
• 设备连续运行24h记录隔膜泵流量是否正常。</td></tr>
<tr><td>6. 注意事项</td><td colspan="4">计量泵启动后,出口管路阀门严禁关闭,否则造成泵过载或造成爆管事故。</td></tr>
</table>

3.11.2　紫外线消毒安装调试指导卡片

1. 基本信息

设备类型	11. 消毒设备	设备名称	11.2　紫外线消毒

设备组成

紫外消毒系统由消毒模块、空压机、控制系统构成。

2. 安装调试工艺流程

施工准备→定位放线(校验预埋、预留)→紫外线消毒设备安装→空压机的安装→电气系统安装→单机调试→联动调试

3. 施工前准备

(1)开箱验收

设备开箱应由建设单位、监理单位、施工单位及设备厂家共同参加,并填写验收记录。设备及附属零部件的型号、规格、数量应符合设计图纸和合同要求。

(2)验货包括的内容

①附件到货:紫外线消毒模块、空压机、电控柜等;

②产品合格证、安装使用说明书等技术资料应与实物相符。

(3)为保证紫外线安装牢固,运转正常,必须注意以下要点

①地基是否牢固,表面是否平整;

②预留预埋件及螺栓数量和尺寸是否正确;

③设备基础水平度是否满足安装条件。

4. 安装

①紫外线消毒模块

a. 将安装梁固定后形成安装框架,然后放在水渠上,用不锈钢膨胀螺栓将其固定,注意检查固定是否牢靠;

b. 拆开排架的包装箱,逐一连接排架吊起来放置在安装框架上;

c. 按图纸逐一连接排架的电缆和气管,并将其作适当固定。

②将镇流器电箱放置在水渠一侧的地面上,用地脚螺栓(若无预埋地脚螺栓则用不锈钢膨胀螺栓)固定好。镇流器电箱放置处应有防雨水设施。

③将中央控制柜(人机界面箱)放置于室内或水渠一侧的防雨水处。

④将气缸控制柜置于排架附近的水渠一侧,用地脚螺栓固定好。

⑤将空压机放置在室内或可防雨水处(必要时可定做防雨水外箱)。

⑥所有设备安装就位后,按电缆与气管连接图将各模块通过连接线连接为一体,连接电缆应设置密封装置,接口处不得渗漏。

5. 安装允许偏差

项次	项目	允许偏差/mm	检验方法
1	设备平面位置	10mm	量尺检查
2	设备标高	±10mm	水平仪与直尺检查
3	设备水平度	$L/1000$	水平仪检查

6. 调试

(1)单机调试

①单机调试前应检查:

- 是否按照规定进行电气连接,运行电压不得偏离额定电压的±10%。
- 消毒池内是否有异物。
- 消毒池是否保证足够水位。
- 紫外消毒装置排架与渠壁应固定牢固。
- 紫外消毒装置石英套管应严密、无渗漏;管壁应清洁、无污染。

②单机调试内容:

- 先点动开关箱启动按钮,观察紫外线灯管是否正常开启。
- 点动灯管清洗系统是否可以正常运行。
- 当紫外线消毒渠水位低于正常水位时,应能自动关闭紫外灯管。
- 手动、自控控制方式、开关在中控室显示是否正确,各项仪表数据读数是否与中控室数据保持一致。

(2)联动调试内容

自动运行紫外消毒系统。

7. 注意事项

①排架调试前来水需要先旁通,待确认渠内无木块、塑料布等建筑垃圾后,再将水流导向消毒渠内,以免上游渠道内的异物损坏灯管;

②调试时注意液位控制器安装的标高;

③紫外线消毒模块应全部浸泡在水中;

④紫外线消毒设备进出口水位落差不应大于300mm。

3.11.3 二氧化氯消毒系统安装调试指导卡片

<table>
<tr><td rowspan="3">1. 基本信息</td><td>设备类型</td><td>11. 消毒设备</td><td>设备名称</td><td>11.3 二氧化氯消毒系统</td></tr>
<tr><td colspan="4">设备组成</td></tr>
<tr><td colspan="4">设备主要由二氧化氯发生器、盐酸储罐、氯酸钠储罐、盐酸卸料泵、化料器、盐酸计量泵、氯酸钠计量泵、压力表、管道过滤器、水射器、控制系统等组成，同时配套消毒剂投加所需阀门、管件和管道等。</td></tr>
<tr><td>2. 安装调试工艺流程</td><td colspan="4">施工准备→定位放线(校验预埋、预留)→设备的安装→电气系统安装→单机调试→联动调试</td></tr>
<tr><td>3. 施工前准备</td><td colspan="4">(1)开箱验收
设备开箱应由建设单位、监理单位、施工单位及设备厂家共同参加，并填写验收记录。设备及附属零部件的型号、规格、数量应符合设计图纸和合同要求。
(2)验货内容包括
①附件到货：二氧化氯发生器、射流泵、储罐、管路及电气控制部分等；
②产品合格证、安装使用说明书等技术资料应与实物相符。
(3)为保证所有设备安装牢固、运转正常，必须注意以下要点
①检查安装基础平面的水平度；
②安装位置周围要有足够的空间，以便维护检修；
③预留预埋件及螺栓数量和尺寸是否正确。</td></tr>
<tr><td>4. 安装</td><td colspan="4">①确定消毒剂投加点和水射器、设备安装位置；
②安装水射器，并将管道连接到投加点，安装位置应符合设计要求，插入深度应符合厂家要求；
③将设备摆放到适当位置，把水射器吸入口同设备出药口相连接；
④把二氧化氯发生器主机、氯酸钠化料器、氯酸钠储料罐、盐酸储料罐摆在适当位置，并按设备安装示意图安装，其中反应釜安装应牢固，位置应符合设计要求，水平度、垂直度不应大于1‰；
⑤安装各类仪表；
⑥接入电源线、信号线等，具体接线方式参照接线盒背面的接线图。</td></tr>
<tr><td>5. 调试</td><td colspan="4">(1)单机调试
①单机调试前应检查：
• 是否按照规定进行电气连接，运行电压不得偏离额定电压的±10%；
• 打开动力水总阀门，把水压按要求调至稳定状态0.3～0.5MPa；
• 检查设备各部件是否正常，有无泄漏；
• 检查各阀门开关位置是否准确；
• 检查安全阀，将安全塞塞紧；
• 严禁空机运行；
• 打开设备电源开关，观察温度显示和各指示灯状态是否正常；
• 检查安全阀，将安全塞塞紧；
• 从进水口给加热水套加满水；
• 初次使用时先给反应器加水至液位管1/3处；
• 打开控制器开关，观察计量泵和温度显示是否正常；
• 加氯系统严密性试验及加氯管道的强度试验应符合设计文件的要求。
②单机调试内容：
打开动力水阀门，开启设备电源，使其加热装置自动加热，水射器正常工作，此时设备内应有鼓泡声。启动计量泵，如果计量泵管道中有空气应先排出空气，观察计量泵工作是否正常。
(2)联动调试内容
① 按照操作手册逐一开启各设备联动运行；
② 设备连续运行24h记录用药量、设备运行情况等参数。</td></tr>
<tr><td>6. 注意事项</td><td colspan="4">(1)水射器的安装
水射器一般应固定在设备后面的墙壁上，水射器吸入口位置高度应与发生器出药口持平。水射器可水平安装或垂直安装，建议垂直安装。水射器前后应安装活节，以便于拆卸清洗，插入深度应符合厂家要求。
(2)二氧化氯发生器的安装
设备安装位置一般应选择离自来水源近，且操作比较方便的位置。安装时应注意留出一定的检修空间，以方便维护；
对于出厂时已装好的部件，开箱后应重新检查，对于松动的部件要拧紧。设备间的尺寸应充分保证安装后设备的前后左右通道至少有60cm的距离，以便进行适当的维修和操作。
(3)管道部分
管道连接方式为黏接方式，进水口至水射器部分可用PVC专用胶或302胶，水射器后的主管道除黏结外，另外加PVC焊接，以增加安装的质量和使用寿命；电磁阀安装方向(电磁阀所指方向为水流方向)务必安装正确；加氯系统严密性试验及加氯管道的强度试验应符合设计文件的要求。</td></tr>
</table>

3.11.4　臭氧发生器系统安装调试指导卡片

<table>
<tr><td rowspan="4">1. 基本信息</td><td>设备类型</td><td>11. 消毒设备</td><td>设备名称</td><td>11.4　臭氧发生器系统</td></tr>
<tr><td colspan="4">设备组成</td></tr>
<tr><td colspan="4">系统主要包括臭氧发生器、内循环冷却水系统、仪表、阀门、控制系统、臭氧投加系统、尾气破坏系统、不锈钢管路等组成。</td></tr>
<tr><td colspan="4"></td></tr>
<tr><td>2. 安装调试工艺流程</td><td colspan="4">施工准备→定位放线(校验预埋、预留)→设备的安装→电气系统安装→单机调试→联动调试</td></tr>
<tr><td>3. 施工前准备</td><td colspan="4">(1)开箱验收
设备开箱应由建设单位、监理单位、施工单位及设备厂家共同参加，并填写验收记录。设备及附属零部件的型号、规格、数量应符合设计图纸和合同要求。
(2)验货包括的内容
①附件到货：臭氧发生器、内循环冷却水系统、仪表、阀门、控制系统、臭氧投加系统、尾气破坏系统、不锈钢管路等；
②产品合格证、安装使用说明书等技术资料应与实物相符。
(3)为保证所有设备安装牢固、运转正常，必须注意以下要点：
①检查安装基础平面的水平度；
②安装位置周围要有足够的空间，以便维护检修；
③预留预埋件及螺栓数量和尺寸是否正确。</td></tr>
<tr><td>4. 安装</td><td colspan="4">①臭氧发生器及辅助设备的就位：臭氧设备及其附件均采用膨胀螺钉进行固定。确定臭氧设备及其附件的放置位置，使用电锤在设备固定处开孔并安装好膨胀螺栓，然后再将臭氧设备及附件固定在膨胀螺栓上，确保各部件固定牢靠，杜绝因设备固定不牢靠而引起的安全隐患。
②不锈钢管道施工：
a. 管道焊接：不锈钢管道的连接方式采用焊接与法兰固定相结合。焊接方式采用氩弧焊进行焊接，焊接时须确保焊接牢靠且表面光滑。
b. 管道清洁：管道的清洁、吹扫应在干净、通风的室内场地中进行，清洁剂采用99.8%的乙醇，管道的所有部分均需要清洗吹扫，不能留任何死区。具体步骤如下：
• 对焊接好的管道分段清洗，封住管道一端倒入乙醇，灌满后浸泡约15min，等油脂完全溶解后倒出清洁剂；
• 用钢丝缠紧不起毛的白布，蘸上乙醇通入管道后，反复擦拭管壁直至干净为止；
• 使用无油压缩空气或高压氮气吹入管道，直至除去溶剂和固体颗粒；
• 采用不起毛的白布反复擦拭管壁，直至管壁擦拭干净。
③压力测试：管道、设备安装完成后，必须做压力试验和密封性试验并进行检查。压力试验时，用空压机压入无油空气(或惰性气体)，缓慢增加压力至设计压力的1.5倍，然后用发泡剂检查所有接口，不泄漏为合格。
④设备电缆敷设。
⑤电缆连接。</td></tr>
</table>

续表

<table>
<tr><td>5. 调试</td><td>(1)单机调试
①单机调试前检查
• 是否按照规定进行电气连接，运行电压不得偏离额定电压的±10%；
• 检查设备各部件是否正常、有无泄漏；
• 检查臭氧系统内管路、阀门的连接应牢固紧密、无渗漏；
• 检查各阀门开关位置是否准确；
• 仪表仪器校准、信号输出是否正常；
• 接触池曝气是否正常运行。
②单机调试内容
a. 冷却水系统调试
(a)内循环冷却水的加注；
• 内循环冷却水必须符合冷却水水质要求；
• 配置冷却水的防冻液；
• 打开循环水路的所有阀门；
• 打开换热器上的排气阀，直到排气阀均匀流出 5min 后关闭。
(b)冷却水泵的启动
• 确保系统已经注水；
• 检查电路连接完好；
• 注意水泵的旋转方向是否正确，并对水泵排气口排气；
• 检查并确保管道连接完好，没有泄漏；
• 观察管道是否有泄漏。
(c)冷却水外循环：
b. 氧气气源调试：
• 对照流程图检查工艺管道、阀门的连接是否正确；
• 人机界面上手动开启气动阀门、电动阀门，观察运行是否正常；
• 手动开启气源工艺沿路的手动阀门；
• 关闭蒸发器后，调整减压、稳压装置使其压力不高于规定压力；
• 观察气源工艺管路压力、流量、报警开关、阀门信号是否正常；
• 逐一单台调整低压报警开关是否正常；
• 逐一单台调整高压报警开关是否正常；
• 滤芯堵塞报警开关是否正常；
• 验证温度变送器信号机温度显示是否正常。
c. 系统性能测试：
• 臭氧浓度、产量、能耗测试；
• 冷却水温检查；
• 臭氧破坏器测试；
• 自控系统空测试。
(2)联动调试内容
• 按照操作手册逐一开启各设备联动运行；
• 设备连续运行 24h 记录用药量、设备运行情况等参数。</td></tr>
<tr><td>6. 注意事项</td><td>①调试时注意尾气破坏装置是否正常运行。
②应根据设计文件，对进场设备的型号、规格、材质等进行核对。
③臭氧发生器安装应牢固，位置应符合设计要求，水平度、垂直度不应大于 1‰。
④水射器安装位置应符合设计要求，插入深度应符合厂家要求。
⑤臭氧系统防爆设备的安装应符合设计文件的要求和现行国家标准《电气装置安装工程爆炸和火灾危险环境电气装置施工及验收规范》GB 50257 的有关规定。
⑥臭氧、氧气系统的管道及附件在安装前必须进行脱脂。
⑦臭氧系统的强度试验及严密性试验应符合设计文件的要求和国家现行标准的有关规定。</td></tr>
</table>

3.12　除臭设备安装调试

3.12.1　生物除臭安装调试指导卡片

1. 基本信息	设备类型：12 除臭设备；设备名称：12.1 生物除臭 设备组成 ①气体输送部分：主要由气体输送管道及加压风机和作为整个系统动力来源的离心风机组成。 ②生物除臭装置：主要由生物除臭设备主体、散水箱、循环喷淋水箱、循环泵、散水泵、磁翻板液位计、进水电动阀、排水电动阀、PH 检测仪及硫化氢和氨氮检测仪表组成。
2. 安装调试工艺流程	施工准备→定位放线(校验预埋、预留)→生物滤池安装→风机安装→收集装置系统安装→风管安装→单机调试→联动调试
3. 施工前准备	(1)开箱验收 设备开箱应由建设单位、监理单位、施工单位及设备厂家共同参加，并填写验收记录。设备及附属零部件的型号、规格、数量应符合设计图纸和合同要求。 (2)验货内容包括 ①附件到货：离心风机、循环泵、除臭设备主体、散水泵、液位计、阀门、空气收集管路、阀门、管路支架等。 ②产品合格证、安装使用说明书等技术资料应与实物相符。 (3)设备基础 ①是否预留地脚螺栓二次灌浆孔(如配地脚螺栓)； ②设备基础位置水平度、几何尺寸是否满足安装要求； ③基础表面杂物是否已经清理完毕。
4. 安装	(1)生物滤池安装 生物滤池一般采用模块组合式设备，采用有机玻璃钢材料或钢板内衬塑料。生物滤池的尺寸按除臭处理系统的要求分别配置，顶部带有排气孔的顶盖。 ①生物滤池：一般每个池应设置隔膜块，在设备厂家技术人员的指导下，根据安装现场已测量放线的安装坐标及高程基准点，将生物滤池按照设备装配图逐个(隔膜块、附件)进行组装。组装时应将各连接部件连接紧固可靠，无松动现象。 ②将生物滤池一体化成套设备的模块组装完毕就位后，进行对正调平。 (2)离心风机安装 来自不同废气源的废气通过离心风机的抽送，经通风管道，进入一体化生物滤池。 ①安装风机的排风短管，采用设备配套的有机玻璃法兰连接，安装时应注意法兰的平直度，保证法兰面与风管面垂直； ②根据已经测量放线的风机基础，用吊机配合将风机逐台吊装就位，应保证风机的排风管与生物滤池风口中线同轴； ③对已经就位的风机进行对正调平，然后拧紧螺栓。 (3)风管安装 臭气收集系统吸排风管及管道配件，风管采用玻璃钢材质。管道配件包括消声弯头、密封多页调节阀、风管蝶阀、百叶风口、消声静压箱等。 ①风管的安装采用设备配套的有机玻璃钢法兰连接，根据安装现场测量放线的基准线及高程，按照设计图纸的要求进行安装。 ②安装时，应检查法兰密封面及密封垫片，不得有影响密封及性能的划痕、斑点等缺陷。法兰连接应与风管同轴，并应保证螺栓能自由穿入；法兰的螺栓孔应对角安装；法兰间保持平行，其偏差不得大于法兰外径的 1.5‰，且不得大于 2mm；不能用强力收紧螺栓的方法消除歪斜。 ③风管的配件安装法兰连接螺栓应紧固可靠，蝶阀的操作手柄应垂直向上。 (4)电缆连接 ①主要电气参数，电源：380V±5V，50Hz±1Hz。 ②按图纸要求穿、敷线，具体参见电控原理图。

续表

5. 安装允许偏差

(1)生物滤池安装允许偏差

项次	项目		允许偏差/mm	检验方法
1	安装基准线	与建筑物轴线距离	±10	尺量检查
2		与设备平面位置	±5	仪器检查
3		与设备标高	±5	仪器检查
4	水平度	纵向	1/1000	用水平尺检查
5		横向		

(2)风机安装允许偏差

项次	项目		允许偏差/mm	检验方法
1	安装基准线	与建筑物轴线距离	±10	尺量检查
2		设备平面位置	±5	仪器检查
3		设备标高	±5	仪器检查
4	水平度	纵向	1/1000	用水平尺检查
5		横向		

(3)风管安装允许偏差

项次	项目		允许偏差/mm	检验方法
1	坐标	架空	15	仪器检查
2		埋地	60	仪器检查
3	标高	架空	±5	仪器检查
4		埋地	±5	仪器检查
5	水平管道平直度		＜50	线坠与直尺
6	立管铅锤度		＜30	线坠与直尺

6. 调试

(1)调试前的准备工作

①土建及设备安装检查：

a. 根据设计图纸，按工艺流程逐一检查，土建是否彻底完工、设备安装是否完好一致，如有不符之处，须立即整改，符合设计要求后方可进行单体调试。

b. 对单项设备，如水泵、风机、电动阀等在单体调试前安装完毕，并按照设计图纸和产品安装说明书检查其他安装情况是否符合要求，必须做到各自运转正常，为工程系统设备调试作好准备。

c. 检测和通风系统相关的窗户、密封门、排水沟、上水、外电等是否具备调试条件。

d. 设备安装是否完成图纸工作量；风管及附属风阀是否符合施工图纸，如有不符之处，应在图纸上注明。

②电气验收：

a. 电气装置安装施工及验收，应符合电气、消防等现行的有关标准、规范的规定。

b. 检查 PLC 控制画面，是否和现场相符；检查控制逻辑，是否和实际相符。

c. 电气工程验收时，应对下列项目进行检查；

- 是否按照规定进行电气连接，运行电压不得偏离额定电压的±10%；漏电开关安装正确、动作正常。
- 各回路的绝缘电阻应小于 10MΩ，保护地线(PE 线)与非带电金属部件连接应可靠。
- 电气元件、设备的安装固定应牢固、平正。
- 弱电系统功能齐全，满足使用要求，设备安装牢固、平正。

③管道阀门检查：

a. 检查管道阀门安装情况是否与管道设计一致；

b. 管道与阀门连接紧密程度；

c. 关闭阀门检查是否出现跑、冒、滴、漏现象；

d. 进行阀门的开启、关闭，检查阀门的使用情况；

e. 对电动阀先进行手动盘车，再通电进行试车。

④运行参数设定：按照设备操作说明书设定相关参数。

⑤其他准备工作：

续表

6. 调试	a. 三通检查：根据设计图纸及工艺流程，检查水、电、气是否畅通无阻，即生产用水、排水管道、臭气收集管路等是否正常； b. 检查、检修完毕后，在调试前，对现场全部场地及设备进行清洁工作，所有管道阀门也要进行清扫，创造良好的现场环境并防止意外事故发生； c. 配备风速仪，可检测系统风量。配备硫化氢便携式检测仪、氨气便携式检测仪，随时可以检测各监测点臭气浓度； d. 各水箱进行闭水试验，确保不渗不漏； e. 对水管路进行压力试验，确保不渗不漏。 （2）单机调试内容 ①对风机进行单机点动试车，查看并调整风机电机旋转方向，用风速仪检测除臭塔出口风速，验证风机是否正常工作。 ②对循环水泵、散水泵进行单机点动试车，查看并调整电机旋转方向，观察 PLC 画面显示是否正常。单机调试完成后，进入单机带负荷试车。 ③对电动阀进行单机点动试车，查看电动阀开关是否到位，同时观察 PLC 画面显示是否正常。单机调试完成后，进入单机带负荷试车。 ④通过控制进水电动阀，分别调整循环水箱、散水箱水位，观察对应的磁翻板液位计是否反应灵敏，并观察 PLC 画面是否正常显示水位数据。 ⑤观察循环水箱 pH 在线在 PLC 画面上显示的数值，并用有效的 pH 检测仪器进行校对。如果 pH 在线显示有偏差，及时进行过校正。 ⑥观察硫化氢、氨气在线检测数据能否正常在 PLC 画面显示，初步判断检测数据是否在正常范围内。如果有明显偏差，及时联系厂家进行校正。 ⑦如果发现问题，应找出原因，现场修复或调换至运行完全正常为止再进行系统设备调试。 （3）联动调试内容 ①在单机调试正常并经确认后，再进行系统工艺总调试。 ②按照除臭系统控制逻辑，将各程序固化在 PLC 上。将各控制参数，如 pH 值、时间输入程序。将控制方式调整为“自动”，让系统开始试运行。 ③系统联动时，还需要利用风速仪对各个回风百叶进行风速测定，换算成流量后与设计流量进行对比，在不满足设计流量时，需要调节相应风阀，但前提是要满足各个区域的除臭效果。
7. 注意事项	（1）除臭加盖的安装应符合下列规定： ①密封加罩施工应在设备安装完成后进行； ②密闭加罩施工后应密封良好； ③罩盖和支撑应采用耐腐蚀材料且室外罩盖应符合抗紫外线的要求； ④加盖结构强度应符合设计要求，不能上人的加盖罩应按设计要求设置栏杆或明显标志； ⑤罩盖上应设置透明观察窗、观察孔、取样孔和设备检修孔，透明观察窗和观察孔应开启方便且密封性良好，加盖不应妨碍构筑物和设备的操作和维护检修。 （2）臭气收集风管的安装应符合下列规定： ①风管的材质应符合设计要求或采用玻璃钢、硬聚氯乙烯（UPVC）、不锈钢等耐腐蚀材料制作； ②风管的制作与安装应符合现行国家标准《通风与空调工程施工规范》（GB 50738）的有关规定； ③风管走向、标高和位置应符合设计要求； ④风管的坡度应符合设计要求，最低点的冷凝水排水管应排水通畅； ⑤风管的强度应能满足在 1.5 倍工作压力下接缝无开裂； ⑥风管允许漏风量应符合现行国家标准《通风与空调工程施工质量验收规范》（GB 50243）的有关规定。 （3）除臭风机的安装应符合下列规定： ①风机壳体和叶轮材质应采用耐腐蚀材料；风机宜配备隔声罩，面板应采用防腐材质。 ②风机的安装应符合现行国家标准《风机、压缩机、泵安装工程施工及验收规范》（GB 50275）的有关规定。 （4）生物除臭装置的安装应符合下列规定： ①隔膜块、附件应按设备装配图逐个组装，组装时各连接部件应紧固可靠； ②填料的颗粒粒径、比表面积、比重应符合设计要求； ③填料装填应均匀，厚度应符合设计要求，填料层与塔（池）体边壁不应有明显的缝隙； ④洗涤、喷淋管道及其支架应布置合理、安装牢固。

3.12.2　离子除臭安装调试指导卡片

1. 基本信息	设备类型：12 除臭设备　设备名称：12.2　离子除臭 设备组成 ①气体收集部分。 ②气体输送部分：主要包含气体输送管道及加压风机和离心风机。 ③生物除臭装置：主要由离子发生器、风机硫化氢仪表组成。 恶臭气体　新鲜空气　反应箱　混合箱　高能离子设备　风机箱
2. 安装调试工艺流程	施工准备→定位放线(校验预埋、预留)→离子除臭一体化设备安装→风机安装→收集装置系统安装→风管安装→单机调试→联动调试
3. 施工前准备	(1)开箱验收 设备开箱应由建设单位、监理单位、施工单位及设备厂家共同参加，并填写验收记录。设备及附属零部件的型号、规格、数量应符合设计图纸和合同要求。 (2)验货内容包括 ①附件到货：离心风机、离子除臭一体化设备、空气收集管路、阀门、管路支架、仪表等。 ②产品合格证、安装使用说明书等技术资料应与实物相符。 (3)设备基础 ①是否预留地脚螺栓二次灌浆孔(如配地脚螺栓)； ②设备基础位置水平度、几何尺寸是否满足安装要求； ③基础表面杂物是否已经清理完毕。
4. 安装	(1)离子除臭设备安装 (2)离心风机安装 来自不同废气源的废气通过离心风机的抽送，经通风管道，进入离子除臭设备。 ①安装风机的排风短管，采用设备配套的有机玻璃法兰连接，安装时应注意法兰的平直度，保证法兰面与风管面垂直； ②根据已经测量放线的风机基础，用吊机配合将风机逐台吊装就位，应保证风机的排风管与生物滤池风口中线同轴； ③对已经就位的风机进行对正调平，然后拧紧螺栓。 (3)风管安装 臭气收集系统吸排风管及管道配件、风管采用玻璃钢材质。管道配件包括消声弯头、密封多页调节阀、风管蝶阀、百叶风口、消声静压箱等。 ①风管的安装采用设备配套的有机玻璃钢法兰连接，根据安装现场测量放线的基准线及高程，按照设计图纸的要求进行安装。 ②安装时，应检查法兰密封面及密封垫片，不得有影响密封及性能的划痕、斑点等缺陷。 ③法兰连接应与风管同轴，并应保证螺栓能自由穿入。法兰的螺栓孔应对角安装。法兰间保持平行，其偏差不得大于法兰外径的1.5‰，且不得大于2mm。不能用强力收紧螺栓的方法消除歪斜。 ④风管的配件安装法兰连接螺栓应紧固可靠，蝶阀的操作手柄应垂直向上。 (4)电缆连接 ①主要电气参数，电源：3～380V±5V，50Hz±1Hz。 ②按图纸要求穿、敷线，具体参见电控原理图。

5. 安装允许偏差

(1)离子除臭箱体安装允许偏差

项次	项目		允许偏差/mm	检验方法
1	安装基准线	与建筑物轴线距离	±10	尺量检查
2		与设备平面位置	±5	仪器检查
3		与设备标高	±5	仪器检查
4	水平度	纵向	1/1000	用水平尺检查
5		横向		

(2)风机安装允许偏差

项次	项目		允许偏差/mm	检验方法
1	安装基准线	与建筑物轴线距离	±10	尺量检查
2		设备平面位置	±5	仪器检查
3		设备标高	±5	仪器检查
4	水平度	纵向	1/1000	用水平尺检查
5		横向		

续表

<table>
<tr><td>5. 安装允许偏差</td><td>(3)风管安装允许偏差
<table>
<tr><th>项次</th><th colspan="2">项目</th><th>允许偏差/mm</th><th>检验方法</th></tr>
<tr><td>1</td><td rowspan="2">坐标</td><td>架空</td><td>15</td><td>仪器检查</td></tr>
<tr><td>2</td><td>埋地</td><td>60</td><td>仪器检查</td></tr>
<tr><td>3</td><td rowspan="2">标高</td><td>架空</td><td>±5</td><td>仪器检查</td></tr>
<tr><td>4</td><td>埋地</td><td>±5</td><td>仪器检查</td></tr>
<tr><td>5</td><td colspan="2">水平管道平直度</td><td><50</td><td>线坠与直尺</td></tr>
<tr><td>6</td><td colspan="2">立管铅锤度</td><td><30</td><td>线坠与直尺</td></tr>
</table>
</td></tr>
<tr><td>6. 调试</td><td>(1)调试前的准备工作
①土建及设备安装检查：
a. 根据设计图纸，按工艺流程逐一检查，土建是否彻底完工、设备安装是否完好一致，如有不符之处，须立即整改，符合设计要求后方可进行单体调试。
b. 对单项设备如风机、电动阀等在单体调试前安装完毕，并按照设计图纸和产品安装说明书检查其他安装情况是否合乎要求，必须做到各自运转正常，为工程系统设备调试做好准备。
c. 检测和通风系统相关的窗户、密封门、排水沟、上水、外电等是否具备调试条件。
d. 设备安装是否完成图纸工作量。风管及附属风阀是否符合施工图纸，如有不符之处，应在图纸上注明。
②电气验收：
a. 电气装置安装施工及验收，应符合电气、消防等现行的有关标准、规范的规定。
b. 检查PLC控制画面，是否和现场相符。检查控制逻辑，是否和实际相符。
c. 电气工程验收时，应对下列项目进行检查。
• 漏电开关安装正确，动作正常；是否按照规定进行电气连接，运行电压不得偏离额定电压的±10%。
• 各回路的绝缘电阻应不大于等于10MΩ；保护地线与非带电金属部件连接应可靠。
• 电气器件、设备的安装固定应牢固、平正。
• 弱电系统功能齐全，满足使用要求，设备安装牢固、平正。
③管道阀门检查：
a. 检查管道阀门安装情况是否与管道设计一致；
b. 管道与阀门连接紧密程度；
c. 关闭阀门，检查是否出现跑、冒、滴、漏现象；
d. 进行阀门的开启、关闭，检查阀门的使用情况；
e. 对电动阀先进行手动盘车，再通电进行试车。
④运行参数设定：按照设备操作说明书设定相关参数。
⑤其他准备工作：
a. 三通检查：根据设计图纸及工艺流程，检查水、电、气是否畅通无阻，即生产用水、排水管道、臭气收集管路等是否正常。
b. 检查、检修完毕后，在调试前，对现场全部场地及设备进行清洁工作，所有管道阀门也要进行清扫，创造良好的现场环境并防止意外事故发生。
c. 配备风速仪，可检测系统风量。配备硫化氢便携式检测仪、氨气便携式检测仪，随时可以检测各监测点臭气浓度。
(2)单机调试内容
①对风机进行单机点动试车，查看并调整风机电机旋转方向，用风速仪检测除臭塔出口风速，验证风机是否正常工作。
②对离子除臭设备进行单机点动试车，观察PLC画面显示是否正常。单机调试完成后，进入单机带负荷试车。
③观察硫化氢、氨气在线检测数据能否正常在PLC画面显示，初步判断检测数据是否在正常范围内。如果有明显偏差，及时联系厂家进行校正。
④如果发现问题，应找出原因，现场修复或调换至运行完全正常为止再进行系统设备调试。
(3)联动调试内容
在单机调试正常并经确认后，进行系统工艺总调试；按照除臭系统控制逻辑，将各程序固化在PLC上。将各控制参数，如pH值、时间输入程序。将控制方式调整为“自动”，让系统开始试运行。系统联动时，还需要利用风速仪对各个回风百叶进行风速测定，换算成流量后与设计流量进行对比，在不满足设计流量时，需要调节相应风阀，但前提是要满足各个区域的除臭效果。</td></tr>
<tr><td>7. 注意事项</td><td>(1)除臭加盖的安装应符合下列规定
①密封加罩施工应在设备安装完成后进行；
②密闭加罩施工后应密封良好；
③罩盖和支撑应采用耐腐蚀材料且室外罩盖应符合抗紫外线的要求；
④加盖结构强度应符合设计要求，不能上人的加盖罩应按设计要求设置栏杆或明显标志；
⑤罩盖上应设置透明观察窗、观察孔、取样孔和设备检修孔，透明观察窗和观察孔应开启方便且密封性良好，加盖不应妨碍构筑物和设备的操作及维护检修。
(2)臭气收集风管的安装应符合下列规定
①风管的材质应符合设计要求或采用玻璃钢、硬聚氯乙烯(UPVC)、不锈钢等耐腐蚀材料制作；
②风管的制作与安装应符合现行国家标准《通风与空调工程施工规范》GB 50738的有关规定；
③风管走向、标高和位置应符合设计要求；
④风管的坡度应符合设计要求，最低点的冷凝水排水管应排水通畅；
⑤风管的强度应能满足在1.5倍工作压力下接缝无开裂；
⑥风管允许漏风量应符合现行国家标准《通风与空调工程施工质量验收规范》GB 50243的有关规定。
(3)除臭风机的安装应符合下列规定
①风机壳体和叶轮材质应采用耐腐蚀材料；风机宜配备隔声罩，面板应采用防腐材质。
②风机的安装应符合现行国家标准《风机、压缩机、泵安装工程施工及验收规范》GB 50275的有关规定。
(4)离子除臭装置的安装应符合下列规定
①离子除臭装置的安装位置、标高应符合设计要求，水平度、垂直度偏差不应大于1‰；
②离子除臭装置的材料应采用耐腐蚀材料，性能应符合环境要求；
③离子发射器应对人体及空气无影响，应耐用、可调控。</td></tr>
</table>

3.13 过滤设备及出水堰安装调试

3.13.1 V形滤池滤板

<table>
<tr><td rowspan="3">1. 基本信息</td><td>设备类型</td><td>13. 过滤设备</td><td>设备名称</td><td>13.1 V形滤池滤板</td></tr>
<tr><td colspan="4">设备组成</td></tr>
<tr><td colspan="4">设备主要由滤板、滤头组成。</td></tr>
<tr><td>2. 安装调试工艺流程</td><td colspan="4">滤梁找平→模板安装→钢筋绑扎→预埋座安装→混凝土浇筑→打开预埋座施工盖→安装滤杆与滤帽</td></tr>
<tr><td>3. 施工前准备</td><td colspan="4">①开箱验收：设备开箱应由建设单位、监理单位、施工单位及设备厂家共同参加，并填写验收记录。设备及附属零部件的型号、规格、数量应符合设计图纸和合同要求。
②验货内容包括：
a. 附件到货：滤板、滤头等；
b. 产品合格证、安装使用说明书等技术资料应与实物相符。
③设备基础：
a. 滤板支撑水平度和预埋钢筋进行复核；
b. 现场测量放线，应按设计要求确定滤板、滤板支撑的平面位置和标高；
c. 混凝土强度应按国家现行有关标准进行抽样检验；
d. 滤梁间距水平尺寸必须严格准确。
④滤池底部必须清除所有建筑垃圾。
⑤滤池必须进行装水试验并放空。
⑥现场必须准备水电接口(动力电)。
⑦施工作业面必须清理干净，必须保留足够运送滤板的通道。</td></tr>
<tr><td>4. 安装</td><td colspan="4">①滤梁找平：滤梁单向与多向的水平度在同一高度，单向水平度误差要小于±3mm，多向水平度误差要小于±5mm，本环节是滤池平整度的关键部位，用专业工具找平。
②模板安装：
a. 在滤池四周池壁、滤板支撑上应分别画出模板标高控制线及滤板顶面标高控制线。同时在每条滤板支撑上画出相邻模板中心线。
b. 用Φ3×30的水泥钢钉将模板固定在滤板支撑上。单块模板上集中荷载应小于1kN/m²。
c. 模板安装必须平整、搭接严密、不漏浆。
d. 浇筑混凝土前，模板内杂物应清理干净。
e. 模板的水平度在同一高度，水平度误差要小于±5mm，本环节是滤池平整度的第二个关键部位，用专业工具找平。
③钢筋绑扎。
④预埋座安装：
a. 预埋座安装前，必须确认模板已完全铺设和预埋座完好无损；
b. 将预埋座垂直插入模板的预留孔内，使预埋座上卡销与模板上颈套箍紧，并旋紧施工盖；
c. 检查数量为全数检查；检查方法为观察。
d. 垂直卡扣结实，要求卡扣全部卡入模板方孔内，质保平稳水平高度一致。
⑤混凝土浇筑。
⑥打开预埋座施工盖：预埋盖的开启要掌握水泥凝固时间，季节不同稍有差异，一般要求在浇筑完成后12～15h内开启盖子。开启时要小心，并要逆时针旋转开启。</td></tr>
</table>

续表

<table>
<tr><td>4. 安装</td><td>⑦滤杆及滤帽安装：
a. 滤杆安装应按下列步骤进行：
• 滤板混凝土养护期满，将预埋座施工盖卸下，依次按顺序安装滤杆；
• 滤杆的调节预留量不少于 15mm，用于滤池不均匀沉降引起滤杆进气孔的水平度调节；
• 向滤池布水区注水至预埋座内调节螺纹上口齐平，作为滤杆调节基准。用专用工具调节滤杆，使其上端平面与布水区水平面在同一水平高度；
• 滤杆水平调节完毕，依次按顺序安装滤帽，并用专用工具紧固。滤杆安装检测应全数地观察检验。
b. 滤帽安装：顺时针拧紧，要将滤帽上的卡槽与预埋座的卡槽上下锁紧即可（滤头紧固度应符合设备技术文件的要求）。</td></tr>
<tr><td>5. 安装允许偏差</td><td><table>
<tr><th>项次</th><th>项目</th><th>允许偏差/mm</th><th>检验方法</th></tr>
<tr><td>1</td><td>单块滤板、滤头水平度</td><td>±2</td><td>水准仪与直尺检查</td></tr>
<tr><td>2</td><td>同格滤板、滤头水平度</td><td>±5</td><td>水准仪与直尺检查</td></tr>
<tr><td>3</td><td>整池滤板、滤头水平度</td><td>±5</td><td>水准仪与直尺检查</td></tr>
</table></td></tr>
<tr><td>6. 调试</td><td>在滤池配水系统安装完毕后，在填装滤料前应对滤池进行调试，调试合格后，然后填装滤料，滤池的调试主要有以下几点：
(1)滤池的平整度检查
关闭滤池出水闸门，开启滤池进水闸门向滤池内注水，当滤池内水位上升到刚好至滤头顶部时，关闭滤池进水闸门，检查整个滤池的滤头顶部是否在同一水平面上，单格滤池滤头顶部的水平度误差在±5mm以内，滤池的水平度符合要求。
(2)反冲洗均匀性试验
打开滤池进水闸门继续向滤池内注水，当滤池内水位上升至滤板上 10～20cm 左右，关闭滤池进水闸门；打开滤池进气阀门，开启滤池进气设备（气泵/风机），气冲洗强度应按设计要求进行，观察整个滤池的气泡疏密程度是否一致，若整池气泡的均匀性在 90%以上，即为合格，若整个滤池有个别地方气泡特别密集，而个别地方特别稀少，应调整气冲洗强度，使之达到一致，若仍达不到要求的，即为不合格，应检查原因，直至符合要求为止。
(3)滤池整体密封性检验
滤池整体密封性检验应每个滤池逐个进行，关闭单个滤池的出水闸门，向滤池内注水至排水槽顶部位置，关闭进水闸门停止进水，在池壁的水位线上做好标记，待经过一段时间后（4h 以上）观察水位有没有下降到水位线以下，如水平有下降现象，应检查是否因出水闸门、进气阀门、滤池池壁及其他原因导致滤池出现漏水现象并进行修复。
(4)滤池的调试
当上述 3 项目均符合要求后，可向滤池内填装滤料，按第一条的要求对滤池进行调试，调试时应根据实际情况调整气、水的强度和反冲洗时间，直至达到最佳效果为止。</td></tr>
<tr><td>7. 注意事项</td><td>安装前应符合下列规定：
①滤板应在构筑物满水试验后进行安装；
②滤板安装前应对水池的土建及布气孔进行测量；
③整体滤板的模板安装应平整、搭接严密、不漏浆；
④整体滤板混凝土浇筑应采用一次连续浇筑，其混凝土强度应符合设计要求，并不得有漏筋、蜂窝、孔洞、裂缝等缺陷，其与池壁接合部应采取强化修光；
⑤整体滤板混凝土强度满足规定后，滤板顶面标高允许偏差应为±10mm；
⑥滤头安装应平整、竖直，不得有高低、歪斜现象，滤头顶面标高允许偏差应为±3mm，且滤头顶螺纹应紧固到位；
⑦滤板安装固定后采用脚手板和竹模板等进行成品保护以防杂物坠落碰坏，保护好后进行上部池壁浇筑等工序施工。</td></tr>
</table>

3.13.2 转盘滤池安装调试指导卡片

<table>
<tr><td rowspan="3">1. 基本信息</td><td>设备类型</td><td>13. 过滤设备</td><td>设备名称</td><td>13.2 转盘滤池安装</td></tr>
<tr><td colspan="4">设备组成</td></tr>
<tr><td colspan="4">设备主要由过滤转盘、驱动电机、中心集水筒、冲洗装置、排泥装置、自控系统组成。</td></tr>
<tr><td>2. 安装调试工艺流程</td><td colspan="4">土建复测→出水端回转支承→中心集水管→驱动装置→反冲洗装置→管道系统、泵阀系统→滤盘、加固→进水堰板、出水堰板→液位测量仪表→电缆连接→单机调试→联机调试</td></tr>
<tr><td>3. 施工前准备</td><td colspan="4">①开箱验收：设备开箱应由建设单位、监理单位、施工单位及设备厂家共同参加，并填写验收记录。设备及附属零部件的型号、规格、数量应符合设计图纸和合同要求。
②验货内容包括：
a. 附件到货：过滤转盘、驱动电机、中心集水筒、冲洗装置、排泥装置、自控系统等组成；
b. 产品合格证、安装使用说明书等技术资料应与实物相符。
③设备基础：预留预埋件及螺栓数量和尺寸是否正确。
④滤池底部必须清除所有建筑垃圾。
⑤滤池必须进行装水试验，并放空后安装。
⑥现场必须准备水电接口(动力电)。
⑦施工作业面必须清理干净，必须保留足够运送滤板的通道。</td></tr>
<tr><td>4. 安装</td><td colspan="4">①安装出水端回转支撑：
a. 保证出水端回转支撑的中心与安装吸盘支架的墙体上预埋件最高点的距离；
b. 整体定位后将底板与预埋件焊接牢固(先将底板的定位点焊牢固后再进行满焊，防止焊后底板变形或偏移)。然后将回转支撑上支撑滚轮组件拆下来，待中心集水管定位后再进行组装；
c. 所有螺栓在安装时抹黄油，防止损坏，安装完成后，将出水端轴座与滤池墙间加添水泥浆并密封，防止未过滤水渗漏而影响出水水质；
d. 所有滚轮的定位螺栓用双螺母锁紧(防止支撑轮位移，造成筒体移动)；
e. 无论土建池体上是否有预埋件，整体定位后必须用随机带的长螺杆固定。
②安装中心集水管：
a. 连接进水端轴承座、传动链轮及密封圈；
b. 调整中心集水管水平度。
③安装驱动装置：
a. 首先将减速机大致定位，将链条连接到两个链轮上确保链条松紧合适。可以采用吊坠形式，通过线绳来调整主动轮与从动轮的平面位置，或通过观察链条，使大、小链轮调至同一平面，然后将驱动电机底座与预埋板点焊。此时可将驱动电机的风扇盖打开，使用风扇叶片使主轴转动(不允许在风扇叶主轴上焊接辅助工具)，观察链条运行轨迹，没问题后将底座与预埋铁焊接牢固，并用顶丝将电机顶紧。最后，将链轮罩固定。
b. 安装涨紧装置：涨紧装置须装在链轮的松边上，链轮涨紧后保留 30～50mm 调整量，调整部位螺栓加黄油，其余所有螺栓加硅酮材质耐候密封胶防松。
④安装反冲洗装置：
a. 滤盘安装孔正中间(公差±4mm)，吸盘支架水平度公差±4mm。确保吸盘工作面与滤盘面贴紧且平行，局部间隙不大于 2mm；
b. 无论土建池体上是否有预埋件，吸盘支架必须用膨胀螺栓固定。
⑤安装管道系统、泵阀系统：</td></tr>
</table>

续表

4. 安装	a. 管路支架及管路：按照滤盘安装口及管路支架上U形螺栓的安装孔来定位并固定管路支架，使每根丁字管固定到支架上以后，丁字管上的主管均位于两个滤盘安装口的中间位置，然后将管路固定到支架上； b. 位置：其中电动球阀安装时注意接线盒方向在外侧，方便接线，并且所有螺栓处抹硅酮密封胶防松。电动球阀、弹性接头、主抽吸管路：各法兰要放正，结合处要对称拧平拧紧（因螺栓为不锈钢材质，如果出现未密封就拧不动的现象，必须将螺栓切断，用新螺栓代替），禁止漏气、漏水，特别关注电动球阀、弹性接头等。 注意： • 弹性接头不允许有拉伸及偏心现象； • 电动球阀安装在墙体一侧，接线盒方向在外侧； • 电动头外包装（泡沫盒）安装时保持完好确保电动头没遭到破坏； • 穿墙的管路，现场焊接的法兰必须与管垂直后方能焊接； • 泵进口前的管路必须安装支撑架。 c. 泵座要水平，安装要牢固。 d. 排泥管、软管：排泥管安装不能扭曲，按照图纸尺寸固定到池底；连接软管长度以自然连接长度截取，从排泥管上侧通过与吸盘组件的抽吸口相连接，并用扎带与PVC胶水固定，管路不允许有漏气现象。 ⑥安装滤盘、加固板： a. 滤盘套：安装滤布套要确认滤布长毛方向在外侧。 b. 长螺杆：以6个盘片为一组（12根）进行安装，从中心集水管一侧开始，螺纹短的一侧与滤盘安装孔两侧的圆孔（内有焊在六方体上的螺母）拧紧固定，保证与六方体接触面垂直，不允许有松动现象。 c. 滤盘、压板：逐一安装滤盘，注意安装时滤布绒毛有方向，绒毛倒向必须与设备旋转方向一致，即向吸盘方向旋转。使滤布每两个滤盘之间安装1个压板，安装压板时用手将两片滤盘大致保持在一直平面，压板必须在滤盘中间（避免在中心集水管旋转时与吸盘发生阻碍现象），其中压板与长螺杆连接时会很紧，用改锥撬一下即可。然后装配斜垫片、平垫、弹垫及螺母（此时不需要将螺母锁紧）；依次保证每六块滤盘在同一平面上。 d. 压板固定螺钉：需要一台手枪钻，装十字头以固定自攻螺钉，安装螺钉时因滤盘框架是高分子材料，为避免过热熔化手枪钻转速不得过高。首先用手将两滤盘推至同一平面，然后将压板与滤盘贴平，使之与滤盘间不留缝隙。此时安装自攻螺钉（每个压板上8个），最后将压板两端（长螺杆上）的螺母锁紧，不能有松动现象。 注：滤盘安装时可以手动旋转驱动电机的风扇叶片使中心集水管转动，当滤盘与吸盘发生阻碍现象时，可以将木头（或其他）截至大于滤盘的宽度（即3m盘截130mm，2m盘截110mm）撑起吸盘，待滤盘处于吸盘中间时，将木头拿下来即可。 ⑦安装进水堰板（堰槽）、出水堰板 进水堰板（堰槽）、出水堰板安装一般要求略高于滤盘上沿50mm，具体见图纸。堰板两端要水平，贴墙面要垫橡胶垫，端头要用水泥封严不要漏水。 注：如果两台或两台以上设备在同一池体时，所有进水堰板（堰槽）及出水堰板的高度需分别保证在一个水平面。 ⑧安装液位测量仪表 a. 超声波液位计支架：首先将液位计安装在支架上，然后按照图纸位置（一般安装到出水侧，避免水流影响液位计工作精度）用膨胀螺栓将支架固定到墙体上。 b. 压力液位计：将压力液位计电缆穿过PVC导向管之后，探头保持与池底500mm高度。 ⑨安装电缆、电气部分。 ⑩闸门及启闭机安装：按照闸门附带的安装使用说明书进行安装、操作使用。 ⑪清理卫生。

续表

<table>
<tr><td rowspan="4">5. 安装允许偏差</td><td>项次</td><td>项目</td><td>允许偏差/mm</td><td>检验方法</td></tr>
<tr><td>1</td><td>中心轴的水平度</td><td>±1</td><td>水准仪与直尺检查</td></tr>
<tr><td>2</td><td>支撑装置的水平度</td><td>±2</td><td>水准仪与直尺检查</td></tr>
<tr><td>3</td><td>滤盘拼接块的平整度</td><td>±3</td><td>水准仪与直尺检查</td></tr>
<tr><td>6. 调试</td><td colspan="4">(1)单机调试
①单机调试前应检查：
• 是否按照规定进行电气连接，运行电压不得偏离额定电压的±10%；
• 检查设备各部件是否正常，有无泄漏；
• 检查各阀门开关位置是否准确；
• 仪表仪器校准，信号输出是否正常；
• 检查相关设备及部件安装位置、角度及牢固程度，仔细检查滤布与反洗软管是否有摩擦现象；
• 检查反洗水泵、驱动电机各处螺栓连接的完好及紧固程度，轴承中润滑油是否充足、干净，供配电设备是否完好；
• 手动盘动转盘、水泵观察是否运转正常，是否有卡顿、噪声等；
• 检查总电源及配电柜各接线是否正常，信号是否在控制柜显示屏显示正常。
②单机调试内容：
• 开启驱动电机，检查滤盘运转方向是否正确，同时仔细检查各轴承是否有异常响声，滤盘无阻止部位运行是否平稳；
• 对反洗水泵进行通电点动，检查运转方向及运转过程中是否平稳、是否有噪声；
• 点动各类阀门，检查动作开关是否正常。
(2)联动调试内容
• 滤池进水前先关闭进水闸门，打开超越管线，将管道内杂物彻底冲洗干净；
• 滤池进水前应将池内杂物彻底清扫干净，同时仔细检查滤布是否有破损情况；
• 滤池采用逐个进水的方式，进水前将进口闸门开启到最大状态；
• 调整滤池进水到设计流量，待池内液面运行稳定后，调整出水堰高度，使池内液面到达设计正常运行液位；
• 当滤池内液位到达反洗液位时，观察反洗系统(液位计、反洗水泵、驱动电机、电动球阀)是否自动正常工作，检查阀门及管道是否有漏水现象，同时观察反冲洗水管内是否有污不排出；如果管路未进行反抽吸工作，可将离心泵真空表位置的放气球阀打开(只限离心泵)。
• 根据现场水质情况，适当调整池内反洗液位高度和池底排泥时间。
• 设备连续运行 24h 记录设备运行情况等参数。</td></tr>
<tr><td>7. 注意事项</td><td colspan="4">滤池安装应符合下列规定：
①水池应在安装前进行校核。
②密封盘安装应竖直，中心轴应水平且应与密封盘垂直。
③减速机安装应牢固、转动应平稳、链条松紧应适宜，两链轮应在同一平面内，误差不应大于 2mm。
④滤布滤池的出水管与墙壁的密封应牢固可靠；吸口与滤盘贴合应严密，软管与滤盘应无摩擦。
⑤主轴水平度应符合设备技术文件的要求。
⑥主动链轮与被动链轮的轮齿几何中心线应重合，偏差不应大于两链轮中心距的 2‰。</td></tr>
</table>

3.13.3　堰板及集水槽安装调试指导卡片

1. 基本信息

设备类型	13. 堰板及集水槽	设备名称	13.3　堰板及集水槽
设备组成			
堰板及集水槽主要由不锈钢板或玻璃钢板制成。			

2. 安装调试工艺流程

定位放线→固定点钻孔→密封材料及堰板安装→堰板找平固定→试水调整及密封检查

3. 施工前准备

(1)开箱验收

设备开箱应由建设单位、监理单位、施工单位及设备厂家共同参加，并填写验收记录。堰板及集水槽及附属零部件的型号、规格、数量应符合设计图纸和合同要求。

(2)验货内容包括

①附件到货：堰板、集水槽、橡胶垫等；

②产品合格证、安装使用说明书等技术资料应与实物相符。

(3)设备基础

预留预埋件数量及尺寸是否正确。

4. 安装

(1)安装过程

①定位放线；

②安装集水槽及堰板；

③调整水平度；

④紧固螺栓。

(2)验收标准

①可调堰板密封面应严密。

②矩形集水槽安装允许偏差应符合设备技术文件的要求。

③堰板的厚度应均匀一致，外形尺寸应对称、分布均匀。

④堰板安装应平整、垂直、牢固；堰的齿口接缝应严密。

⑤圆形集水槽安装应与水池同心，允许偏差应符合设备技术文件的要求。

⑥矩形集水槽安装允许偏差应符合设备技术文件的要求。

⑦堰板高度与设计要求一致。

5. 安装允许偏差

项次	项目	允许偏差/mm	检验方法
1	单池相对基准线标高	±5	水准仪检验
2	同组各池相对标高	±2	水准仪检验
3	单池全周长水平度	1	水平仪检验
4	可调堰板垂直度	$H_1/1000$	线坠和直尺检查
5	可调堰板门框底槽水平度	$L/1000$	水平仪检查
6	可调堰板门框侧槽垂直度	$H_2/1000$	线坠和直尺检查

H_1 为堰板高度，H_2 为门框侧槽高度，L 为门框底槽长度。

6. 调试

进水后：

①堰板与基础的接触部位是否严密、是否有渗漏；

②观察各堰板或集水槽配水均匀情况，通过调整堰板保证配水均匀。

7. 注意事项

①堰板安装应在构筑物满水试验后进行。

②堰板安装部位的出水堰应一次浇筑成形，堰板安装前应检查土建安装基面的平整度、高程、垂直度。

③堰板与土建结构的连接应紧密牢固；堰板间的连接应密实。

④堰板最终固定宜在清水测试精调合格后带水实施。

⑤堰板初调定位准确后，方可进行初步固定，并应按设计要求安装密封材料，最终进行固定安装。

⑥堰板安装后的堰口高程误差应控制在±5mm 内，宜取每块堰板两边第一个堰口和中间堰口三点为检查点，堰板长度 1m 及以下的取两侧点。

⑦当同组有多个池子时，除保证单个池子相对基准线标高偏差不大于±5mm 外，还应保证每个池子之间的相对标高偏差不大于±2mm。

3.14 起重设备安装调试

3.14.1 桥式起重机安装调试指导卡片

<table>
<tr><td rowspan="3">1. 基本信息</td><td>设备类型</td><td>14. 起重设备</td><td>设备名称</td><td>14.1 桥式起重机</td></tr>
<tr><td colspan="4">设备组成</td></tr>
<tr><td colspan="4">设备主要由提升机构、小车、大车移行机构，小车导电装置（辅助滑线），起重机总电源导电装置（主滑线）等部分组成。</td></tr>
<tr><td>2. 安装调试工艺流程</td><td colspan="4">施工准备→轨道安装、二期混凝土浇筑→行走台车安装→主梁吊装、端梁吊装→桥架组合、铆接→小车吊装→起升结构的安装调整→电气传动部分接线→滑轮、钢丝绳、卷筒连接→主副钩连接→起重机试验</td></tr>
<tr><td>3. 施工前准备</td><td colspan="4">①开箱验收：设备开箱应由建设单位、监理单位、施工单位及设备厂家共同参加，并填写验收记录。设备及附属零部件的型号、规格、数量应符合设计图纸和合同要求。
②验货内容包括：
a. 附件到货：提升机构、小车、大车移行机构，小车导电装置（辅助滑线），起重机总电源导电装置（主滑线）等；
b. 产品合格证、安装使用说明书等技术资料应与实物相符。
③具备足够的拼接场地。
④安装起重机预留的孔洞和预埋件数量及尺寸应满足设计及安装要求。</td></tr>
<tr><td>4. 安装</td><td colspan="4">①轨道安装、二次混凝土浇筑；
②行走台车安装；
③主梁吊装、端梁吊装；
④桥架组合、铆接；
⑤小车吊装；
⑥起升结构的安装调整；
⑦电气传动部分接线；
⑧滑轮、钢丝绳、卷筒连接；
⑨主副钩连接；
⑩固定电缆及链条（或钢丝绳）；
⑪电气安装。
• 主要电气参数，电源：3～380V±5V，50Hz±1Hz 。
• 按图纸要求穿、敷线，具体参见电控原理图。</td></tr>
</table>

<table>
<tr><td rowspan="19">5. 安装允许偏差</td><td>项次</td><td colspan="3">项目</td><td colspan="2">允许偏差/mm</td><td>示意图</td></tr>
<tr><td>1</td><td rowspan="5">起重机跨度 S</td><td rowspan="2">分离式端梁镗孔直接装车轮结构</td><td>$S \leqslant 10m$</td><td colspan="2">±2</td><td rowspan="18"></td></tr>
<tr><td>2</td><td>$S > 10m$</td><td colspan="2">$\pm[2+0.1(S-10)]$</td></tr>
<tr><td>3</td><td>焊接连接的端梁及角型轴承箱装车轮结构</td><td>—</td><td colspan="2">±5</td></tr>
<tr><td>4</td><td rowspan="2">单侧有水平导向轮结构</td><td>$S \leqslant 10m$</td><td colspan="2">±3</td></tr>
<tr><td>5</td><td>$S > 10m$</td><td colspan="2">$\pm[3+0.15(S-10)]$</td></tr>
<tr><td>6</td><td colspan="3">焊接连接端梁及角型轴承箱装车轮结构起重机跨度的相对差 $\lvert S_1-S_2 \rvert$</td><td colspan="2">5</td></tr>
<tr><td>7</td><td colspan="3">对角线的相对差 $\lvert L_1-L_2 \rvert$</td><td colspan="2">5</td></tr>
<tr><td>8</td><td rowspan="4">小车轨距 K</td><td colspan="2" rowspan="3">$G_0 \leqslant 50t$ 正轨及半偏轨箱形梁（G_0 为额定起重量）</td><td>跨度</td><td>±2</td></tr>
<tr><td>9</td><td>$S \leqslant 19.5m$</td><td>+5，+1</td></tr>
<tr><td>10</td><td>$S > 19.5m$</td><td>+7，+1</td></tr>
<tr><td>11</td><td colspan="2">其他梁</td><td>—</td><td>±3</td></tr>
<tr><td>12</td><td rowspan="3">同一截面上小车轨道高低差 C</td><td colspan="3">$K \leqslant 2.0m$</td><td>3</td></tr>
<tr><td>13</td><td colspan="3">$2.0m \leqslant K < 6.6m$</td><td>$0.0015K$</td></tr>
<tr><td>14</td><td colspan="3">$K \geqslant 6.6m$</td><td>10</td></tr>
<tr><td>15</td><td rowspan="3">主梁水平弯曲 f</td><td colspan="2">正轨、半偏轨箱形梁</td><td></td><td>$S_z/2000$</td></tr>
<tr><td>16</td><td colspan="2" rowspan="2">其他梁</td><td>$S \leqslant 19.5m$</td><td>5</td></tr>
<tr><td>17</td><td>$S > 19.5m$</td><td>8</td></tr>
<tr><td colspan="6">注：S_z 为主梁两端始于第一块大筋板的实测长度，在距上翼缘板约为 100mm 的大筋板处测量。</td></tr>
</table>

续表

6. 调试	(1)单机调试 ①单机调试前应检查： • 是否按照规定进行电气连接，运行电压不得偏离额定电压的±10%； • 检查机械设备轴承及减速机润滑油是否正常； • 手动触动各个终端开关、缓冲器、制动器是否灵敏可靠。 ②单机调试内容： • 检测电气绝缘电阻应符合要求。 • 点动大小车、升降装置观察行车方向是否正确。 • 经 1h 运转过程中是否平稳、是否存在异常声响。 • 升降吊钩 3 次，小车、大车在全行程上往返 3 次，检查终端开关、缓冲器、制动器是否灵敏可靠。各电气控制器、限位开关和连锁装置的工作是否正常。 (2)联动调试内容 ① 在额定负荷下，检查起重机、小车、吊钩的运行，升降速度是否符合设备技术文件要求； ② 在超过额定符合 10%的情况下，升降吊钩 3 次，并将小车行至起重机的一端，起重机行走至轨道的一端，分别检验终端开关和缓冲器的灵敏可靠性； ③ 运转过程中是否平稳、是否存在异常声响。
7. 注意事项	(1)钢行车梁上安装轨道 ①斜的垫钢板、平铁垫与轨道和行车梁应接触紧密。 ②每组的垫钢板不应超过 2 块，长度不应小于 100mm，宽度应比轨道底宽 10～20mm。2 组垫钢板之间的距离不应小于 200mm。垫钢板应与钢行车梁焊接牢固。 ③垫板应平整，与轨道底面接触紧密，面积应大于 60%，局部间隙不应大于 1mm。 ④当垫板与混凝土行车梁的间隙大于 25mm 时，用混凝土或水泥砂浆填实；小于 25mm 时，应用开口型垫钢板垫实。垫钢板不应超过 3 块，宽度应与桥型垫板相同，长度应使其一边伸出桥型垫板外约 10mm 并焊牢固。 ⑤固定轨道、矩形或桥形垫板的螺栓，其螺母下应加弹簧垫片或用双螺母拧紧。 (2)轨道重合度、轨道、倾斜度等的允许偏差 ①轨道实际中心线与安装基准线的重合度允许偏差 3mm； ②桥式起重机轨距允许偏差±5mm； ③轨道纵向倾斜度允许偏差 1/1500，全行程允许偏差 10mm； ④2 根轨道相对标高允许偏差 10mm； ⑤轨道接头处上、左、右三面偏移允许偏差 1mm； ⑥伸缩缝间隙允许偏差±1mm。 (3)组装桥架的允许偏差 ①起重机跨距允许偏差±4mm； ②桥架水平方向两对角线相等允许偏差 4mm； ③主动车轮和从动车轮跨距允许偏差±5mm； ④小车轮距允许偏差±2mm。 (4)端梁连接 ①端梁接头的铆钉孔、螺钉孔应对准； ②端梁接头的焊缝应牢固，表面不应有裂纹、夹渣、气孔和坑口等，加强层的高度和宽度应均匀。机械强度必须符合设备技术文件的要求； ③铆钉连接与螺栓连接应紧固。 起重设备安装质量验收应参照现行国家标准《起重设备安装工程施工及验收规范》GB 50278 和《电气装置安装工程起重机电气装置施工及验收规范》GB 50256 的有关规定执行。

3.14.2　单梁电动葫芦起重机安装调试指导卡片

<table>
<tr><td rowspan="3">1. 基本信息</td><td>设备类型</td><td>14. 起重设备</td><td>设备名称</td><td colspan="2">14.2　单梁电动葫芦起重机</td><td rowspan="3"></td></tr>
<tr><td colspan="5">设备组成</td></tr>
<tr><td colspan="5">设备主要由轨道、电动葫芦及导电装置(滑线)组成。</td></tr>
<tr><td>2. 安装调试工艺流程</td><td colspan="6">施工准备→轨道安装→电动葫芦的安装调整→电气传动部分接线→起重机试验</td></tr>
<tr><td>3. 施工前准备</td><td colspan="6">①开箱验收:设备开箱应由建设单位、监理单位、施工单位及设备厂家共同参加,并填写验收记录。设备及附属零部件的型号、规格、数量应符合设计图纸和合同要求。
②验货内容包括:
a. 附件到货:轨道、电动葫芦及导电装置(滑线)等;
b. 产品合格证、安装使用说明书等技术资料应与实物相符。
③具备足够的拼接场地;
④安装起重机预留的孔洞和预埋件数量及尺寸应满足设计及安装要求。</td></tr>
<tr><td>4. 安装</td><td colspan="6">①轨道安装;
②电动葫芦安装;
③固定电缆及链条(或钢丝绳);
④电气安装:
• 主要电气参数,电源:380V±5V,50 Hz±1 Hz。
• 按图纸要求穿、敷线,具体参见电控原理图。</td></tr>
<tr><td rowspan="5">5. 安装允许偏差</td><td>项次</td><td colspan="2">项目</td><td>允许偏差/mm</td><td colspan="2">示意图</td></tr>
<tr><td>1</td><td rowspan="2">起重机跨度 S</td><td>$S\leqslant 10$m</td><td>±2</td><td colspan="2" rowspan="4"></td></tr>
<tr><td>2</td><td>$S>10$m</td><td>$\pm[2+0.1(S-10)]$</td></tr>
<tr><td>3</td><td colspan="2">对角线的相对差 $|L_1-L_2|$</td><td>5</td></tr>
<tr><td>4</td><td colspan="2">主梁水平弯曲 f</td><td>$S/2000$</td></tr>
<tr><td>6. 调试</td><td colspan="6">(1)单机调试
①单机调试前应检查:
• 是否按照规定进行电气连接,运行电压不得偏离额定电压的±10%;
• 检查机械设备轴承及减速机润滑油是否正常;
• 手动触动各个终端开关、缓冲器、制动器是否灵敏可靠。
②单机调试内容:
• 检测电气绝缘电阻应符合要求。
• 点动电动葫芦观察运行方向是否正确。
• 经 1h 的运转过程中是否平稳、是否存在异常声响。
• 升降吊钩 3 次,电动葫芦在全行程上往返 3 次,检查终端开关、缓冲器、制动器是否灵敏可靠。各电气控制器、限位开关和连锁装置的工作是否正常。
(2)联动调试内容
①在额定负荷下,检查电动葫芦、吊钩的运行、升降速度是否符合设备技术文件要求。
②在超过额定符合 10%的情况下,升降吊钩 3 次,并将行车行至起重机的一端,检验终端开关和缓冲器的灵敏可靠性。
③运转过程中是否平稳、是否存在异常声响。</td></tr>
</table>

续表

7. 注意事项	(1)起重机轨道安装 ①矩形垫板在混凝土行车梁上安装轨道： a. 每组的垫钢板不应超过2块，长度不应小于100mm，宽度应比轨道底宽10～20mm。2组垫钢板之间的距离不应小于200mm。垫钢板应与钢行车梁焊接牢固。 b. 垫板应平整，与轨道底面接触紧密，面积应大于60%，局部间隙不应大于1mm。 c. 当垫板与混凝土行车梁的间隙大于25mm时，用混凝土或水泥砂浆填实；小于25mm时，应用开口型垫钢板垫实。垫钢板不应超过3块，宽度应与桥型垫板相同，长度应使其一边伸出桥型垫板外约10mm并焊牢固。 ②轨道重合度、轨道、倾斜度等的允许偏差： a. 轨道实际中心线与安装基准线的重合度允许偏差3mm； b. 桥式起重机轨距允许偏差±5mm； c. 轨道纵向倾斜度允许偏差1/1500，全行程允许偏差10mm； d. 2根轨道相对标高允许偏差10mm； e. 轨道接头处上、左、右三面偏移允许偏差1mm； f. 伸缩缝间隙允许偏差±1mm。 (2)电动葫芦安装 ①钢丝绳式电动葫芦的槽轮必须保持铅锤状态，钢丝绳在运行时不得有歪扭、卡住或严重的磨损现象。 ②电磁圆盘制动器组装后，制动盘在花键轴上应灵活移动，不应卡住或过紧。电磁铁与圆盘的间隙应均匀一致。 ③电动葫芦车轮的凸缘内侧与工字钢轨道翼缘的间隙应符合设备技术文件的要求。 起重设备安装质量验收应参照现行国家标准《起重设备安装工程施工及验收规范》GB 50278和《电气装置安装工程起重机电气装置施工及验收规范》(GB 50256)的有关规定执行。

第四章 环保设备安装典型问题

知识目标

1. 熟悉各类环保设备安装时出现的典型问题。
2. 明确施工过程中各环保设备的典型质量问题。

能力目标

1. 对泵类、格栅、曝气器等环保设备的典型问题做出正确分析。
2. 对设备进行日常的维护保养和排除设备常见的简单故障。

素质目标

1. 通过介绍环保设备的各种典型问题，培养善于发现问题、解决问题的能力。
2. 通过分析环保设备安装与调试的实际案例，思考环保问题，认识环保工作的重要性和复杂性。

4.1 格栅及输送设备典型质量问题

4.1.1 三索钢丝绳牵引式机械格栅典型质量问题

格栅设备两侧与沟渠池壁封堵不到位，高水位运行时栅渣从两侧溢出

无预埋件，垫铁未对称分布，格栅与土建基础连接不牢靠，未接地

格栅与渠道底部间隙未进行灌浆

过水渠结构尺寸与设备参数不一致

续表

格栅机发生倾覆事故

格栅机发生倾覆事故

4.1.2 三索钢丝绳牵引式机械格栅技术要点

质量通病问题： 预埋件位置尺寸与设备不符，支座与预埋钢板直接焊接，预埋钢板未进行防腐处理，进水部位两侧及底部与沟渠间隙封堵不严密，池底垃圾未清理损坏设备，设备未有效接地，不能按时间或液位自动运行。

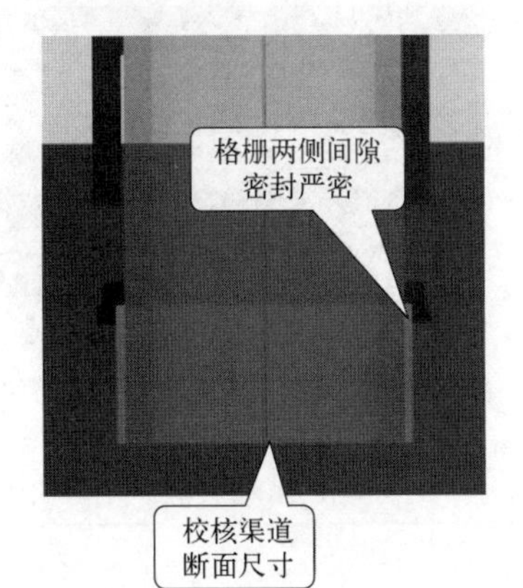

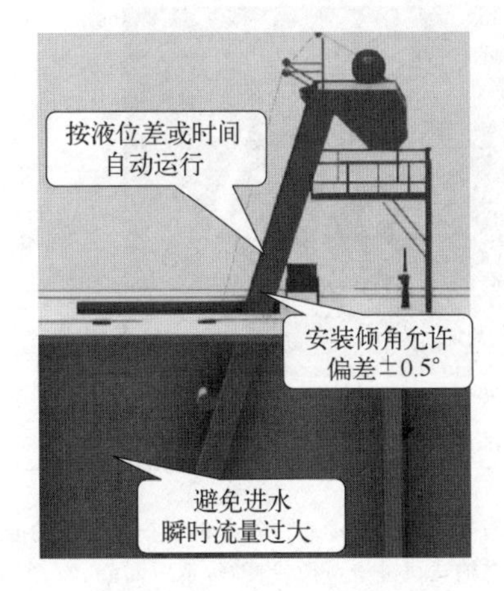

技术要点：

1. 格栅吊装。按迎水面方向将格栅直立地放入格栅槽内，并按设定角度定位。
2. 格栅本体安装。①格栅底部与渠道底部间隙使用专用灌浆料进行灌浆；②浸水部位两侧间隙使用不锈钢板或橡胶板密封严密。
3. 格栅固定。①格栅支座与渠道两侧预埋钢板使用地脚螺栓固定牢固，勿直接焊接；②预埋钢板表面涂刷防腐漆。
4. 电路连接。穿线软管及锁母使用不锈钢304材质，设备接地安全可靠。

管理要点：

1. 复核土建条件。格栅井过水渠道断面尺寸、设备预埋件位置尺寸材质与中标设备匹配。
2. 池底垃圾清理。格栅主机安装完成后及时清理池内垃圾。
3. 调试。①进水时水量务必逐渐增加，避免瞬时流量过大，造成格栅超负载而损坏；②进水调试时务必按自控程序及时开启格栅，避免提升泵运行时格栅未开启，造成格栅损坏。

验收要点：

1. 开箱验收。对设备的型号、规格、数量、材质、品牌、外观、资料等按照合同规定进行验收，四方验收合格后填写《设备开箱验收记录》。
2. 安装验收。安装允许偏差。安装倾角±0.5°，机架垂直度1/1000mm，机架水平度1/1000mm。四方验收合格后填写《设备安装合格验收记录》。
3. 调试验收。联动调试格栅及输送设备，可以按照液位差或时间控制连续自动运行，四方验收合格后填写《设备调试合格验收记录》。

4.1.3 格栅及输送设备安装验收要点

重点关注的基础项：

格栅设备两侧及底部与沟渠间隙封堵；格栅设备与预埋件固定方式；格栅设备与输送设备运行；格栅设备除臭密封、通道

共性问题

交付标准

格栅设备两侧与沟渠池壁未使用挡板封堵严密

格栅设备浸水部位两侧及底部与沟渠间隙封堵严密，避免出现空隙，影响格栅拦截效果

格栅渠未设置预埋件，垫铁设置不合理，未对称分布，格栅与土建基础整体连接不牢靠

粗格栅支座与预埋件使用紧固件固定牢靠，未直接进行焊接，紧固件材质符合集团要求

技术要点：

1. 栅条对称中心与导轨的对称中心应符合设备技术文件的要求。
2. 格栅出渣口应与输送机进渣口衔接良好，不应漏渣。
3. 格栅及输送设备可以按照设计要求，根据时间或液位进行自动运行。
4. 螺旋输送机槽阻挡行走通道时，设置跨越钢梯。
5. 格栅出渣口安装高度应便于操作、巡视，并留有检修通道，除臭罩不应形成密闭空间，且不影响格栅的操作、维护。

4.2　潜水离心泵典型质量问题

4.2.1　潜水离心泵典型质量问题

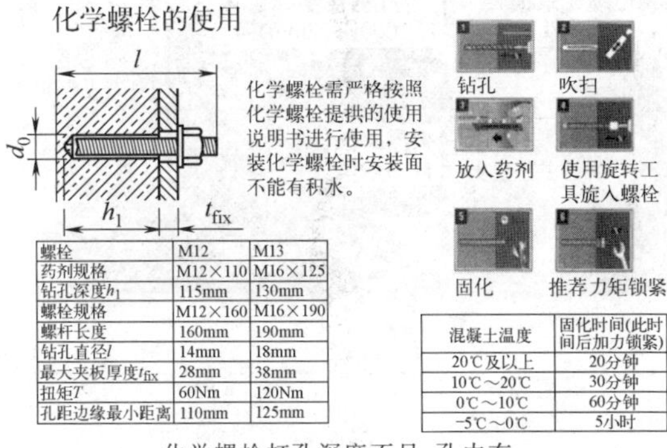

螺栓	M12	M13
药剂规格	M12×110	M16×125
钻孔深度h_1	115mm	130mm
螺栓规格	M12×160	M16×190
螺杆长度	160mm	190mm
钻孔直径l	14mm	18mm
最大夹板厚度t_{fix}	28mm	38mm
扭矩T	60Nm	120Nm
孔距边缘最小距离	110mm	125mm

混凝土温度	固化时间(此时间后加力锁紧)
20℃及以上	20分钟
10℃～20℃	30分钟
0℃～10℃	60分钟
-5℃～0℃	5小时

化学螺栓打孔深度不足，孔内有垃圾或积水，固化时间未达到

电缆固定时伸缩余量过大，电缆皮磨损

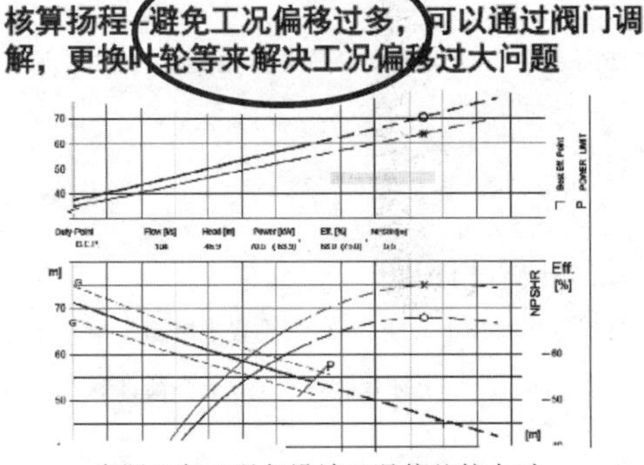

实际运行工况与设计工况偏差较大时，水泵运行工况点偏离高效区

水泵存放超过6个月/池底垃圾清理不到位，机械密封破裂损坏，电机进水烧毁

水泵电机反转，叶轮损坏

水泵吸入口距离池底过小，会发生气蚀的风险

水泵吸入口距离池底过大，会发生沉淀的风险

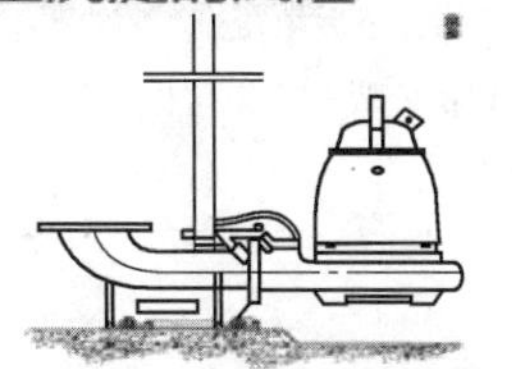

水泵吸入口距池底距离不满足设备技术要求的风险

4.2.2 潜水离心泵技术要点

质量通病问题：水泵未在高效段运行、能耗高，耦合座固定不牢固，电缆松散未固定，无法正常起吊，未设置检修平台，无法根据液位自动启停，无法远程操作。

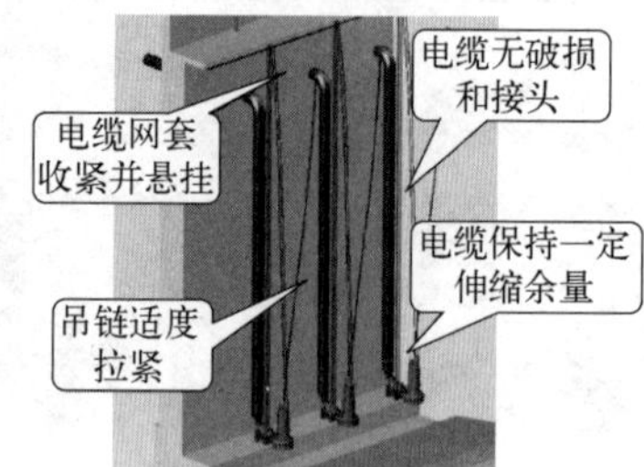

技术要点：

1. 耦合座安装(化学螺栓固定时)。①打孔深度要与化学螺栓匹配，化学螺栓安装前确保孔内干燥和清洁；②化学螺栓只有达到固化时间后，方可安装并拧紧螺母及垫圈。

2. 导轨安装。安装顺直，导杆过长时(超过 8m)，需焊接加强筋并增加中间支撑(厂家配套)。

3. 出水管道安装。管道与泵连接后，不得在其上进行焊接和气割。

4. 电缆安装。①电缆不得有破损和接头；②电缆固定应保持一定伸缩余量，防止运行的旋涡损坏电缆；③用电缆网套收紧并使用专用电缆卡扣，挂扣在吊耳上，电缆与吊链分开固定。

5. 吊链安装。吊链适度拉紧，不能被绞入叶轮或永久性支撑水泵重量。

管理要点：

1. 设备招采。选型合理，运行工况落于性能曲线高效区内，效率满足设计及采购要求。

2. 复核土建条件。①泵坑开口应满足泵的正常起吊空间；②电动葫芦与泵吊环中心线一致；③设置水泵起吊检修平台(如无，须设计变更)；④设备基础验收，预留地脚螺栓二次灌浆孔位置尺寸(如有)与中标设备匹配；⑤基础高度满足泵吸入口与吸入底面的最小要求。

3. 池底垃圾清理。水泵安装完成后及时清理池内垃圾。

4. 调试。①先手动盘动叶轮，然后点动水泵转向正确；②设置停机液位时，必须保证规定的最小淹没深度；③避免频繁启停水泵，防止发生水锤。

验收要点：

1. 开箱验收。对设备的型号、规格、数量、材质、品牌、外观、资料等按照合同规定进行验收，四方验收合格后填写《设备开箱验收记录》。

2. 安装验收。安装允许偏差。纵向水平度 0.1/1000mm，横向水平度 0.2/1000mm，导杆垂直度 1/1000 且≤3mm。四方验收合格后填写《设备安装合格验收记录》。

3. 调试验收。水泵可以根据液位自动启停，A/B/C 三相电压稳定、电流正常，四方验收合格后填写《设备调试合格验收记录》。

4.2.3 潜水离心泵安装验收要点

重点关注的基础项：

潜水离心泵耦合装置安装固定；潜水离心泵导杆安装；潜水离心泵吊链安装；
潜水离心泵电缆安装。

共性问题　　　　交付标准

潜水泵耦合装置底座悬空，安装不牢固

潜水泵耦合装置安装到位，与土建基础固定牢固可靠（地脚螺栓/化学螺栓），导杆间相互平行，导杆与基础安装垂直，可顺利上下起吊

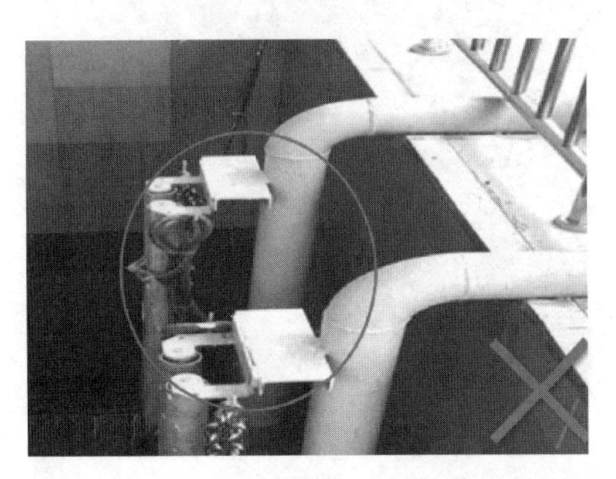

潜水泵导杆与出水管道直接焊接，不符合规范要求

潜水泵导杆无法与土建池壁固定时，安装横杆支架与导杆固定

技术要点：

1. 潜水泵的提升链条或钢丝适度拉紧，防止被绞入叶轮，链条不能永久性支撑水泵重量，链条与设备连接处应采用卸扣。
2. 电缆不得有破损和接头，电缆固定应保持一定伸缩余量，防止运行的旋涡损坏电缆。
3. 将电缆网套收紧并使用专用电缆卡扣，挂扣在吊耳上，电缆与吊链分开固定。
4. 水上部分至就地控制箱段电缆须安装在热浸锌或不锈钢桥架内，不得直接外露。

4.3 卧式离心泵典型质量问题

4.3.1 卧式离心泵典型质量问题

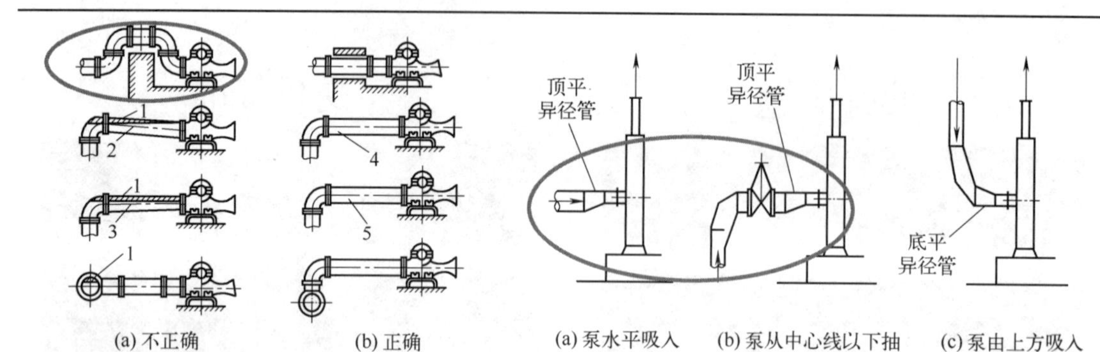

吸入管道的安装

1—空气团；2—向水泵下降；3—同心变径管；
4—向水泵上升；5—偏心变径管

泵进水管路偏心转换接头安装方向错误，易产生空气团，产生气蚀

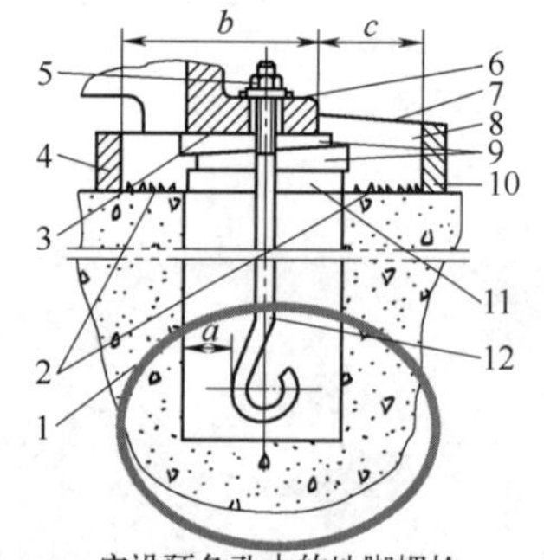

安设预备孔中的地脚螺栓

a — 地脚螺栓任一部分与孔壁的间距；b — 内模板至设备底座外缘的间距；c — 外模板至设备底座外缘的间距

1—基础；2—地坪麻面；3—设备底座底面；4—内模板；
5—螺母；6—垫圈；7—灌浆层斜面；8—灌浆层；
9—成对斜垫铁；10—外模板；11—平垫铁；12—地脚螺栓

地脚螺栓垫铁布设不规范、垫圈规格小、螺栓与孔壁间距小、灌浆不到位

对接法兰与设备接口法兰压力等级不一致，丝扣外露长短不一，焊口处未除锈防腐

泵进、出水管道均未设置管道支架或支墩

水泵安装位置不利于巡检，检修保养通道狭窄

4.3.2 卧式离心泵技术要点

质量通病问题：水泵未在高效段运行、能耗高，联轴器组装不符合规范要求，泵底座采用金属膨胀螺栓固定，底座二次灌浆不到位，对接法兰安装不规范，出水管路未安装压力表，进、出水管路未设置支墩或支架，偏心转换接头安装错误，设备未有效接地，无法远程操作。

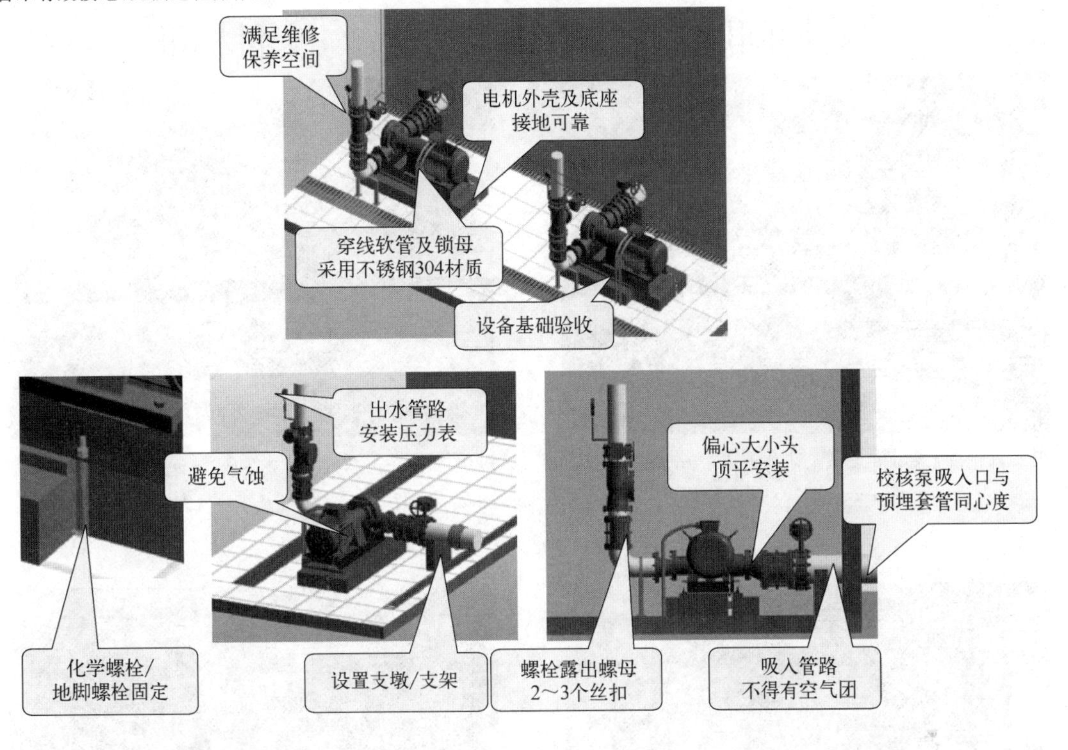

技术要点：

1. 水泵安装。①校正电机轴与水泵轴的同轴度，使两轴成一条直线；②应采用化学螺栓或地脚螺栓固定，禁止采用金属膨胀螺栓。
2. 灌浆。在预留地脚螺栓孔内、基础与泵底座之间灌注填充高强无收缩灌浆料。
3. 管路连接。①对接法兰压力等级应与设备出口法兰一致；②出水管路安装压力表；③进、出水管路设置支墩或管道支架；④螺栓与螺母配置平垫和弹簧垫拧紧后，螺栓露出螺母 2～3 个丝扣；⑤偏心转换接头顶平安装；⑥吸入管路水平直管段应有倾斜度(泵的入口处高)，安装不得有空气团存在。
4. 电路连接。穿线软管及锁母使用不锈钢 304 材质，设备接地安全可靠(电机外壳及底座)。

管理要点：

1. 设备招采。选型合理，运行工况落于性能曲线高效区内，效率满足设计及采购要求。
2. 复核土建条件。①泵坑开口应满足泵的正常起吊空间；②电动葫芦与泵吊环中心线一致；③设备基础验收，预留地脚螺栓二次灌浆孔(如有)与中标设备匹配；④泵安装间距、与墙的间距、净高应满足维修保养空间；⑤校核泵吸入口与池体预埋套管的同心度；⑥泵基础周围排水通畅。
3. 调试。①调试前再次校正同轴度；②调试前进行灌泵，水泵不可空转；③点动电机转向与水泵转向一致；④正确操作水泵运行，尽量避免气蚀。

验收要点：

1. 开箱验收。对设备的型号、规格、数量、材质、品牌、外观、资料等按照合同规定进行验收，四方验收合格后填写《设备开箱验收记录》。
2. 安装验收。安装允许偏差。纵向水平度 0.1/1000mm，横向水平度 0.2/1000mm。四方验收合格后填写《设备安装合格验收记录》。
3. 调试验收。水泵可以根据液位自动启停，A/B/C 三相电压稳定、电流正常，四方验收合格后填写《设备调试合格验收记录》。

4.3.3 卧式离心泵安装验收要点

重点关注的基础项：

卧式离心泵偏心转换接头安装；卧式离心泵出口配对法兰安装；卧式离心泵二次灌浆；卧式离心泵电路连接。

共性问题

卧式离心泵进水管路偏心转换接头安装错误，易产生空气团，应顶平安装

交付标准

卧式离心泵进出水管路、管件安装正确，排布整齐，电缆及穿线软管安装规范

卧式离心泵基础垫铁未对称布置，找平后灌浆不到位，接地不到位

卧式离心泵垫铁找平规范，在预留地脚螺栓孔内、基础与泵底座之间二次灌浆到位、接地安全可靠（电机外壳与底座）

技术要点：

1. 吸入管道安装不得有空气团存在。
2. 出口管道按要求配置压力表。
3. 穿线软管及锁母使用不锈钢304材质。
4. 泵安装间距、与墙的间距、净高应满足维修保养空间。

共性问题

交付标准

闸门丝杆未配置可视化不锈钢套筒

闸门丝杆使用黄油保养，配置了可视化不锈钢套筒

闸门固定不牢靠，与预埋钢板连接仅有少量点焊，且预埋钢板以外部位悬空，未使用垫铁垫实，预埋钢板未做除锈防腐处理

闸门安装固定牢靠，闸门底座与二次装饰面齐平，预埋钢板进行防腐处理

技术要点：

1. 起吊重量≥3t的起重设备需要在当地特种设备监督管理部门进行检验、备案。
2. 车挡及限位装置应安装牢固，位置应符合设备技术文件要求。
3. 设备与土建基础使用高强螺栓连接牢固可靠。

4.4 鼓风机房典型质量问题

鼓风机房安装

重点关注的基础项：

鼓风机房出风管道隔热处理；曝气盘曝气均匀性试验、清水养护；曝气管路吹扫；曝气盘安装允许偏差。

共性问题

鼓风机房出风管隔热措施施工不规范

曝气盘有损坏或脱落，曝气不均匀

交付标准

鼓风机房出风管道隔热严格按规范及图纸实施，外观观感效果好。管道、阀门、伸缩节、仪表等全部包裹隔热材料

进行曝气均匀性实验，出气均匀、无漏气现象，清水曝气试验后进行清水养护，进清水高于曝气器膜表面1m以上，保护曝气盘免受紫外线照射

技术要点：

1. 曝气器安装前，开启鼓风机进行曝气管路系统吹扫。
2. 同一曝气池曝气器盘面标高差3mm，两组曝气池曝气器盘面标高差5mm。

4.5　盘式曝气器典型质量问题

4.5.1　盘式曝气器典型质量问题

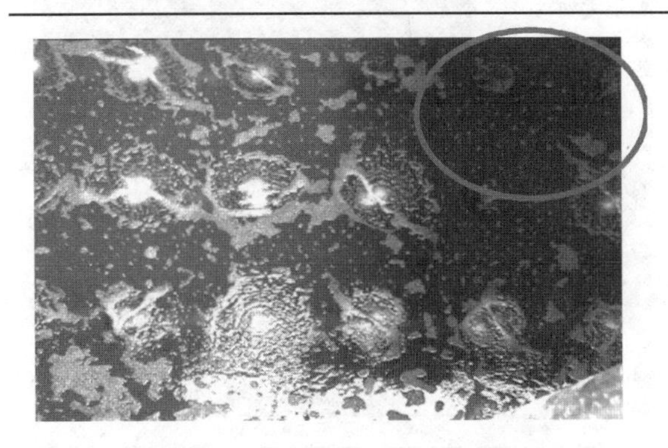

曝气盘安装前未进行管路吹扫，曝气盘堵塞

五、检验与调试

安装好曝气系统后，必须对其进行密封测试。

密封测试：　先向曝气池内注入清水，通入的水量最大高于曝气器膜表面10cm，这样才能检验出其密封性和其它性能。打开供气阀门进行供气，检查整个系统是否有泄漏；通气一段时间后，关闭进气阀门，检查是否仍有大气泡溢出。记录并修复任何泄漏点。为了确保曝气系统的密封性能，则需在>3 Nm3/个曝气器的通气量下，使系统连续工作至少60小时，在此期间监控系统是否泄漏情况，最后在连续通气结束后，再次确认系统的密封性能。

待曝气系统的密封性测试完毕后，请尽快注水，将水平面至少升至曝气器膜表面1m以上，以保护系统免受紫外线、冰冻和坠落物等的破坏。

曝气均匀性检验：如需作曝气均匀性检验，则需在进行曝气均匀性检验之前，将水位至少调节到高于曝气器膜表面60-100cm。并在水温至少为10℃的条件下

曝气系统密封性测试未按要求实施
（按厂家技术要求）

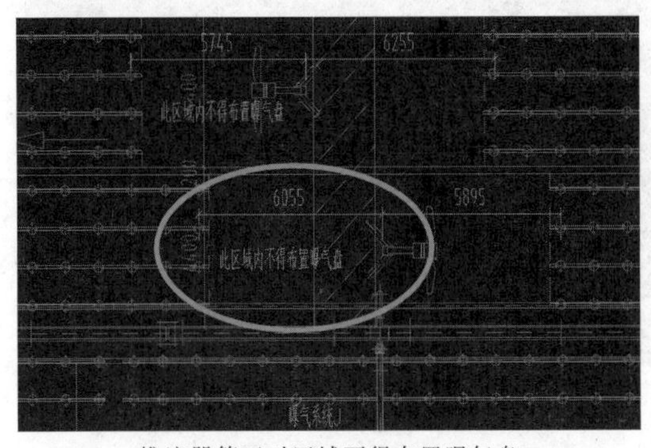

推流器等正对区域不得布置曝气盘

曝气盘到货保管不到位

曝气管路支架与池底固定不牢固，曝气管脱落断裂，生化池“开锅”

生化池曝气立管上手动调节阀、酸洗接头设计安装位置不便于运营操作

4.5.2 盘式曝气器技术要点

质量通病问题：池底未清理，未进行管路吹扫直接安装曝气器，曝气不均匀，曝气盘脱落，冷凝水管安装位置有误，未进行清水养护。

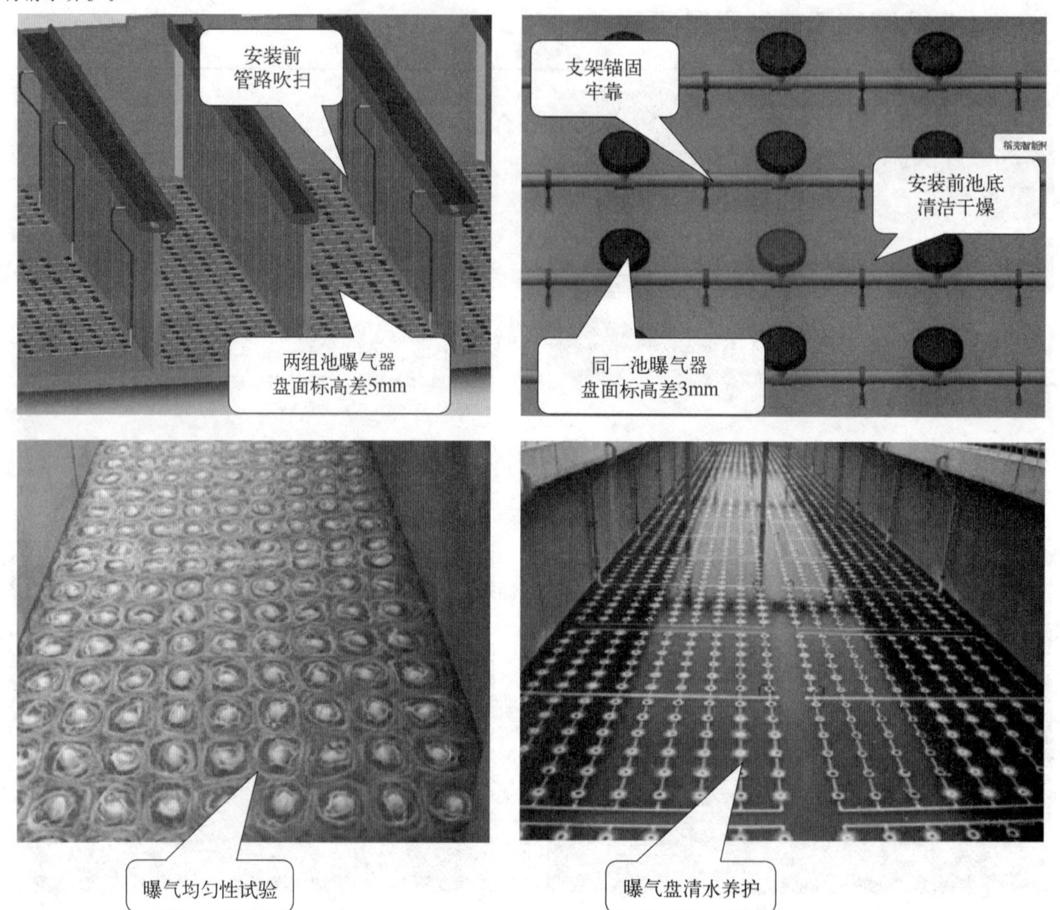

技术要点：

1. 支架安装。支架与池底锚固牢靠，曝气时不上浮。
2. 分配管、布气管安装。管路标高允许偏差±5mm、水平度允许偏差 2/1000mm。
3. 管路吹扫。曝气器安装前，开启鼓风机采用不低于 20m/s 的风速进行曝气管路系统吹扫(铝皮打靶试验验证斑点)。
4. 曝气器安装。①避免安装在搅拌器、推流器、回流泵、底部过水洞口正对区域或进行加固，防止运行时曝气系统脱落(设计复核)；②曝气盘安装后露出 1～2 圈外螺纹(马鞍座连接)，底部与双承接头顶部接触(双承接头连接)。
5. 冷凝水管安装。每组曝气系统应单独设置冷凝水排放管，排水阀门设置在方便操作及检修的位置，安装牢固。

管理要点：

1. 安全管理。注意带顶板的池底有限空间作业条件。
2. 复核土建条件。池底平整度满足安装条件。
3. 复核安装条件。安装前保持池底清洁干燥。
4. 清水养护。池中进清水高于曝气器膜表面 1m 进行清水养护，保护曝气设备免受紫外线照射。

验收要点：

1. 开箱验收。对设备的型号、规格、数量、材质、品牌、外观、资料等按照合同规定进行验收，四方验收合格后填写《设备开箱验收记录》。
2. 安装验收。安装允许偏差。同一曝气池曝气器盘面标高差 3mm，两组曝气池曝气器盘面标高差 5mm。四方验收合格后填写《设备安装合格验收记录》。
3. 调试验收。池中进清水高于曝气器膜表面 30～50cm 进行曝气均匀性试验，曝气均匀、无漏气，四方验收合格后填写《设备调试合格验收记录》。

4.6　中心传动单管吸泥机典型质量问题

4.6.1　中心传动单管吸泥机典型质量问题

吸泥管下缘、橡胶刮板下缘据池底距离
分别为 10cm、8cm，安装偏差远超要求

说明：

1. 中心柱装配前，先检查沉淀池基础条件是否符号图纸和安装要求，中心柱和密封筒基础的水平度误差小于1/1000；
2. 吸泥机装配前应仔细阅读有关<<安装操作手册>>；
3. 装配调试时若设备不平衡可在一端加配重块；
4. 浮渣筒装配合格后下端与浮渣管(用户自备)现场焊接不漏水；
5. 在吸泥机旋转运动部件不与沉淀池体接触的前提下，开动吸泥机，旋转一周测量吸泥管靠池边端点（或池顶进水槽撇渣板横梁靠池边上端点）标高，每旋转30° 测试一次，一周内测试12次，12次测量出同一点位置上的标高偏差值应小于20mm，否侧应调整驱动装置与中心柱之间的联接螺栓螺母，来达到此要求。在达到次要求后，再旋转一周复核，然后将中心柱与驱动底板之间灌注水泥沙浆。
6. 吸泥机安装合格后用水泥沙浆批荡沉淀池底。以保证在吸泥机旋转一周内，吸泥机下橡胶刮板与池底的距离在0～10mm范围内，最好尽量接近于0。
7. 安装应保证工作桥的水平，否则应调整池边凸台高度。
8. 工作桥安装于沉淀池楼梯口附近。

吸泥机运行效果不佳，吸泥不到位、
刮泥板卡阻

★ 污水厂沉淀池一般由左右两个池、两套设备组成，左右对称，为便于安装，设备分为顺时针方向A和逆时针方向B，安装时注意每个部件编号，必须A和A对应、B和B对应，不得A、B混装。

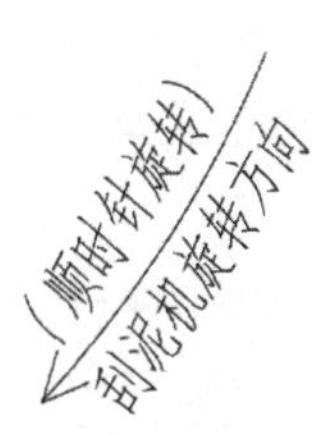

4．图中管道标高及套管标高均指管中标高。
5．本次设计2个二沉池为镜像布置，本图设
统计至池壁外1m，排泥管材料统计至集配水
6．二沉池在正常使用时，需在池边栏杆处安
7．沉淀池的土建施工时应先将进水管，排泥

吸泥机安装方向错误，吸泥效果不佳，电机过载

5.2、吸泥机运行时应注意事项：

- 本机设有过电流保护装置，一旦发生故障可以保护停车，以保护电机安全（详见三、电气控制现场操作）。
- 停车故障排除后，须重新开车时如果起动困难应将吸泥机推动后再启动电机。
- 吸泥机为连续工作制，遇到故障长时间停机后，再次开启前需放空池中污水，人工去除沉积污泥，方可重新投入使用。
- 池内水面结冰，应在解冻或破冰后才能进行，防止石块等杂物掉入池内。

吸泥机长时间停机后重启时发生故障

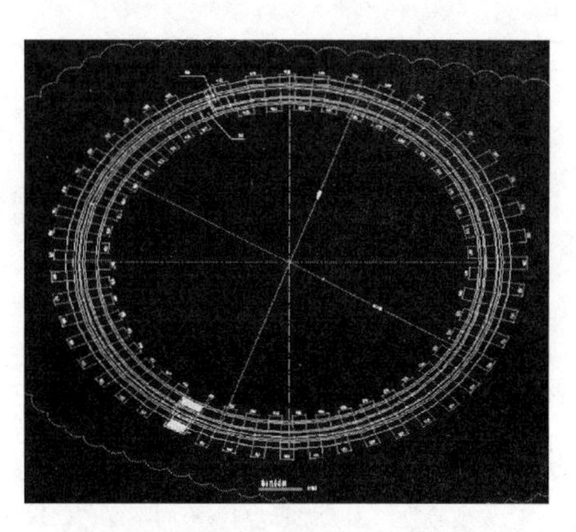

二沉池进水渠布水孔的孔径、孔数未按厂家
二次设计文件实施

4.6.2 中心传动单管吸泥机技术要点

质量通病问题：土建施工精度偏差大，设备运转方向错误，吸泥管运行卡阻，吸泥不到位，撇渣板运行卡阻，出水不均匀，三角堰板齿口接缝不严密，设备未有效接地。

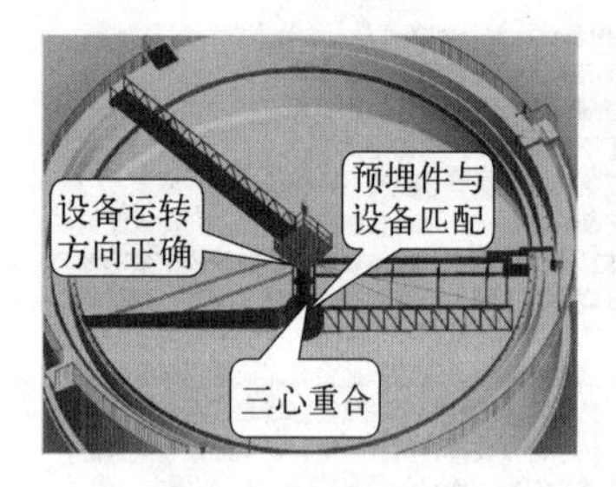

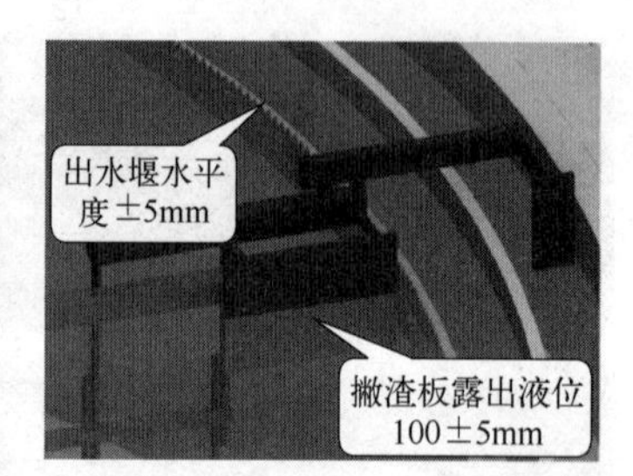

技术要点：

1. 中心立柱安装。立柱中心应与池中心平台的基准中心重合、支座轴心线垂直度±1mm。

2. 密封筒、中心竖架、工作桥安装。①池体圆心、密封筒圆心、设备旋转中心三心重合；②密封筒与中心立柱的同轴度≤3mm、水平度≤4mm，与底部滑板贴紧密封、无间隙；③中心竖架垂直度 1/1000mm，且≤5mm；④工作桥整体水平多点起吊就位，侧边直线度≤15mm，并应上拱。

3. 附件安装。①撇渣板应露出液面 20mm；②出水堰板齿顶及浮渣挡板顶边的水平度±3mm。

4. 电路连接。①穿线软管及锁母使用不锈钢 304 材质，设备接地安全可靠；②电机接线注意设备运转方向（顺时针、逆时针）。

管理要点：

1. 复核土建条件。①池内径偏差、圆度，池底面标高、坡度、平整度，出水堰板安装槽壁水平度、圆度满足安装要求；②预埋件位置及尺寸材质与中标设备匹配。

2. 池底垃圾清理。吸泥机安装完成后及时清理池内垃圾。

验收要点：

1. 开箱验收。对设备的型号、规格、数量、材质、品牌、外观、资料等按照合同规定进行验收，四方验收合格后填写《设备开箱验收记录》。

2. 安装验收。①吸泥管/刮泥板的下缘与二次抹灰面后的池底距离应为 30～50mm；②橡胶刮泥板下缘与刷平后池底的间隙为 0～10mm，尽量接近于 0。四方验收合格后填写《设备安装合格验收记录》。

3. 调试验收。①空负荷运转 1～2 圈，检查现场/远程的启动、停机、过载、保护、复位情况；②带负荷试运转 24～48h，A/B/C 三相电压稳定、电流正常。四方验收合格后填写《设备调试合格验收记录》。

4.6.3　吸泥机安装验收要点

重点关注的基础项：

吸泥机安装方向；出水均匀性；沉淀池底部二次抹面；吸泥机底部刮板、顶部刮渣板安装。

共性问题　　交付标准

刮泥机安装方向错误，底部刮泥效果不佳，顶部撇渣器未能将浮渣刮至浮渣斗

刮泥机安装方向及偏差与设计及设备技术要求一致，底部刮泥、顶部刮渣效果好

出水堰板未调平，出水不均匀

出水三角堰板与池体间密封严密，严格控制标高偏差，出水均匀，出水三角堰顶为平角

技术要点：

1. 池体圆心、密封筒圆心、设备旋转中心三心重合。
2. 吸泥管的下缘与二次抹灰面后的池底距离应为 30～50mm。
3. 橡胶刮泥板下缘与刷平后池底的间隙为 0～10mm，尽量接近于 0。
4. 撇渣板露出液面 20mm。

4.7 三角堰典型质量问题

三角堰安装

重点关注的基础项：

支撑梁三角尖顶；斜管/斜板安装固定；出水均匀性；土建条件验收；刮泥机运转方向

交付标准

共性问题

混凝土支撑梁未预埋钢板及角钢，未形成三角尖顶，后续运行易集泥

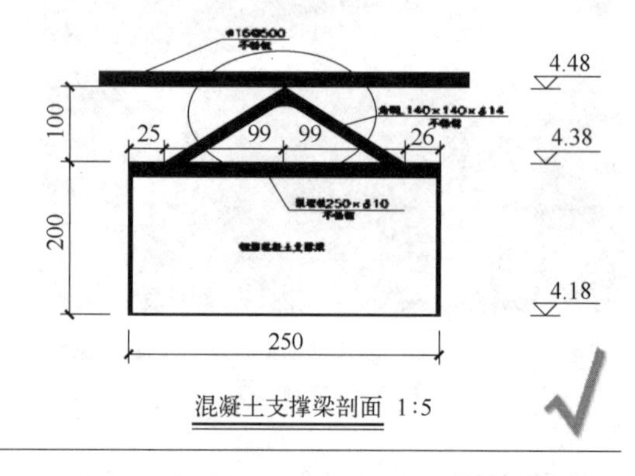

使用角钢作出三角尖顶，水下材料及紧固件均使用不锈钢材质

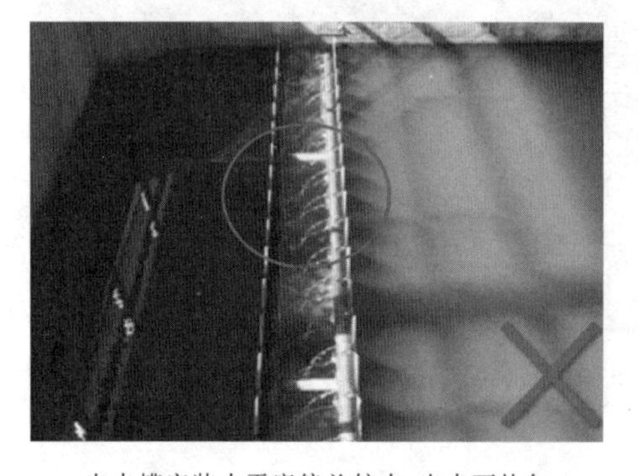

出水槽安装水平度偏差较大，出水不均匀

各出水槽安装标高一致，抗浮孔有效封堵，出水均匀，出水三角堰顶为平角

技术要点：

1. 混凝土支撑梁顶应按设计预埋钢板及角钢，形成三角尖顶，防止后续运行积泥。
2. 斜管支架材质为不锈钢 304，与支撑梁焊接固定牢固可靠。
3. 斜管与池壁应有效密封，保证出水均从斜管/斜板内通过。
4. 池内径偏差、圆度、池底面标高及坡度满足安装要求。
5. 电极接线注意设备运转方向，严禁反转。

4.8　加药系统典型质量问题

4.8.1　PAC 加药系统典型质量问题

卸药口未设置卸药槽，卸药时造成墙体污染、草皮枯死

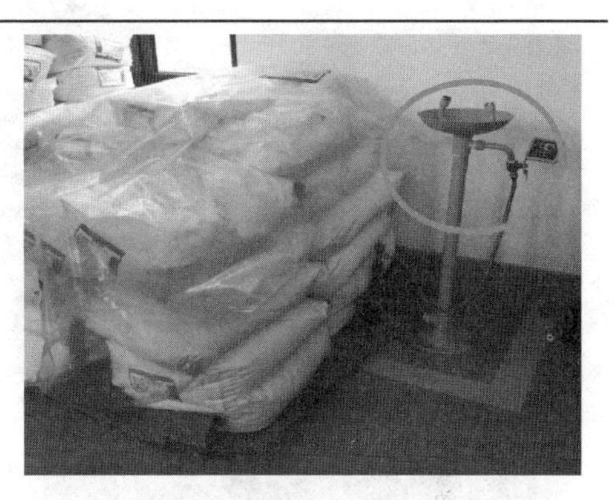

药剂距离洗眼器太近，易吸潮结块

PAC 储罐未设计、未施工事故围堰

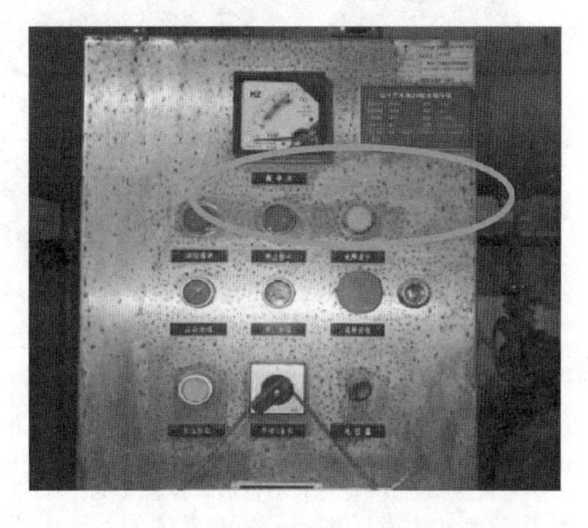

不锈钢材质的电控柜被腐蚀

出药管路未安装压力表、安全阀、电磁流量计

流量计未进行等电位连接、Y 形过滤器安装方向错误

4.8.2 PAC加药系统技术要点

质量通病问题：土建与设备安装交叉施工，供货及安装界限不清晰发生扯皮，管路泄漏、不顺直、沿排水沟或地面敷设，控制箱及支架锈蚀，加药罐未设置安全围堰，未配置喷淋洗眼器或洗眼器位置不合理，流量计未有效接地。

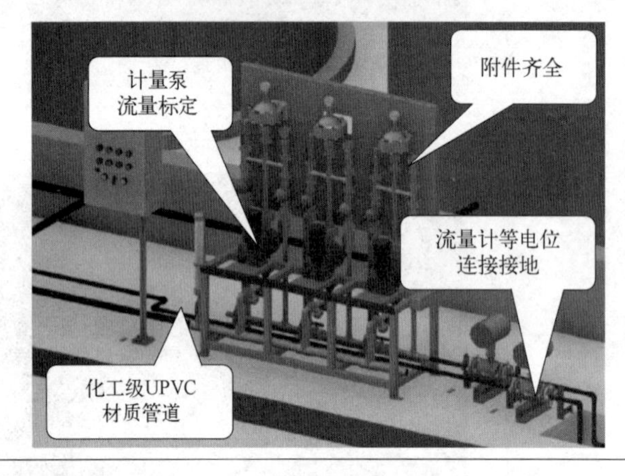

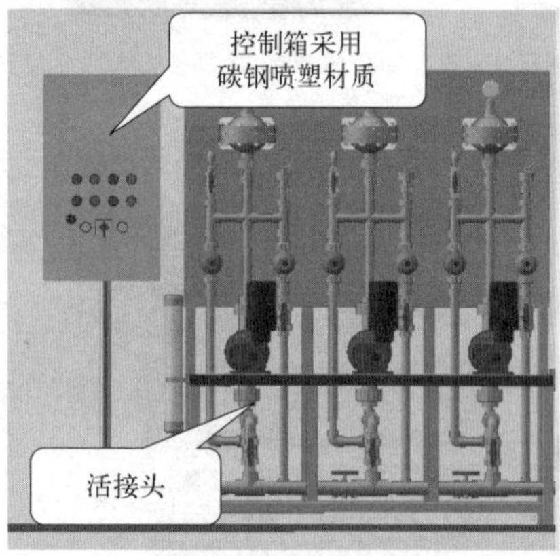

技术要点：

1. 储罐吊装就位。①水平或垂直吊运时禁止单点吊运；②安装可视化液位计或超声波、磁翻板液位计。

2. 管道安装。①管道采用化工级 UPVC，敷设横平竖直；②建议加药管沟不与排水沟同沟，同沟设计时管道采用支架安装敷设在排水沟内上部，不得影响盖板安装；③关键连接节点采用活接头；④沿地面敷设不阻挡运维通道，跨路时安装踏板；⑤安全阀、背压阀、阻尼器、标定柱、过滤器、压力表、阀门等附件齐全。

3. 电路连接。计量泵、电磁流量计（等电位连接）接地安全可靠。

4. 调试。①先设定安全阀压力值为工作压力的 1.15～1.2 倍，再设定背压阀压力值为工作压力的 1.5 倍；②对泵在 100%、50%、10%流量下进行标定测试（或按厂家要求）。

管理要点：

1. 复核土建条件。①设备基础验收，预埋件/地脚螺栓位置及尺寸应与中标设备匹配；②加药间大门尺寸应满足储罐进出。

2. 设备招采及交底。①系统配套控制箱及支架应采用碳钢喷塑材质；②交底时明确供货及安装界限。

3. 图纸会审。①应按照设计要求设置安全围堰，容积应满足 1 台储罐的泄漏量；②房间内合理位置处应设置喷淋洗眼器。

4. 施工准备与组织。①合理组织施工工序，避免安装与土建交叉作业施工；②建议应用 BIM 技术指导施工，管线下料准确。

5. 调试。计量泵启动后，出口管路阀门严禁关闭，否则造成泵过载或爆管事故。

验收要点：

1. 开箱验收。对设备的型号、规格、数量、材质、品牌、外观、资料等按照合同规定进行验收，四方验收合格后填写《设备开箱验收记录》。

2. 安装验收。横向、纵向水平度安装允许偏差 1/1000mm。四方验收合格后填写《设备安装合格验收记录》。

3. 加药系统调试验收。整体联动调试加药系统的性能参数满足合同要求，不渗漏。四方验收合格后填写《设备调试合格验收记录》。

4.8.3 加药系统安装验收要点

重点关注的基础项：

加药系统无泄漏；玻璃钢储罐质量；设备供货及安装界限；加药管路敷设；配套电控柜材质。

共性问题　　交付标准

管路连接不牢靠，药液发生泄漏，Y形过滤器安装方向错误，管道材质不统一

设备与管路连接无泄漏、运行可靠

玻璃钢药液储罐质量较差，液位计连接管口处有多处渗漏修补点，且整体外观较差

成品玻璃钢储罐质量良好，溢流口、放空口、进出液口、爬梯等配置齐全

技术要点：

1. 加药间土建施工已完成，不存在交叉作业施工。
2. 预留储罐进场安装通道。
3. 有腐蚀性药液投加系统配套控制箱及支架应采用碳钢喷塑材质。
4. 交底时明确供货及安装界限。
5. 加药管沟不与排水沟同沟。
6. 沿地面敷设不阻挡运维通道，跨路时安装踏板。

4.9　搅拌器/推流器典型质量问题

搅拌器/推流器

重点关注的基础项：

搅拌器/推流器导杆与池壁固定；搅拌器/推流器起吊链安装；搅拌器/推流器电缆安装

共性问题

交付标准

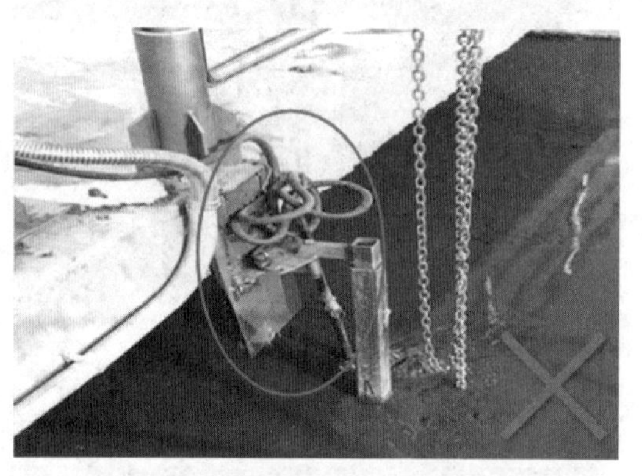

搅拌器升降导杆与池壁固定不牢靠

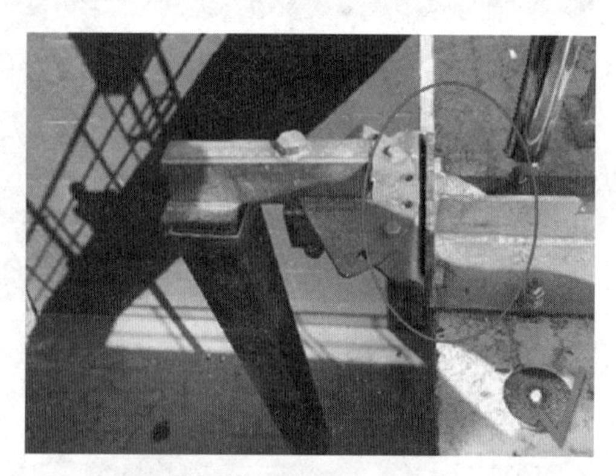

搅拌器升降导杆与池壁固定牢固可靠

设备吊链锈蚀、缠绕，影响提升

穿墙回流泵吊链使用 PVC 套管分离，避免提升或降落时吊链缠绕

技术要点：

1. 吊臂角度调整适中，确保设备可正常起吊。
2. 起吊链条处于微收紧状态，链条不能永久性支撑搅拌器重量。
3. 电缆不得有破损和接头，电缆固定应保持一定伸缩余量，防止运行的旋涡损坏电缆。
4. 将电缆网套收紧并使用专用电缆卡扣，挂扣在吊耳上，电缆与吊链分开固定。

4.10　脱水机典型质量问题

脱水机安装

重点关注的基础项：
脱水机系统衔接；脱水系统自动化程度；脱水机安装位置；脱水机基础验收；配套设备安装

共性问题　　交付标准

不锈钢材质的电控柜被气体腐蚀或被药液喷溅，出现发黄/锈点现象

带式脱水机出泥端与螺旋输送机进料槽衔接顺畅，泥饼脱落位置合理

次氯酸钠储罐未避光保存，溶液易失效

脱水机房系统内各设备自动化程度高，可进行联动运行，运行正常

技术要点：

1. 安装位置周围应有便于维护检修的空间。
2. 设备基础验收，预埋件位置及尺寸应与中标设备匹配。
3. 带式脱水机混合器出口至脱水机管道长度应不小于 3m，安装位置应满足泥药混合效果。
4. 板框压滤机滤板必须按次序和规定的数量进行排放，滤板的充气孔、进料孔、暗流孔应对齐，勿出现倾斜和孔位错乱现象。

4.11 V形滤池典型质量问题

V形滤池安装

重点关注的基础项：

V形滤池滤板、滤头安装；V形滤池配水、布气均匀性；土建条件验收

共性问题

交付标准

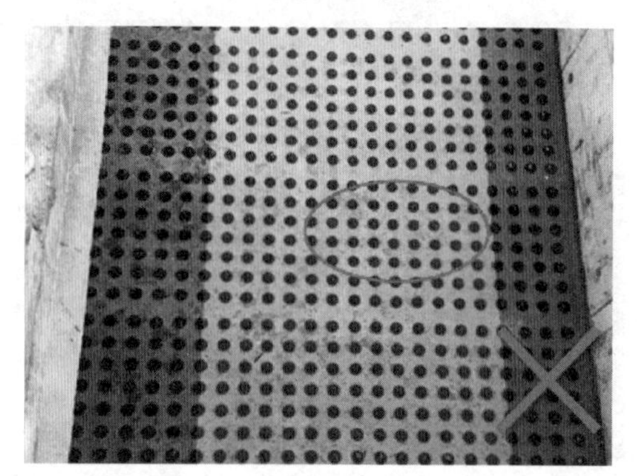

V形滤池滤板、滤头安装水平偏差量超出规范要求，影响后期反洗效果

V形滤池滤头安装牢固、水平度满足规范要求

滤池配水不均匀，扫洗孔标高偏差大，反洗效果不佳

滤池运行效果良好，出水水质SS满足设备合同及设计要求

技术要点：

1. 滤池应做布气试验，出气应均匀、无漏气现象。
2. 滤料填充验收资料完整，对滤料粒径、厚度、标高验收合格。
3. 汽水反冲洗时无跑砂现象。
4. 做好土建条件交接验收记录(如土建施工进度、滤梁及侧壁的预埋钢筋、平衡气孔、表扫孔等)。

4.12　除臭罩典型质量问题

除臭罩安装

重点关注的基础项：

除臭罩密封形式；除臭罩密封效果；生物除臭填料装填

共性问题

交付标准

初沉池除臭罩采用耐力板拼接安装，安装高度低，未预留操作空间，运行时不利于观测运行情况、清渣等工作，人工操作困难

圆形沉淀池采用反吊膜密封方式，采用随动式，不影响设备运行与维护操作

细格栅及渠道间缝隙大且使用钢格栅盖板，除臭密封不到位

闸门安装部位密封合理，避免了臭气的外逸，且不影响闸门启闭

技术要点：

1. 除臭罩不应形成人为密闭空间、影响设备运行及操作。
2. 除臭罩外观良好，切割口齐整无毛刺。
3. 除臭填料的颗粒粒径、比表面积、密度、装填厚度应符合设计要求，填料装填应均匀。
4. 除臭罩盖上应设置透明观察窗、观察孔、取样孔和设备检修孔。

4.13 起重设备典型质量问题

起重设备安装

重点关注的基础项：

起重设备室外安装；电动葫芦起吊到位；特种设备备案

共性问题	交付标准
 电动葫芦室外安装，电机未设置防雨罩	 室外安装的起重设备电机设置防雨罩，保证设备安全运转
 膜池电动葫芦的轨道中心线与设备吊环中心线未重合，无法起吊膜箱	 电动葫芦的轨道中心线与设备吊环中心线重合，起吊高度能够将所有需起吊设备吊起，行程到位可置于设备检修处

技术要点：

1. 起吊重量≥3t的起重设备需要在当地特种设备监督管理部门进行检验、备案。
2. 车挡及限位装置应安装牢固，位置应符合设备技术文件要求。
3. 设备与土建基础使用高强螺栓连接牢固可靠。

4.14　阀门与接头典型质量问题

阀门与接头安装

重点关注的基础项：

接头安装裕量；气动阀门气源管道敷设；阀门检验；阀门连接配对法兰安装

共性问题

交付标准

橡胶软接头安装不规范，拉伸变形，已无调节裕量，存在开裂爆管风险

阀门及伸缩接头安装牢靠、方向正确，裕量合理，按设计要求设置支墩，紧固件材质满足集团要求

气动阀门的气源管道（软管）长度过长，且敷设不规范，沿地面敷设易损坏，并列安装的气动阀门的气源管道（软管）长短不一

气动阀门的气源管道（硬管）使用不锈钢 316/304 材质，且接至气动阀门连接处，软管长度≤50cm

技术要点：

1. 安装前应进行壳体压力试验和密封试验，试验应在每批（同牌号、同型号、同规格）数量中抽查 5%，且不少于 1 个。
2. 安装在主要工艺管路上起切断作用的闭路阀门，应逐个进行壳体压力试验和密封试验。
3. 阀门在关闭状态下进行安装。

4.15 闸门典型质量问题

闸门安装

重点关注的基础项：
轴流风机安装位置、防雨罩/网；闸门除臭罩形式

共性问题　　交付标准

规范及图纸无相关规定，图示项目的轴流式通风机导流风口及防雨罩颜色与建筑物不协调

轴流式通风机安装的导流风口及防雨罩外观颜色与建筑物整体外观效果协调

规范及图纸无相关规定、设备采购合同未明确细节内容，目前除臭罩外观效果不佳或未密封，闸门及渠道之间未进行除臭密封，有缝隙，造成臭气外逸或密封效果不美观

闸门除臭采用"不锈钢+深色亚克力板+铝合金角铁包边"的除臭处理方式，密封性好，臭气无外逸

技术要点：
提高内外部客户满意度，且便于运行维护检修、操作安全性。

4.16　管线安装通用要求典型质量问题

4.16.1　管道安装

重点关注的基础项：

轴管道标志目视化；管道敷设观感质量；管道敷设要点

共性问题　　交付标准

不同颜色、不同用途管道无标志

根据《设备、管道和电缆桥架色标》要求，不同介质管线涂刷不同颜色标志并标注介质、走向（污水管道宝绿色 BG03、污泥管道棕黄色 YR06、回用水管道天酞蓝色 PB09、空气管道淡酞蓝色 PB06）

并排敷设管道间距过小，影响法兰螺栓紧固拆卸和阀门、法兰安装

管道同标高、同槽、并排敷设时需预留维修间隙

技术要点：

1. 管道敷设横平竖直、排布合理、整齐美观，无跑冒滴漏；
2. 管道保温、隔热、防结露按设计实施；
3. 管道穿池体、墙体、楼板处应设置套管；
4. 使用大 R 管成品弯头（2R 以上）；
5. 按照介质输送方向设置坡度，坡度满足设计要求，重力流管道严禁倒坡。

4.16.2 管线固定安装

重点关注的基础项：

管道支架开孔；管道与支架间隔离；管道功能性试验；沟槽回填

共性问题

交付标准

支架采用电、气焊开孔

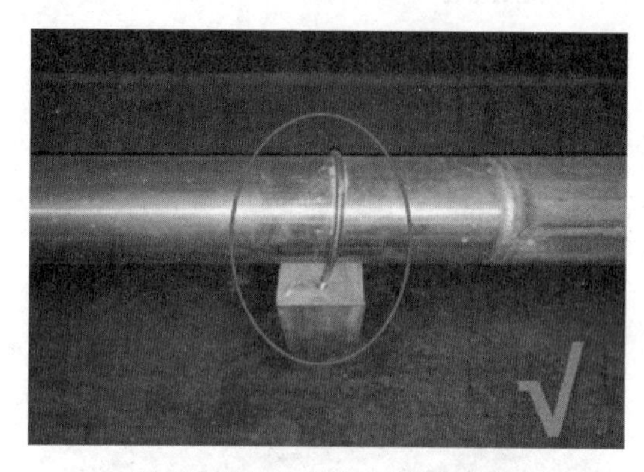

支架使用机械开孔，防止支架结构受损

管道敷设未预留巡检通道

管道排布整齐、美观，支架设置合理，充分预留检修通道

技术要点：

1. 管道与支架间应加设橡胶垫，在潮湿环境下，不锈钢与碳素钢直接接触会发生电化学腐蚀；
2. 按设计要求进行管道功能性试验(压力、严密性、灌水、通气等)；
3. 给水管道应按规范要求进行冲洗、消毒；
4. 柔性管道工程施工质量控制的关键是沟槽回填；
5. 埋地管线垫层、基础及回填材料规格、厚度、回填方式、压实度等应根据管线的不同材质分别满足设计及规范要求。

4.16.3 钢管安装

重点关注的基础项：

碳钢管道除锈防腐；碳钢管道成品保护；焊接要求；无损检测；埋地管道管材选型优化

共性问题　　交付标准

现场制作的管道除锈、外防腐不符合要求

焊接钢管选择成品内外防腐管材，避免现场防腐质量不过关

管道安装用挖机、钢丝绳调节管道，破坏外防腐

用吊车、吊装带调直管道，避免破坏防腐层

技术要点：

1. 内外壁除锈等级必须满足设计要求；
2. 液体环氧涂料内防腐层干膜厚度、电火花检漏应满足设计及规范要求；
3. 外防腐层外观、厚度、电火花试验、黏结力应满足设计及规范要求；
4. 焊缝和热影响区表面光顺、饱满、平整，无夹渣、裂缝、气孔、弧坑、未熔合、未焊透等缺陷，不锈钢管焊；
5. 管口焊接完毕验收合格后及时进行酸洗钝化处理；
6. 不得在干管的纵向、环向焊缝处、短节或管件上开孔，管道上任何位置不得开方孔，接口组对时，纵、环缝位置不得有十字形焊缝，必须满焊；
7. 施焊前进行焊接试验，并编制焊接工艺评定指导书，焊工必须持证上岗；
8. 无损检测取样数量与质量要求应按设计要求执行。

4.16.4 管道与设备安装

重点关注的基础项：

设备到货验收及保管；设备成品保护；设备对接法兰、外露丝扣；设备操作、巡视便利性；设备自动运行、中控室显示

共性问题

设备安装就位后未进行防护，造成设备污染

交付标准

设备安装就位后及时使用塑料薄膜包裹严密或硬防护到位，交叉施工作业时不会对设备及管道造成污染、损坏

设备与管道连接的法兰压力等级不一致，且材质不符合集团要求，外漏丝扣不一致

设备配置的成对法兰安装平直，管道与设备连接的对接法兰压力等级与设备出口法兰一致、对接法兰材质与设备出口法兰/管道材质一致，螺栓露出螺母2～3个丝扣，螺栓、设备、垫片、螺母之间接触紧密

技术要点：

1. 设备到场后由参建各方专业工程师及时进行开箱检查与验收，设备型号、规格、材质、数量、品牌等参数符合设备合同要求(指引正在迭代完善)；
2. 相同型号并列安装的设备安装高度一致，整齐划一；
3. 设备安装位置应考虑便于操作、巡视、检修、保养、起吊的空间与通道；
4. 中控室显示的设备状态、电流与现场数据应保持一致，就地、远程均可进行操作；
5. 设备安装分部工程中的机械设备、电气设备、自控设备等应100%全数检查。

第五章

环保设备安装优秀案例

5.1 设备安装（一）

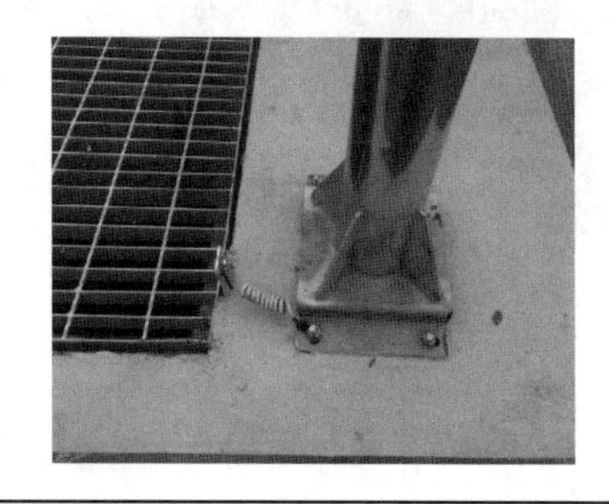

5.2 设备安装（二）

5.3　设备安装（三）

5.4 设备安装（四）

附录

附录1 施工质量一览表

序号	施工阶段	施工排序	施工名称	施工点评重点	点评人	点评参加岗位
1	平场及场地移交、基坑开挖	1	土石方平场	1. 表植清理是否干净； 2. 土石方爆破次用药量是否合理； 3. 土石方回填是否分层碾压； 4. 回填的土质是否符合要求，回填的石方粒径是否符合要求； 5. 清淤是否干净； 6. 建筑物内部、路基及环境碾压密实度； 7. 边坡放坡是否满足设计要求	项目专业工程师	施工单位技术负责人、质检员，监理工程师
		2	土石方场地移交	1. 土石方平场标高误差是否满足规范要求； 2. 现场撒线标志是否清晰； 3. 移交资料同现场是否吻合完善； 4. 建筑物内部、路基及环境碾压密实度现场检测结果是否够满足设计要求		
		3	基坑、基槽开挖	1. 施工前对施工场地的工程地质和水文地质情况进行详细调查，确保基础开挖方案符合工程的特点，确保不会影响土方工程、地基与基础工程的正常施工，不会危及临近建(构)筑物的安全与使用； 2. 如采用降水方案，地下水位要降到挖土面以下0.5～1.0m，水不渗进基坑内； 3. 有防止基坑、基槽泡水措施； 4. 防止基土扰动		
2	地基与基础、主体结构	4	地基处理	振冲桩间距与荷载、砂土特性、振冲器功率的关系以及振冲桩原材料等	项目专业工程师	施工单位技术负责人、质检员、监理工程师
		5	桩基础	(灌注桩、预制桩、独立柱基) 1. 轴线、标高复核； 2. 轴线、标高的标注及保护措施； 3. 垂直度护壁质量等； 4. 贯入度； 5. 钢筋笼加工质量	项目经理	专业工程师、施工单位项目经理、总监理工程师
		6	桩基成孔	1. 持力层的岩石类别、强度，基础嵌岩深度； 2. 结合详勘资料深度查对该基础坑、孔持力层以下深度是否满足工程地质勘察规范要求		

续表

序号	施工阶段	施工排序	施工名称	施工点评重点	点评人	点评参加岗位
2	地基与基础、主体结构	7	基坑支护	1. 是否按专业深化基坑支护图纸施工，是否经过建设管理中心审批，是否符合《建筑边坡工程技术规范》相关要求。 2. 基坑定位放线、尺寸是否符合图纸中要求，现场撒线标志是否清晰。 3. 现场土质是否与地勘报告一致。 4. 护坡顶部挡水设置和排水措施是否符合设计图纸要求，排水是否通畅。 5. 基坑四周排水沟、集水坑等是否排水通畅，预留工作面宽度是否满足施工需求。 6. 边坡检测观测点是否符合设计要求和规范规定	项目经理	专业工程师、施工单位项目经理、总监理工程师
		8	土方开挖（人工清槽）	1. 基底标高误差是否满足规范要求。 2. 基坑定位放线、尺寸是否符合图纸中要求，现场撒线标志是否清晰。 3. 移交资料同现场是否吻合完善。 4. 土方平整度误差是否满足规范要求（拉线检查），高差部位倾斜角度是否符合图纸设计，是否清理干净。 5. 基坑四周排水沟、集水坑等是否排水通畅，预留工作面宽度是否满足施工需求。 6. 土方开挖的顺序、方法必须与设计要求相一致，并遵循"开槽支撑，先撑后挖，分层开挖，严禁超挖"的原则	项目专业工程师	施工单位技术负责人、质检员，监理工程师
		9	垫层模板、混凝土外观质量	1. 垫层模板位置是否符合图纸设计要求，模板加固措施是否牢固，模板标高是否符合图纸设计要求。 2. 垫层的基底地质情况、标高、尺寸均经过检查，并办完隐检手续。 3. 垫层混凝土外观质量，标高及平整度是否符合规范要求，外观不得有严重缺陷：蜂窝、孔洞、夹渣、疏松、裂缝、缺棱掉角，表面麻面、掉皮、起砂、沾污等。 4. 一般控制项目允许偏差是否符合《混凝土结构工程施工质量验收规范》要求。 5. 基础垫层要求一次压光成活，检查压光质量和施工方法（人工或机械收平压光）	项目专业工程师	施工单位技术负责人、质检员，监理工程师
		10	钢筋工程	1. 受力筋品种、规格、数量与设计是否吻合，接头质量、位置，锚固长度，接地钢筋焊接、保护层厚度，钢筋绑扎质量。 2. 钢筋表面是否清洁、带有颗粒状或片状老锈，经除锈后仍有麻点的钢筋，严禁使用。 3. 绑扎钢筋的缺扣、松扣数量不得超过绑扣数的10%，且不应集中，钢丝头必须弯向内侧。 4. 钢筋加工和安装的一般控制项目允许偏差是否符合《混凝土结构工程施工质量验收规范》要求		

续表

序号	施工阶段	施工排序	施工名称	施工点评重点	点评人	点评参加岗位
2	地基与基础、主体结构	11	模板工程	1. 模板及支架整体设计方案应满足承载力、刚度和整体稳固性要求。 2. 模架体系的材料:模板、次龙骨、主龙骨、加固螺栓、脚手管、扣件等符合方案设计和规范要求。 3. 模板标高、尺寸,拼缝严密、平整度等检查项目误差符合规范允许偏差规定。 4. 模板内不应有杂物、积水和冰雪等。 5. 模板与混凝土的接触面应平整、清洁。 6. 使用专用水性脱模剂,不得使用废机油。 7. 预埋件和预留洞不得遗漏且安装牢固,对应工艺图纸是否相符。 8. 止水螺栓应对应工艺图纸设计,按功能需求设置,方案中单独标注	项目专业工程师	施工单位技术负责人、质检员,监理工程师
		12	混凝土外观	1. 基础混凝土外观质量,不得有严重缺陷:露筋、蜂窝、孔洞、夹渣、疏松、裂缝、缺棱掉角。 2. 重点控制走道板和池壁顶部混凝土表面收平压光效果,不得有麻面、掉皮、起砂、沾污等缺陷 3. 一般控制项目允许偏差是否符合《混凝土结构工程施工质量验收规范》要求,轴线位置、标高、截面尺寸及垂直度平整度是否符合规范要求。 4. 模板接茬部位是否存在漏浆、胀模现象。 5. 预埋件和预留洞成型质量,位置、标高、尺寸等误差是否在规范允许偏差以内。 6. 拆模时混凝土强度是否符合规范要求,拆模时是否破坏混凝土边角	项目经理	专业工程师、施工单位项目经理、总监理工程师
		13	细部构造-后浇带	1. 后浇带可留成直搓,接搓中部设置止水材料,采用400×3钢板止水带。 2. 两侧混凝土浇筑时需预先留止水钢板,止水钢板在施工缝位置居中。 3. 止水钢板开口方向安装时注意应为迎水面方向。 4. 后浇带混凝土未浇筑前,用模板盖住钢筋进行保护。 5. 侧面模板建议使用快易收口网		
		14	细部构造-伸缩缝橡胶止水带	1. 橡胶止水带应采用天然橡胶,禁止使用合成橡胶。 2. 橡胶止水带不得露天堆放或暴露在阳光的直射下,止水带接头由厂家在施工现场热接,其原理是把生胶片置于两接头间,电热硫化连成一体。 3. 橡胶止水带在混凝土中的位置必须准确,混凝土施工时不得变形与移位。中埋式止水带中心线应与施工缝中心线重合,止水带应固定牢靠、平直,不得有扭曲现象。 4. 变形缝处应设支撑将模板顶牢,确保浇筑混凝土时模板不变形(注意严禁在橡胶止水带上钉钉子)	项目经理	专业工程师、施工单位项目经理、总监理工程师

续表

序号	施工阶段	施工排序	施工名称	施工点评重点	点评人	点评参加岗位
2	地基与基础、主体结构	15	细部构造-施工缝	1. 构筑物施工缝的留置位置、防水方式、处理措施等要符合设计及施工验收规范规定。施工缝的设置要参照工艺图纸，有止水功能要求的隔墙、水渠等设置施工缝要有止水措施。 2. 施工缝应设置在距底板以上不小于200mm处，一般以300～500mm为宜。 3. 采用平口缝形式，防水措施使用400mm×3mm规格钢板止水带，防水措施禁止使用遇水膨胀止水条。 4. 施工缝表面应待混凝土施工完毕达到一定强度后，对缝表面进行凿毛处理，清除浮粒。且继续浇筑混凝土前，用水冲洗并保持湿润，铺上30～50mm厚的同配比减石子混凝土，捣压密实后再继续浇筑，以保证新旧混凝土结合紧密	项目经理	专业工程师、施工单位项目经理、总监理工程师
		16	细部构造-止水螺栓	1. 具备防水功能的外墙用于固定模板的螺栓应采用一次性止水对拉螺栓。 2. 止水对拉螺栓采用加锥形塑料垫块方式使螺杆端头留出凹槽，塑料垫块应为40～50mm的圆锥形。 3. 螺栓中部需加焊3mm厚的50mm×50mm止水片，止水片两侧满焊且不宜采用圆形，可采用三段式止水螺栓（止水螺栓直径和间距通过计算确定）。 4. 螺栓两端采用锥形塑料垫块时，养护结束后须在墙体内外逐个剔除塑料垫块，然后将螺栓从孔口的最深处割断，必须低于结构表面。 5. 将每个螺栓端头均匀涂刷金属防锈漆两遍，待防锈漆干透后，清理孔内杂物，周边浇水湿润	项目专业工程师	施工单位技术负责人、质检员，监理工程师
		17	砌体及二次结构	1. 按《砌体工程施工质量验收规范》(GB 50203—2011)进行。 2. 重点是平整度、砂浆饱满度、水平及竖向灰缝。 3. 不同材质界面挂网，不同砌筑材料的分部位使用。 4. 组砌方式是否按"砌体固化图"进行。 5. 顶砌高度及角度、密实性、用砌体完成的外墙装饰等。 6. 二次结构如混凝土返坎、窗台压顶等是否按集团"防渗漏体系"和固化图要求设置到位。 7. 墙体拉接筋和构造柱、门窗过梁、门垛设置到位、施工正确，伸出外墙面的窗台压顶有钢筋混凝土挑板。 8. 空调机位尺寸、防水措施等	项目专业工程师	施工单位技术负责人、质检员，监理工程师

续表

序号	施工阶段	施工排序	施工名称	施工点评重点	点评人	点评参加岗位
3	装饰装修	18	内外墙抹灰	1. 按《建筑装饰装修工程质量验收标准》GB 50210—2018执行，重点添加剂的使用控制措施(正常情况下不允许使用砂浆王等添加剂，若使用需要有配合比报告以及可靠的配合比管控措施)分层抹灰、垂直度平整度、养护等。 2. 外墙上对拉螺杆孔、脚手架眼等孔洞的封堵工艺	项目专业工程师	施工单位技术负责人、质检员，监理工程师
		19	外保温施工(聚苯板)	1. 是否按施工方案和相关规范施工，原材料是否符合要求。 2. 聚苯板及黏接剂等原材料报验、聚苯板粘贴面积、平整度、拼缝质量、门窗洞口转角处拼接方式、门窗洞口侧面保温处理、耐碱玻纤布抗裂层收口及阳角加强措施等。 3. 外保温板在管件穿墙孔处拼接后的节点均须封堵严密，并全部进行隐蔽验收后，方可进行下道工序。 4. 在门窗洞口处四周，须注意检查保温板的节点搭接方式，窗洞上口：外墙板压窗侧板；下口窗面板压外侧板；左右两侧：外侧板压窗侧板。并注意窗台保温板要略低于窗框下口并向外找坡	项目专业工程师	施工单位技术负责人、质检员，监理工程师
		20	外墙(涂料)装饰面、幕墙	1. 分包单位在项目部围墙上做出小样进行点评。 2. 基层、面层的涂刷厚度，涂料颗粒的均匀性，色料添加，施工顺序安排、成品保护(防止对其他工序的污染及后补工序对涂料的污染)	项目专业工程师	施工单位技术负责人、质检员，监理工程师
		21	室内地面找平层	1. 厚度、表面平整度、切缝、表面拉毛等。 2. 管件穿楼板孔撑补及分两次浇筑填补、管根防水试验。 3. 楼地面经养护完后，是否还有起砂、不规则微裂纹及局部有高低不平整等现象。 4. 室内楼地面找平层的标高控制	项目专业工程师	项目技术负责人、物业前介工程师
		22	栏杆	1. 型材、颜色、规格、效果是否异常等。 2. 是否结实可靠。 3. 建筑物不锈钢栏杆、做法是否参考标准图集06J403-1-24-A14。 4. 构筑物做法是否参照图集02(03)J401-LG2-10，其中小横杆30mm×4mm扁钢改为ϕ30mm×1mm不锈钢管。 5. 防雷接地是否连接。 6. 设备检修部位是否留门。 7. 焊接是否饱满	项目专业工程师	施工单位技术负责人、质检员，监理工程师
		23	门窗安装	1. 洞口移交标准。 2. 安装质量，安装固定方式。 3. 收口要求。 4. 各部分配件的安装质量。 5. 成品保护样板	项目专业工程师	施工单位技术负责人、质检员，监理工程师

续表

序号	施工阶段	施工排序	施工名称	施工点评重点	点评人	点评参加岗位
3	装饰装修	24	屋面工程	1. 女儿墙、压顶、泛水、出屋面构件等功能是否齐备(如滴水、坡向、泛水高度、防水措施及细部)。 2. 屋面防水、排水细部。 3. 屋面设备安装是否需要考虑减震措施、安装工艺及质量。 4. 斜屋面从防水到屋面瓦工艺标准及屋面瓦成品保护。平屋面防水刚性保护层分仓要求等。 5. 屋面防雷工艺及质量效果	项目专业工程师	施工单位技术负责人、质检员，监理工程师
4	设备安装	25	设备防护	1. 一般环境要求有防污保护的包装膜。 2. 存在对设备有损坏危害或交叉施工的环境要有硬防护措施	项目专业工程师	施工单位技术负责人、监理工程师
		26	闸门类设备安装	1. 闸门丝杆垂直度是否符合规范要求。 2. 闸门与闸框、闸框与池体的密封是否严密。 3. 闸框与安装是否牢固,二次灌浆的质量是否合格。 4. 闸槽及周边的垃圾是否清理干净。 5. 闸门启闭是否正常无阻		
		27	行走轨道的安装	1. 行走轨道的水平度及平行轨道的间距是否满足规范要求。 2. 轨道紧固件必须采用热浸锌材质。 3. 轨道底面下的空隙部分是否进行二次灌浆。 4. 轨道是否牢固无松动		
		28	潜水泵、搅拌器安装	1. 检查导轨垂直度是否满足规范或厂家要求。 2. 潜水电缆的安装固定不会引起与设备缠绕或被损坏。 3. 导轨、化学螺栓安装是否牢固可靠		
		29	干式泵、离心机、风机、立式搅拌器安装	1. 检查水平度/垂直度是否满足规范要求。 2. 检查设备运行时的振动值是否满足规范要求。 3. 设备的安装是否牢固可靠		
		30	有刮板的设备安装	检查设备运行时刮板与池底面间距是否合理、均匀,是否能有效刮除污泥等功能。有无与池底剐蹭的现象		
		31	电气设备安装	1. 检查设备安装是否牢固可靠。 2. 检查设备垂直度是否满足规范要求。 3. 设备的保护接地线是否牢固可靠		
		32	仪表安装	1. 检查设备及支架安装是否牢固可靠。 2. 井下安装的仪表及接线盒,应重点检查与防水密封相关的安装工序,保证设备的防水性能良好。 3. 设备的保护接地线是否牢固可靠		

续表

序号	施工阶段	施工排序	施工名称	施工点评重点	点评人	点评参加岗位
5	道路、绿化、围墙	33	土方造型及竖向完成	1. 土方与建筑首层、环境挡墙、道路的关系。 2. 土方是否饱满。 3. 微地形是否能满足效果的要求	项目专业工程师	施工单位技术负责人、质检员，监理工程师
		34	草坪、灌木、乔木等	1. 草坪、灌木、乔木等是否符合质量验收标准。 2. 草坪、灌木、乔木等配置标准是否达到标准或超出成本标准。 3. 乔木的空间关系是否与环境协调。 4. 乔木种植的进度是否能满足运营的需求	项目专业工程师	
		35	厂区道路	1. 路基是否按图施工，厚度是否达到设计要求，地基承载力是否达到设计要求。 2. 道路定位放线、标高和坡度符合图纸设计。 3. 道路面层成型效果、平整度、压光是否符合规范要求。 4. 井盖、雨落水口是否预留，节点施工是否规范。 5. 路缘石安装是否符合规范要求	项目专业工程师	

注：样本点评必须包括但不限于此表中所列项。

附录 2　总承包单位施工管理及施工质量承诺书

工程施工管理及质量承诺书

致：＿＿＿＿＿＿＿＿＿＿公司

我公司作为贵公司＿＿＿＿＿＿＿＿＿＿工程项目的施工总承包单位，承担该项目的土建、安装等工程实施工作，在切实履行《建设工程施工合同》约定的基础上，针对该项目施工管理及工程质量郑重承诺如下：

一、实施阶段履约承诺

我单位将完全履行职责如下：

1. 根据项目实际情况，委派具有同类或相近工程项目丰富管理经验的项目经理及项目技术负责人。鉴于本工程项目具有（工业）生产设施（装置）的性质和特点，我公司保证实施本项目的安装经理、安装技术负责人和管理团队具有丰富的工业项目安装工程管理经验，特别是与水务环保项目类似的工业安装经验。以上土建和安装工程管理人员和管理团队均为本公司派出，属于本公司在职人员。

2. 项目主要管理人员从业资格、工作经历及项目业绩报贵公司进行审核通过并到岗后，保证全职在岗，每天不少于 8 小时，每周不少于 40 小时在本工程项目现场工作。项目经理、项目技术负责人等按时参加每周召开的项目监理例会（请假须取得建设单位书面同意）。如建设单位发现项目经理或项目技术负责人每周有两个工作日（含本数）以上不在现场或未取得建设单位书面同意不参加例会，每发现一次自愿接受罚款人民币 1000 元整，以上情况累计超过 3 次的，视为上述人员自动从本项目部离职，并在接到建设单位书面通知后 5 个工作日内更换自动离职人员。

3. 如因我方管理人员的管理能力、业务素质以及管理不到位或管理人员实际业务能力及经验与上述承诺不相符等原因，致使该项目出现质量、安全隐患及责任事故的，我方除承担一切违约责任及经济损失外，无条件地执行贵公司撤换责任项目管理人员的要求。如监理及建设方发现质量问题及安全隐患并向我公司提出整改要求，而我方敷衍塞责、未在24小时内采取整改措施或拒绝执行监理和建设单位合理工作指令的，我方自愿接受每次或每处人民币1000～10000元的经济处罚；因我方整改不及时而导致质量或安全事故的，我方接受每处1万～10万元的经济处罚。以上处罚由监理和建设方视质量问题和事故（含隐患）严重程度确定。我方同意以上给甲方造成的经济损失和罚款直接从当期工程款中扣减。

4. 因我方原因，导致本建设项目工期延误，影响工程项目整体调试和运营进度延迟的，我方愿承担因此给贵公司造成的经济损失，包括直接和间接损失，间接损失包括但不限于因我方工期延误造成的特许经营收入（收费）损失。项目施工过程中，因我方原因导致关键线路上的工作发生延误，并可能影响项目转商业运营的，我方愿接受人民币5万～10万元的经济处罚，并按贵公司要求撤换不合格的项目管理人员。我方同意以上罚款和工期延误给甲方造成的经济损失直接从当期工程款中扣减。

5. 我公司直接管理实施本项目，绝无整体转包或拆解分包行为。如建设单位或监理发现我公司违反上述承诺，我公司愿自行退出该项目并承担该项目退出给贵单位项目公司造成的一切损失。

6. 我方将认真做好项目外购设备的现场存放和保管、完工成品保护和交工。

7. 工程竣工后我方无条件按时向贵方提供五套完整、准确的竣工图纸。

8. 对于我方在项目建设执行过程中遇到的与监理和建设单位的任何意见不一致问题或争执，将坚持通过沟通、协商解决，绝不在任何场所、以任何形式（包括但不限于停工、退场、聚众围堵等）对业主及建设和监理单位进行胁迫。

二、工程技术质量履约承诺

1. 我方项目公司将根据本项目工程技术特点、相关技术规范和建设方及监理单位的质量要求，制定切实有效的质量控制体系，包括制度、流程、标准、责任人等，并报建设单位和监理单位备案。

2. 严格按设计图纸及相关技术规范规程施工和验收。

3. 严格执行班组施工技术交底会制度，做到工人技术要点不清、质量责任不明不得从事施工作业。

4. 建立样板先行制度，所有分项工程严格执行先行样板示范段施工，经施工单位、监理单位、建设单位三方验收通过后，方可严格按样板要求展开大面积施工。如我方各分项工程施工达不到样板要求，我方无条件返工，并承担一切责任和经济损失。

本段承诺是我公司真实意思的表达，我公司在该项目建设施工时严格按以上承诺执行。

本工程具体实施，均依据《公司工程建设技术规定》及国家、行业的相关技术标准和规范执行，附件2-1、2-2、2-3的内容均纳入本承诺书作为履约执行依据的意思表示。

承诺单位：（公章 ）

法定代表人：（签字或盖章）

日　　期：

附件 2-1：我单位派驻____________________项目的主要管理人员名单

人员姓名	工作岗位	职称	专业/学历	工作年限	相关工作经历

附件 2-2：提交本项目主要管理人员简历：

（1）项目经理简历（证明文件扫描件）

（2）项目技术负责人简历（证明文件扫描件）

（3）项目土建负责人简历（证明文件扫描件）

（4）项目安装负责人简历（证明文件扫描件）

附件 2-3：对公司《项目工程建设技术规定》的内容签字确认，与本承诺书盖骑缝章

附录 3　建设管理人员需要熟知的标准及规范

序号	名称	标准号
1	城市污水处理厂工程质量验收规范	GB 50334—2017
2	给水排水构筑物工程施工及验收规范	GB 50141—2008
3	给水排水管道工程施工及验收规范	GB 50268—2008
4	混凝土结构工程施工规范	GB 50666—2011
5	建筑装饰装修工程质量验收规范	GB 50210—2018
6	建设工程项目管理规范	GB /T50326—2017
7	建设项目工程总承包管理规范	GB/T 50358—2017
8	建筑边坡工程技术规范	GB 50330—2013
9	混凝土结构加固设计规范	GB 50367—2013
10	岩土工程勘察规范[2009 年版]	GB 50021—2001
11	钢结构工程施工规范	GB 50755—2012
12	园林绿化工程施工及验收规范	CJJ 82—2012
13	综合布线系统工程验收规范	GB/T 50312—2016
14	建筑工程施工质量验收统一标准	GB 50300—2013

续表

序号	名称	标准号
15	建筑物防雷工程施工与质量验收规范	GB 50601—2010
16	建筑电气工程施工质量验收规范	GB 50303—2015
17	建筑电气照明装置施工与验收规范	GB 50617—2010
18	建筑给水排水及采暖工程施工质量验收规范	GB 50242—2002
19	通风与空调工程施工质量验收规范	GB 50243—2016
20	电梯安装验收规范	GB /T 10060—2023
21	工程测量规范	GB 50026—2020
22	建筑地基基础工程施工质量验收标准	GB 50202—2018
23	砌体结构工程施工质量验收规范	GB 50203—2011
24	混凝土结构工程施工质量验收规范	GB 50204—2015
25	钢结构工程施工质量验收标准	GB 50205—2020
26	屋面工程质量验收规范	GB 50207—2012
27	地下防水工程质量验收规范	GB 50208—2011
28	建筑地面工程施工质量验收规范	GB 50209—2010
29	建筑节能工程施工质量验收标准	GB 50411—2019
30	坡屋面工程技术规范	GB 50693—2011
31	地下工程防水技术规范	GB 50108—2008
32	大体积混凝土施工标准	GB 50496—2018
33	民用建筑工程室内环境污染控制标准	GB 50325—2020
34	建设工程施工现场消防安全技术规范	GB 50720—2011
35	混凝土质量控制标准	GB 50164—2011
36	混凝土强度检验评定标准	GB /T50107—2010
37	铝合金结构工程施工质量验收规范	GB 50576—2010
38	建筑结构加固工程施工质量验收规范	GB 50550—2010
39	岩土锚杆与喷射混凝土支护工程技术规范	GB 50086—2015
40	室外排水设计标准	GB 50014—2021
41	室外给水设计标准	GB 50013—2018
42	机械设备安装工程施工及验收通用规范	GB 50231—2009
43	沥青路面施工及验收规范	GB 50092—1996
44	水泥混凝土路面施工及验收规范	GB J 97—1987
45	起重设备安装工程施工及验收规范	GB 50278—2010
46	电气装置安装工程电缆线路施工及验收标准	GB 50168—2018
47	电气装置安装工程接地装置施工及验收规范	GB 50169—2016
48	输送设备安装工程施工及验收规范	GB 50270—2010
49	风机、压缩机、泵安装工程施工及验收规范	GB 50275—2010
50	涂覆涂料前钢材表面处理 表面清洁度的目视评定 第 1 部分:未涂覆过的钢材表面和全面清除原有涂层后的钢材表面的锈蚀等级和处理等级	GB/T 8923. 1—2001

续表

序号	名称	标准号
51	城市污水处理厂管道和设备色标	CJ/T 158—2002
52	电气装置安装工程 电力变压器、油浸电抗器、互感器施工及验收规范	GB 50148—2010
53	电气装置安装工程 母线装置施工及验收规范	GB 50149—2010
54	自动化仪表工程施工及质量验收规范	GB 50093—2013
55	钢筋机械连接技术规程	JGJ 107—2016
56	混凝土小型空心砌块建筑技术规程	JGJ/T 14—2011
57	建筑基坑支护技术规程	JGJ 120—2012
58	玻璃幕墙工程技术规范	JGJ 102—2003
59	金属与石材幕墙工程技术规范(附条文说明)	JGJ 133—2001
60	建筑涂饰工程施工及验收规程	JGJ/T 29—2015
61	外墙饰面砖工程施工及验收规程	JGJ 126—2015
62	玻璃幕墙工程质量检验标准	JGJ/T 139—2020
63	建筑工程饰面砖粘结强度检验标准	JGJ/T 110—2017
64	外墙外保温工程技术标准	JGJ 144—2019
65	中华人民共和国工程建设标准强制性条文——房屋建筑部	(2013 年版)
66	国家建筑标准设计图集 16G101-1	
67	国家建筑标准设计图集 16G101-2	
68	国家建筑标准设计图集 16G101-5	
69	施工现场临时用电安全技术规范(附条文说明)	JGJ 46—2005
70	建筑施工高处作业安全技术规范	JGJ 80—2016
71	建筑施工安全操作规程	
72	施工现场安全防护标准	
73	建筑机械使用安全技术规程	JGJ 33—2012
74	建筑施工塔式起重机安装、使用、拆卸安全技术规程	JGJ196—2010
75	建筑施工扣件式钢管脚手架安全技术规范	JGJ 130—2011
76	建筑施工门式钢管脚手架安全技术标准	JGJ/T 128—2019

参 考 文 献

[1] HJ/T 242—2006. 环境保护产品技术要求 污泥脱水用带式压榨过滤机.
[2] HJ/T 247—2006. 环境保护产品技术要求 竖轴式机械表面曝气装置.
[3] HJ/T 250—2006. 环境保护产品技术要求 旋转式细格栅.
[4] 环境保护产品技术要求 罗茨鼓风机. HJ/T 251—2006.
[5] HJ/T 57—2017. 环境保护产品技术要求 电解法二氧化氯协同消毒剂发生器.
[6] HJ/T 259—2006. 环境保护产品技术要求 转刷曝气装置.
[7] HJ/T 264—2006. 环境保护产品技术要求 臭氧发生器.
[8] HJ/T 265—2006. 环境保护产品技术要求 刮泥机.
[9] HJ/T 266—2006. 环境保护产品技术要求 吸泥机.
[10] HJ/T 283—2006. 环境保护产品技术要求 厢式压滤机和板框压滤机.
[11] HJ 377—2019. 化学需氧量（COD_{Cr}）水质在线自动监测仪技术要求及检测方法.
[12] GB 50334—2017. 城镇污水处理厂工程质量验收规范.
[13] GB 50231—2009. 机械设备安装工程施工及验收通用规范.